研究生系列教材

北京工业大学研究生创新教育

建筑节能与环境安全数值计算方法

主　编　李炎锋
主　审　李思成

机械工业出版社

本书是土木工程学科相关的流动与传热问题的入门教材，旨在读者通过学习，能够较好地掌握数值计算方法，高效地使用现代商业数值计算软件求解问题。

数值模拟研究（主要指计算流体动力学，Computational Fluid Dynamics，CFD）具有成本低、速度快、能模拟各种较复杂工况、输出资料完备等优点，得到广泛应用。经过一定考核的 CFD 软件可以拓宽实验研究的范围，补充理论分析及实验研究的空缺。数值模拟已经成为求解工程领域流动与传热问题的重要研究手段。

与商业 CFD 软件学习指南不同，本书是作者 20 余年从事建筑通风与节能、建筑环境安全领域数值模拟研究的教学和科研工作经验的提炼，既注重流体流动与传热问题数值计算的基础理论，如数学模型离散过程的离散格式和算法等，又注重结合商业 CFD 软件的应用过程需要的理论知识和技术手段，如计算域确定、网格划分、方程离散等。考虑到研究生阶段的学习目标，书中介绍了高水平期刊展示数值模拟研究成果的主要论文，有助于研究生学习如何合理展示自己的科研成果。

书中部分彩图采用二维码链接，微信扫描二维码可看彩图。

本书对 CFD 软件的学习和应用以及拓展工程领域科学问题的研究思路有一定的参考价值。

本书可作为土建类、能源动力类等相关专业研究生的教材，也可作为土木建筑领域的建筑环境、通风与气流组织、建筑节能、建筑结构空间火灾安全、室内环境控制及风环境工程等的科研人员、设计工程师，相关专业的本科生和教师的参考书。

图书在版编目（CIP）数据

建筑节能与环境安全数值计算方法/李炎锋主编. —北京：机械工业出版社，2023.3

研究生系列教材 北京工业大学研究生创新教育系列教材

ISBN 978-7-111-72683-8

Ⅰ.①建… Ⅱ.①李… Ⅲ.①建筑-节能-环境管理-数值计算-研究生-教材 Ⅳ.①TU111.4

中国国家版本馆 CIP 数据核字（2023）第 030830 号

机械工业出版社（北京市百万庄大街 22 号 邮政编码 100037）

策划编辑：刘 涛　　　　　责任编辑：刘 涛 高凤春
责任校对：樊钟英 李 杉　　封面设计：张 静
责任印制：邓 博
天津嘉恒印务有限公司印刷
2023 年 6 月第 1 版第 1 次印刷
184mm×260mm · 15.75 印张 · 385 千字
标准书号：ISBN 978-7-111-72683-8
定价：59.00 元

电话服务　　　　　　　　　网络服务
客服电话：010-88361066　　机 工 官 网：www.cmpbook.com
　　　　　010-88379833　　机 工 官 博：weibo.com/cmp1952
　　　　　010-68326294　　金 书 网：www.golden-book.com
封底无防伪标均为盗版　机工教育服务网：www.cmpedu.com

前　言

　　土木建筑工程领域的很多技术问题都与流动和传热相关，例如建筑风环境与气流组织、建筑节能与舒适、室内环境安全（包括平时室内空气质量以及火灾工况人员安全疏散环境）等问题。随着人们生活水平的提高，建筑舒适、节能、安全问题日益受到关注，尤其是 2020 年以来，防疫工作对建筑内部通风气流组织提出了更高的要求，与建筑通风气流组织有关的科学问题的研究取得了大量的成果。

　　随着计算机硬件水平的提高和商业计算软件的推出，计算流体动力学（Computational Fluid Dynamics，CFD）在近 20 年得到飞速的发展。CFD 已经成为一个解决实际工程问题的有力工具，它与实验方法以及理论分析相辅相成，使许多过去难以解决的技术难题迎刃而解。因此，数值模拟（主要包含计算流体动力学和数值传热学）与实验研究、理论分析的协同应用已经成为研究工程中流动、传热问题理想而有效的模式。

　　主编在西安交通大学就读研究生期间，就学习了陶文铨院士主讲的"数值传热学"课程，但受限于 20 世纪 90 年代的计算机硬件水平和软件开发能力，当时课程学习的目的主要是服务于计算机程序编写，包括进行数值计算程序设计构思、离散格式和算法选取、子程序调用等。1999 年博士毕业到北京工业大学工作后开设了少学时（32 学时）的"建筑环境及安全控制数值模拟技术"研究生课程，选用《数值传热学》第 2 版作为课程教材。在教学过程中，遇到几个问题：

　　1）课程目标及定位。学生更倾向于学习商业 CFD 软件的应用操作，期望通过课程学习就能够开展所研究方向的数值模拟工作。

　　2）基础理论知识讲解深度的把握问题。研究生课程只有 32 学时，完全讲解 CFD 的相关理论是不可能的，而且学生的数学基础导致其深入理解和弄懂理论难度很大，比如如何避免单纯追求数学上稳定格式而导致没有物理意义的解，部分学生因此失去了对该课程的学习兴趣。

　　3）学生对 CFD 的应用定位不清楚。一种是觉得 CFD 无所不能，甚至经常出现利用 CFD 模拟结果去验证实验结果正确性的想法；另一种是认为 CFD 过程中数学模型、算法选择存在一定的任意性和未知性，边界条件设置也不完全符合实际工程条件，除了更直观地展示模拟结果外，CFD 对解决实际工程技术问题的意义不大，更多的目的是满足业主在投标阶段展示要求以及学者发表论文的需要。

针对上述问题，编者希望结合 CFD 发展和建筑行业需求，根据研究生的培养定位并结合多年的教学经验和体会，编写一本适用于建筑领域流动与传热问题的数值模拟研究的研究生课程教材。

虽然目前出版了很多商业 CFD 软件的学习手册，能够帮助学生快速应用 CFD 软件，但研究过程中学生普遍存在着"会用"和"用会"的差别，究其原因是学生对商业 CFD 软件背后的基础理论缺乏必要的了解。如何使学生掌握相关基础理论是编写本书的目的之一。

主编所在的北京工业大学建筑环境与能源应用工程专业是国家级一流专业（2020）、教育部特色专业建设点（2009），专业所在土木工程一级学科是"国家一流建设学科"（2017）。在建筑通风与节能、建筑环境安全及控制、建筑智能化等领域，专业教师团队在教学、工程设计应用、科学研究方面积累了丰富的经验。在编写本书过程中，编者总结了多年的教学和科研实践经验，吸收了 CFD 应用的新成果，力求反映建筑领域的建筑环境控制技术方向的发展水平。

本书分为两部分，第一部分为数值模拟的基本理论，包括第 1~6 章，各章内容主要依据 CFD 求解流程的各个环节进行划分；第二部分为建筑通风节能与环境安全领域的数值模拟应用研究，包括第 7~10 章。

第 1 章主要介绍了 CFD 的发展历程、求解流程、商业 CFD 软件架构及其在建筑领域的应用情况。第 2 章首先介绍了层流状态流动与传热问题的连续性控制方程的推导，控制方程指质量守恒方程、动量守恒方程以及能量方程。接着介绍了运用 Reynolds 时均法推导湍流流动的控制方程，求解湍流雷诺应力的湍流黏性系数法及引入方程模型，重点介绍了几种常用的两方程模型。第 3 章主要叙述了计算域确定及其离散化即网格创建。内容包括物理模型中计算域的确定、边界条件的类型描述、选择合适的出口截面位置、网格的类型及适用范围。第 4 章介绍了控制方程的离散化，也就是将描述流动与传热的偏微分方程转化为各个节点的代数方程组。介绍了离散方程的误差、方程的相容性、收敛性及稳定性等特性，给出了有限体积法中 N-S 方程对流项常用的离散格式。第 5 章主要介绍了求解常见的有回流问题所采用的以速度、压力作为基本变量的原始变量法。基于压力梯度的离散要求，进而引出了交叉网格概念以及求解压力耦合的 SIMPLE 算法，介绍了压力修正方法的基本思想以及 SIMPLE 改进系列算法。第 6 章讨论了流场的数值求解中迭代收敛问题，给出了 CFD 求解是否收敛的判断思路，即不但需要通过残差值而且要检测所有相关变量的完整数据来综合判断。介绍了数值模拟结果几种常用的直观表达方式，包括矢量图、等值线图和云图、运动粒子轨迹图等。

第二部分主要是建筑通风节能与环境安全领域的工程应用案例。第 7 章介绍了建筑通风环境与节能 CFD 研究案例，包括外界风对不同开口形式建筑自然通风的影响效果、建筑通风屋顶太阳能烟囱节能效果以及置换通风与冷却吊顶结合的室内环境。第 8 章主要介绍了通风与室内污染物控制，介绍了化学实验室环境有害物质浓度分析、不同排风方案去除厨房在烹调过程中经过化学反应和物理反应产生污染物效果的研究，疫情期间临时医院排风对周围环境影响研究等案例。第9章主要介绍了空间环境存在移动物体的内部气流组织情况，采用动网格技术研究了公路弯曲隧道段因汽车运动交通力对内部气流的影响以及地铁隧道运行列车的速度和堵塞率对火灾烟气扩散特性的影响。第10章介绍了狭长受限空间的火灾烟气蔓延研究案例。介绍有穹顶隧道的纵向通风控制火灾烟气蔓延研究案例、带竖井自然通风隧道的火灾工况排烟效果受外界环境风影响的研究案例、城市街谷发生火灾情况下环境风对街谷内烟气扩散的影响研究案例。第二部分各章案例介绍均按照科技期刊对数值模拟研究论文发表的环节要求进行展示，有助于读者学习如何充分、合理展示自己的研究成果。

本书适用于32~48学时的研究生教学要求。对于理论教学学时较少的院校，可以将第7~10章的内容做部分精简或者要求学生自学，也可以根据实际情况选择部分内容进行教学。

本书由北京工业大学李炎锋教授任主编。第1、2、5、6章由李炎锋负责编写，第3、4章由李俊梅负责编写，第7、8章由刘爽、齐兆、杨泉负责编写，第9章由苏枳赫、刘文博负责编写，第10章由李嘉欣和田伟负责编写。由李炎锋负责全书的统稿工作。北京工业大学城市建设学部土木工程学科研究生许德胜、涂登凯、赵建龙、万丹丹、刘慧强、赵守冲、乔雅心、田思楠、杨石、陈超、雷晨彤、欧阳力、鲁慧敏参与了部分章节的校核工作。在此对大家给予的支持和帮助表示衷心感谢！

中国人民警察大学李思成教授在本书审稿过程中提出了宝贵的意见和建议，北京工业大学张伟荣教授对于本书的架构和思路提出了中肯的建议，对于提高本书的水平大有裨益。在编写过程中，编者参考了有关教材、专著以及科技文献等资料，在此对相关作者表示感谢！

本书得到2019年"教育部课程建设试点——北工大研究生课程建设项目"的资助，本书归属于"北京工业大学研究生创新教育系列教材"，在此对学校的支持表示感谢！

虽然编者尽了自己最大的努力，但由于本书内容涉及面较广，编者的水平有限，加上编写时间仓促，选材与撰写如有不足之处，恳请广大读者和专家予以批评和指正，以臻完善。

李炎锋

目　录

前言

第一部分　数值模拟的基本理论

第1章　绪论 …………………………… 2
1.1　计算流体动力学基础 …………… 2
1.2　数值模拟与其他研究手段的关系 ……… 4
1.3　数值模拟的实施过程及软件结构 ……… 7
1.4　建筑行业数值模拟的应用研究 ……… 10
本章小结 ………………………………… 12
习题 ……………………………………… 12

第2章　描写流动与传热问题的控制
　　　　方程 …………………………… 13
2.1　流动的分类 …………………… 13
2.2　流体流动模型的基本概念 ……… 15
2.3　层流状态下流动与传热问题的控制
　　　方程 ……………………………… 17
2.4　湍流状态下流动与传热问题的控制
　　　方程 ……………………………… 31
2.5　描述湍流流动的模型 …………… 38
2.6　控制方程的数学分类及其对数值解
　　　的影响 …………………………… 48
2.7　流动与传热的物理问题及描述坐标
　　　的类型 …………………………… 50
本章小结 ………………………………… 51
习题 ……………………………………… 51

第3章　计算域的确定及网格划分 …… 53
3.1　外部流动和内部流动的定义 …… 53
3.2　依据物理模型确立计算域 ……… 55
3.3　计算域边界的合理设置 ………… 56
3.4　计算域网格划分及网格生成技术 ……… 60
3.5　关于网格生成问题的进一步说明 …… 64
本章小结 ………………………………… 70
习题 ……………………………………… 71

第4章　控制方程的离散化及离散
　　　　格式 …………………………… 72
4.1　数值模拟常用的离散方法 ……… 72
4.2　建立离散方程的数学物理方法 … 73
4.3　基于有限体积法的通用控制方程
　　　离散 ……………………………… 80
4.4　多维非稳态离散方程建立 ……… 86
4.5　离散方程的误差及方程的相容性、收
　　　敛性及稳定性 …………………… 90
4.6　构造离散方程对流项常用的离散
　　　格式 ……………………………… 97
4.7　离散方程的边界条件和源项的处理 … 104
4.8　求解离散方程的三对角阵算法 …… 111
本章小结 ………………………………… 113
习题 ……………………………………… 113

第5章　求解压力-速度流动问题的原
　　　　始变量法 ……………………… 116
5.1　不可压缩流体数值解法的分类 …… 116
5.2　不可压缩流动求解中的关键问题 …… 117
5.3　交叉网格及动量方程的离散 …… 118
5.4　求解 N-S 方程的压力修正方法——分
　　　离式求解方法 …………………… 120
5.5　SIMPLE 算法步骤及案例 ……… 123
5.6　加速 SIMPLE 系列算法收敛速度的一些
　　　方法 ……………………………… 125
5.7　SIMPLE 算法的改进 …………… 127
5.8　孤岛问题的数值处理方法 ……… 134
本章小结 ………………………………… 135
习题 ……………………………………… 135

第 6 章　流场的数值求解过程收敛及
　　　　结果处理 ‥‥‥‥‥‥‥ 137
　6.1　流场迭代收敛的判据 ‥‥‥‥‥ 137
　6.2　CFD 常用的判断收敛的方法 ‥‥‥‥ 139
　6.3　数值模拟结果的后处理 ‥‥‥‥‥‥ 140
　本章小结 ‥‥‥‥‥‥‥‥‥‥‥‥ 144

第二部分　建筑通风节能与环境安全领域的数值模拟应用

第 7 章　建筑通风与节能领域问题的数
　　　　值模拟应用案例 ‥‥‥‥‥ 147
　7.1　建筑不同开口形式对自然通风效果
　　　影响的数值研究 ‥‥‥‥‥‥‥ 147
　7.2　建筑通风屋顶太阳能烟囱最佳倾角
　　　数值模拟研究 ‥‥‥‥‥‥‥‥ 158
　7.3　避免置换通风和冷却顶板结合系统
　　　结露策略的数值模拟研究 ‥‥‥‥ 164
第 8 章　房间气流组织及污染物控制效
　　　　果的数值模拟应用案例 ‥‥‥ 172
　8.1　典型化学实验室不同通风策略下气体
　　　污染物传输特性研究 ‥‥‥‥‥ 172
　8.2　基于推拉式通风系统的住宅厨房污染
　　　物控制研究 ‥‥‥‥‥‥‥‥‥ 184
　8.3　疫情期间临时建设医院病房排风对周
　　　围环境影响的研究 ‥‥‥‥‥‥ 196

第 9 章　流场中存在移动物体工况的动
　　　　网格数值模拟研究案例 ‥‥‥ 205
　9.1　公路弯曲隧道交通力对通风影响的数
　　　值模拟研究 ‥‥‥‥‥‥‥‥‥ 205
　9.2　地铁隧道中列车速度和阻塞率对烟气
　　　扩散特性影响的模拟研究 ‥‥‥‥ 212
第 10 章　狭长受限空间内火灾烟气流动
　　　　 及控制数值模拟研究案例 ‥ 221
　10.1　隧道空间内火灾烟气流动及控制的数
　　　 值模拟研究 ‥‥‥‥‥‥‥‥ 221
　10.2　外界环境风对带竖井自然通风隧道排
　　　 烟效果的影响研究 ‥‥‥‥‥‥ 228
　10.3　环境风对城市街谷火灾产生浮力羽流
　　　 影响的大涡模拟研究 ‥‥‥‥‥ 233
参考文献 ‥‥‥‥‥‥‥‥‥‥‥‥‥ 241

第一部分
数值模拟的基本理论

第 1 章

绪　　论

本章将简要介绍计算流体动力学（Computational Fluid Dynamics，CFD）的基础和发展历程，总结其在建筑、能源、环境以及动力工程领域中的应用概况，介绍数值模拟仿真的步骤和商业CFD 软件的组成等问题，讨论科学研究过程中数值模拟、实验研究以及理论分析三种技术手段的协同应用问题。

1.1　计算流体动力学基础

计算流体动力学（CFD）是一门以计算机技术为平台，以流体力学和相关学科理论知识为基础，应用各种离散化的数学方法对与流体力学相关的各类问题进行计算机模拟和分析研究，以预测或分析某种流态现象为目标的计算科学。它是近代流体力学、计算数学和计算机科学结合的产物，是一门具有强大生命力的边缘交叉科学，同时也是工程应用领域的重要技术手段。

1.1.1　CFD 概述

在自然界及实际工程领域中存在大量的流动与传热现象，其表现形式也多种多样。从现代建筑中供暖、通风和空气调节过程到自然界的气象环境变化，从微电子元器件中有效冷却到航天器重返大气层中壳体保护，都与流动和传热密切相关。因此，CFD 是当前国际上一个强有力的研究领域，是进行传热、传质、动量传递及燃烧、多相流和化学反应研究的核心和重要技术。CFD 广泛应用于各类工业以及非工业领域，比如：

航空航天：各类飞行器的空气动力学问题、内部及外部环境控制。

交通运输：船舶水力学、汽车发动机进气排气、高速列车运行阻力。

机械制造：动力机械（如多级涡轮机、离心压气机、空调压缩机、工业泵）内部气流特征。

环境与气象学：天气预测、大气污染物扩散、江河湖海中的水流以及污染物扩散。

生物医学工程：动脉、静脉中血的流动，疫情防控中病毒在空气中的传播途径。

能源动力：内燃机燃烧及汽轮机中的旋转叶片气流、锅炉内部燃烧，风机叶片、动力电池的热失控防治、板翅式换热器。

电工电子：电子设备及其内部微电子的冷却、半导体芯片冷却。

化学工程：化合反应及分解反应，浇铸聚合体。

土木建筑：建筑风载荷、建筑室内通风及气流组织、建筑群外部风环境、建筑火灾通风与控烟、防疫中的通风与病毒传播、建筑环境热舒适与建筑节能、建筑设备热质交换、管网水力计算。

应该指出，虽然很多过程及现象都与流动和传热密切相关，但从严格意义上讲，需要明确计算流体动力学与数值传热学（Numerical Heat Transfer，NHT）的研究领域并不完全一致。例如在CFD 中，理想流体动力学的数值模拟以及超音速过程的激波捕获是重要内容，但该过程并不涉及传热问题。单纯的计算流体动力学基本不会涉及辐射传热的数值模拟问题。另外，在固体内部的热传递不涉及流动问题，属于纯扩散过程，可以作为通用流体控制方程的特殊情况来描述，而数值传热学对传热的第二类、第三类边界条件采用附加源项法处理，计算流体动力学则很少遇到这些问题。

整体上，将 CFD 与 NHT 两个研究领域看成既有区别又有联系更为合适。本书重点关注的建筑节能及环境安全领域的问题均与流动、传热现象密切相关，为了统一考虑，本书采用"计算流体动力学"这一名称来代表数值模拟研究手段。

1.1.2　CFD 发展阶段

计算流体动力学是 20 世纪 60 年代伴随计算科学与工程（Computational Science and Engineering，CSE）迅速崛起的一门分支学科。随着大量的商业化 CFD 软件服务于传统的流体力学研究和相关工程领域，并拓展到建筑、环境、化工、电子等相关领域，标志着该门学科已经相当成熟。

1. CFD 开创时期

表 1.1 给出 CFD 初期不同发展阶段的标志性成果。历程描述包括计算方法、数学模型的建立到第一个商业化 CFD 软件问世，该阶段主要是发展各种计算方法以便通过计算机语言编程来进行流动、传热问题的求解。

表 1.1　CFD 开创时期的发展历程

年代	学者	标志性事件
1933 年	Thom（英）	首次进行了二维黏性流体偏微分方程的数值求解，标志着 CFD 的正式诞生
1965 年	Harlow 和 Welch（美）	提出了交错网格的思想
1966 年	Gentry 和 Dali 等（美）	提出了对流项差分迎风格式的插值计算方法
1967 年	Patankar 和 Spalding（英）	提出了求解抛物形流动的 Patankar-Spalding 方程
1972 年	Patankar	压力耦合方程组的半隐式方法问世
1974 年	Thompson、Thomes 和 Mastin（美）	提出用微分方程生成适体坐标的方法
1977 年	Spalding 等（英）	发行了自主开发的用于预测二维边界层迁移现象的 Genmix 软件
1979 年	Spalding 等（英）	用于流动传热计算的通用软件 PHOENICS 问世
1979 年	Leonard（英）	提出了对流项离散 QUICK 格式（Quadratic Upwind Interpolation for Convection Kinetics Scheme）
1980 年	Patankar（美）	数值流体流动与传热学著作 *Numeral heat transfer and fluid flow* 出版 对应著作中文翻译《传热与流体流动的数值计算》由科学出版社于 1984 年出版
1981 年	Spalding 等（英）	PHOENICS 软件正式投入市场，成为 CFD 软件商业化的引领者
1982 年	Patankar（美）	提出 SIMPLER、SIMPLEC 算法
1988 年	陶文铨（中）	主编的《数值传热学》出版，促进中国大陆地区 NHT 和 CFD 的应用推广。2001 年《数值传热学》第 2 版出版

2. CFD 飞速发展时期

1985 年后，CFD 技术得到了长足发展，主要表现为以下几点：

4

1）众多前后处理软件的开发与应用，如 Grapher、Graphtool、Ideas、Patran、Icem-CFD 等，均是这一时期兴起的软件。

2）计算机硬件的发展出现了浮点运算速度达数百次的巨型机，使得很多数值方法的并行算法有了实现的可能，有力地推动了直接数值模拟（Direct Numerical Simulation，DNS）和大涡模拟（Large Eddy Simulation，LES）的发展。

3）越来越多的大型商业软件投入研究和实际工程应用，使 CFD 的应用技术日趋成熟。这些商业软件包括 1981 年推出的世界上第一套计算流体与计算传热学商业软件 PHOENICS 软件和随后推出的 Fluent、CFX、Star-CD、Flow-3D 软件等。

4）到了 20 世纪 90 年代，商业软件开始进入我国市场，促进了我国学术界利用 CFD 开展研究。

3. CFD 不断丰富和完善时期

该阶段从 21 世纪初开始，是以计算方法的日益完善、应用领域更加广泛为标志，主要表现为：

1）非结构化网格的运用为不规则区域的网格划分提供了更准确、更有效的途径。

2）出现了许多新的计算格式，例如，在对流项格式方面，一批高精度的格式相继出现。

3）算法得到进一步发展，如 PISO、SIMPLE 系列算法日趋完善，其适用的计算区域由不可压缩流体推广到可压缩流体。

4）误差分析理论得到发展，学术界开始对数值计算结果的不确定度进行分析和评估，有效地提高了 CFD 模拟的可靠性和真实性。

5）CFD 应用的深度和广度大大增加。各类商业软件的积极研发和创新，给科研和工程技术提供了功能强大的分析工具。例如，Icem-CFD 提出的 Fluent 软件中出现了噪声模型、辐射模型、凝固及融化模型等新的物理模型，其网格处理技术也较早期的版本更成熟，应用更简便。

1.2 数值模拟与其他研究手段的关系

自从 1687 年牛顿定律公布，直到 20 世纪 50 年代初，研究流体运动规律的方法主要有以下两种：一种是实验研究方法，它主要针对具体问题开展模型实验和实体实验；另一种是理论分析方法或者称为解析方法，它是利用简单的流体对流传热传质模型和假设，给出所研究问题的解析解。随着 CFD 技术的快速发展，现代流体力学和传热学研究方法包括理论分析、数值模拟和实验研究。图 1.1 给出了三种技术方法之间的联系。这些方法可以针对问题的不同角度进行研究，可以相互补充、协调应用。

1.2.1 理论分析

理论工作者在研究流体流动规律的基础上建立了各种类型的主控方程，提出了各种简化流动的封闭模型（大多是半经验半理论型的），给出了一系列解析解和数值计算方法。这些研究成果推动了计算流体动力学的发展，奠定了今天计算流体动力学的基础。

理论分析研究能够表述参数影响形式，能为数值计算和实验研究提供有效的指导。虽然目前对复杂的流动与传热问题难以得出分析解，但不能因此忽视分析解的

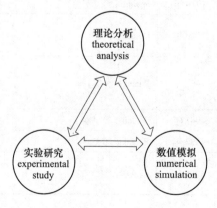

图 1.1　现代流体力学研究的
三大技术方法

作用，这是因为：分析解具有普遍性，各种因素的影响清晰可见；分析解为检验数值计算的准确度提供了比较依据。在流动力学和传热学的研究中，每当提出一种新的数值方法或开发出一个新的软件时，总是要使用所提出方法或软件来计算几个有分析解的经典流动问题，通过对结果的分析比较，从一个侧面确认计算方法或 CFD 软件的模拟结果的可靠性。

1.2.2　实验研究

实验研究无疑仍是流动与传热问题最基本的研究方法。这是因为数值模拟中所采用的物理与数学模型需要通过对现象的必要观测、测定才能建立；数值计算所需的流体或固体的物理特性需要通过实验测定来获得，而数值计算结果的准确性也往往需要通过与必要的实验结果做比较才能确认。近年来，国内外都重视建立基准实验数据（benchmark test data，validation data）来验证 CFD 的模拟结果。所谓基准实验数据是指实验条件明确、有不确定度分析的那些高精度的可靠实验测定结果。

在很多建筑工程技术领域，例如建筑火灾安全研究领域，试验研究是火灾科学研究中最基本的研究手段，也是重要的研究手段，试验手段主要包括现场试验（又称为全尺寸试验）、缩尺寸试验（又称比例模型试验）两类。

现场试验测量的结果具有直观性、真实性和全面性。因此，测试结果进行误差分析后就可以用来综合评判所研究系统的性能。例如开展工程现场的热烟试验可以解决建筑消防系统"处方式"验收方法缺乏灵活性的问题；另外，测试结果还可以检验"性能化"消防设计理念下所设计的火灾报警系统的运行效果。

现场试验缺点是准备周期长、试验费用昂贵，测试工况容易受到现场条件和建筑系统设备服务工况的限制。进行现场试验会涉及设计单位、施工单位、设备厂家、运行单位、消防单位、管理部门等多家单位，试验前期需要进行大量的综合协调工作。例如，地铁车站开展现场热烟试验要受到地铁运营管理的限制，对于已经投入运行的地铁系统，只能在地铁当天晚上停运到第二天早上开始运营的时间段内开展现场试验。对于试运营阶段的地铁系统，必须根据试运行试验（热滑试验）的安排来开展现场试验。

现场试验对测试条件要求高。在火灾的全尺寸现场试验中，对边界条件的控制非常重要，火灾中的燃烧及烟气流动本身就非常复杂，包括化学反应动力学、流体力学等多学科的耦合过程，这些过程对环境温度、风速、壁面温度等边界条件非常敏感。现场试验阶段需要投入大量人力、物力来进行测试系统安装、调试以及测试记录等。

虽然现场试验测试数据可靠、结果直观，但受到场地、费用、运行条件等因素限制，只能进行有限工况试验。采用适当的相似比例来建立比例模型试验装置是另外一种试验方案，相似准则是进行比例模型试验的理论基础。根据相似原理，对于同一类物理现象，凡具有单值性条件，并且由单值性条件组成的定性准则相等，那么这些现象就具有相似性。在此基础上，实现两类物理现象相似，还必须要满足几何相似、动力相似、运动相似、热相似等相似条件。

采用适当的相似比例建立缩尺寸模型装置来开展火灾试验也是经常采用的研究方法。该方法一方面可以降低试验成本，另一方面可以为计算模拟提供有效的边界条件并检验模拟结果的正确性。火灾领域一般采用 Fr 数相似准则来进行比例模型试验台设计，设计良好的试验模型可以调节设置出多种参数，开展不同火灾工况的实验研究。该方法具有操作难度低、试验可重复性好、测量结果准确性高等特点。

1.2.3 数值模拟

相对于实验研究方法和理论分析方法而言，数值模拟（主要指 CFD）的特点主要体现在以下几个方面：

1. 解的特点

CFD 给出的是流体运动区域内的离散解，而不是解析解，它是由平面或空间中一系列点的变量的值所组成的，这区别于一般理论分析方法所得出的连续解。

2. 对计算机技术的高度依存性

CFD 的发展与计算机技术的发展直接相关，这是因为可模拟的流体运动的复杂程度和解决问题的广度都与计算机的运算速度、内存等直接相关。

3. 能简便快捷地改变仿真条件

若描述物理问题的数学方程及其相应的边界条件的确定是正确的，那么 CFD 可在较广泛的流动参数（如马赫数、雷诺数、气体性质、模型尺度等）范围内研究流体流动问题，且能给出流场参数的定量结果，这往往是风洞试验和理论分析难以做到的。

与实验研究手段相比，数值模拟的优点如下：

1) 对新系统设计存在时间和费用的潜在性节省。

2) 可以仔细研究系统，而这在具体实验中很难办到（例如大型系统）。

3) 研究系统在危险条件中常规和非常规的表现（例如安全性研究和事故情况的研究）。

总之，CFD 提供了模拟真实流动的经济手段，能补充理论及试验的空缺。更重要的是，CFD 能成为模拟、设计和优化复杂三维流动问题的经济、合理工具。随着商业 CFD 软件的普及和推广，逐渐改变了人们对 CFD 的一些片面认识，由怀疑、排斥转为接受。

需要指出，对数值模拟结果准确度应持正确认识。任何一个物理过程数值模拟结果的准确度首先取决于物理问题的数学模型是否正确。如果所用的数学模型本身不合适，例如有强烈回流的问题用边界层方程来计算，一个三维的问题用了二维的数学描写等，那么即使在数值计算方法上做了努力，仍然不能提高解的准确度；其次数值计算所用的物性数据要可靠。如果物性数据本身有较大的误差，则过分追求减少数值误差的努力也没有实际意义。

以建筑火灾安全研究为例，采用数值模拟方法分析火灾场景时数学模型、边界条件、初始条件的选择设定对模拟结果影响很大，而且数值计算本身就存在一定误差，如果设置不合理会得出截然相反的结果。由于建筑火灾现象的复杂性和环境条件的随机性，现场试验结果以及比例模型试验结果可以有效验证性能化消防设计中数值模拟结果的准确度，从而检验数值模拟所选择的物理问题的数学模型是否正确。

目前，受到以下条件的制约，CFD 模拟结果准确程度还不能令人完全满意：①对于一些基本的物理现象（如湍流）尚未有明晰的数学认识；②为获得封闭方程所做的大量假设与实际情况有出入；③求解偏微分方程的计算量大，求解时间长，求解的稳定性差。

目前，CFD 在数值研究上大体沿两个方向发展：一个是在简单的几何外形下，通过数值方法来发现一些基本的物理规律和现象，或者发展更好的计算方法；另一个是为解决工程实际需要，直接通过数值模拟进行预测，为工程设计提供依据。理论的预测应出自于数学模型的结果，而不是出自于一个实际的物理模型的结果。

1.2.4 各种研究手段的对比分析

实验研究、理论分析和数值模拟是研究流动、传热问题相辅相成的三种基本方法，它们的发展是相互依赖、相互促进的，在 CFD 未来的发展中，这一点还将进一步得到证明。

由于流动问题的复杂性，许多问题无法得出分析解。而且复杂的条件下进行实验测量往往很困难，也可能因费用昂贵而无力进行实验。CFD 则能方便地提供全部流场范围的详细信息。由于 CFD 研究方法具有成本低和能模拟较复杂或较理想的过程等优点，经过一定考核的数值计算软件可以拓宽实验研究的范围，减少成本昂贵的实验工作量。在给定的参数下用计算机对现象进行一次数值模拟相当于进行一次数值实验，历史上也曾有过首先由数值模拟发现新现象而后由实验予以证实的例子。CFD 的兴起促进了流体力学的发展，改变了流体力学研究工作的困难状况，很多原来认为很难解决的问题，如超声速、高超声速钝体绕流、分离流及紊流问题，建筑火灾安全领域的问题等，都有了很大程度的发展，为流体力学相关研究工作带来了崭新的希望。

需要指出，实验是认识客观现实的有效手段，研究结果能用于验证理论分析和数值计算模型的正确性。特别是针对较复杂的非线性流动现象，还要依靠实验提供依据，所以要建立正确的数学方程还必须与实验研究相结合。另外，CFD 还有待进一步完善，严格的稳定性分析、误差估计和收敛性理论的发展还跟不上数值模拟的进展。

由上可见，由于理论分析、实验研究及数值模拟各有其适用范围，在目前的科学技术水平下，把实验研究、理论分析和数值模拟有机、协调地结合起来，是研究流动、传热问题理想而有效的手段。

1.3　数值模拟的实施过程及软件结构

计算流体动力学是采用计算数学的方法将流场的控制方程近似地离散成代数方程，这些代数方程依托在一系列网格节点上并成为代数方程组，然后通过计算机求解这些离散的代数方程组，获得离散的时间或空间点上的数值解。

控制流体流动、传热的基本定律是质量守恒定律、动量守恒定律和能量守恒定律，由它们分别导出连续性方程、动量方程和能量方程。

由基本原理出发，可以建立质量、动量、能量、湍流特性等守恒方程组，如连续性方程、扩散方程等。这些方程构成联立的非线性偏微分方程组，不能用经典的解析法求解此类方程组，只能用数值方法求解。

求解上述方程组必须先给定模型的几何形状和尺寸，确定计算区域并给出恰当的进出口、壁面以及自由面的边界条件。而且还需要适宜的数学模型及包括相应的初值在内的过程方程的完整数学描述。

求解的数值方法主要有有限差分法（FDM）、有限元法（FEM）以及有限分析法（FAM），应用这些方法可以将计算域离散为一系列的网格并建立离散方程组，离散方程的求解是由一组给定的猜测值出发迭代推进，直至满足收敛标准。常用的迭代方法有 Gauss-Seidel 迭代法、TDMA 方法、SIP 法及 LSORC 法等。根据差分方程及其求解方法即可编写计算程序或选用现有的CFD 软件实施过程的数值模拟。

1.3.1　数值模拟求解问题的过程

所有 CFD 问题的求解过程都可用图 1.2 表示。如果所求解的问题是瞬态问题，则可将图 1.2的过程理解为一个时间步的计算过程，循环这一过程求解下个时间步的解。下面对各求解步骤进行简单介绍。

1. 建立控制方程

建立控制方程是求解任何问题前都必须首先进行的工作。一般来讲，这一步比较简单。因为对于一般的流体流动而言，可直接写出其控制方程。假定没有热交换发生，则可直接将连续方程与动量方程作为控制方程使用。一般情况下都会遇到湍流问题，需要增加湍流方程。

2. 确定初始条件和边界条件

初始条件与边界条件是控制方程有确定解的前提，控制方程与相应的初始条件、边界条件的组合构成对一个物理过程完整的数学描述。

初始条件是所研究对象在过程开始时刻各个求解变量的空间分布情况。对于瞬态问题，必须给定初始条件。对于稳态问题，不需要初始条件。

边界条件是在求解区域的边界上所求解的变量或其导数随地点和时间的变化规律。对于任何问题，都需要给定边界条件。

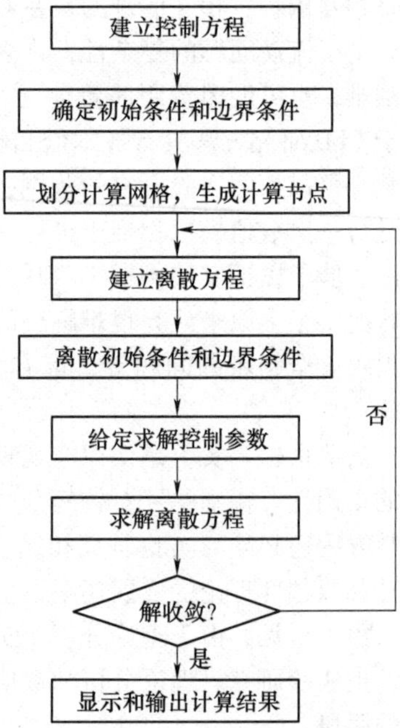

3. 划分计算网格，生成计算节点

采用数值方法求解控制方程时，需要将控制方程在空间区域上进行离散，然后求解得到离散方程组。在空间域上离散控制方程必须使用网格生成技术生成网格。

图 1.2　CFD 求解流程框图

不同的问题采用不同数值解法时，所需要的网格形式有一定的区别，但生成网格的方法基本一致。目前网格类型分为结构网格和非结构网格两大类。对于二维问题，常用的网格单元有三角形和四边形等形式；对于三维问题，常用的网格单元有四面体、六面体、三菱体等形式。在整个计算域上，网格通过节点联系在一起。

目前各种 CFD 软件都配有专用的网格生成工具，如 Fluent 使用 Gambit 作为前处理软件。多数 CFD 软件可以采用其他 CAD 或 CFD/FEM 软件产生的网格模型。例如，Fluent 可以接收 ANSYS 所生成的网格。

4. 建立离散方程

对于在求解域内所建立的偏微分方程，理论上有解析解（或称精确解），但由于所处理问题自身的复杂性，一般很难获得方程的解析解。因此就需要通过数值方法把计算域内有限数量位置（网格节点或网格中心点）上的因变量值当作基本未知量来处理，从而建立一组关于这些未知量的代数方程组，然后通过求解代数方程组来得到这些节点值，而计算域内其他位置上的值则根据节点位置上的值来确定。

常用的区域空间离散化方法包括有限差分法、有限元法、有限元体积法等。它们对引入的变量在节点之间分布的假设不同，导致了离散化方程的推导方法存在差异。对于瞬态问题，除了在空间域上的离散外，还要涉及在时间域上的离散。离散后会涉及使用何种时间积分方案的问题。

5. 离散初始条件和边界条件

前面所给定的初始条件和边界条件是连续性的，如在静止壁面上速度为 0，需要针对所生成的网格，将连续型的初始条件和边界条件转化为特定节点上的值，如静止壁面上共有 90 个节点，则这些节点上的速度值应均设为 0。

商用 CFD 软件往往在前处理阶段完成网格划分后，直接在边界上指定初始条件和边界条件，然后由前处理软件自动将这些初始条件和边界条件按离散的方式分配到相应的节点上。

6. 给定求解控制参数

在离散空间建立离散化的代数方程组并施加离散化的初始条件和边界条件后，还需要给定流体的物理参数和湍流模型的经验系数等。此外，还要给定迭代计算的控制精度、瞬态问题的时间步长和输出频率等。

7. 求解离散方程

进行上述设置后，会生成具有定解条件的代数方程组。对于这些方程组，数学上已有相应的解法，如线性方程组可采用 Gauss 消去法或 Gauss-Seidel 迭代法求解，而对于非线性方程组，可采用 Newton-Raphson 方法。

商用 CFD 软件提供多种不同的解法，以适应不同类型的问题。这部分内容属于求解器设置的范畴。

8. 判断解的收敛性

若不收敛，则转至步骤 4，即重新建立离散方程。

一般需要经过多次迭代后才能获得问题的解，能否得到收敛解与上述求解步骤密切相关。导致解发散的原因很多，如松弛因子选择、网格形式或网格的大小、对流项的离散插值格式等。在瞬态问题中，时间步长的不合理设置也有可能导致解的发散或振荡。

9. 判断收敛后，显示和输出计算结果

通过上述求解过程得出各计算节点上的解后，需要通过适当的手段将整个计算域上的结果表示出来，这时可采用线值图、矢量图、等值线图、流线图、云图等方式来表示计算结果。

1.3.2 商业通用 CFD 软件的架构

为了更好地使用户了解计算的能力，各商业 CFD 软件包括典型的用户输入界面和对结构正确性的检验。一般包括三个方面：前处理、求解器（运算器）、后处理。

1. 前处理

前处理是用户通过软件的友好界面将流动问题输入程序中，然后系统转化为适合于运算器运行的信息。在前处理中用户有以下几项操作。

1）定义几何模型：即计算区域。

2）划分网格，将计算区域划分为很多小的联系子区域，如有限元和有限体积中的网格划分。

3）选择物理、化学模型。

4）定义流体特性。

5）定义边界条件。

解决流动问题（速度、压力、温度等）的方法由微元体内的节点的定义决定。CFD 计算的精确性由网格的数目决定，一般来说网格划分越细，计算越精确。计算的精确性、计算机的硬件要求、计算所需时间都取决于网格划分的优质与否。目前划分达到计算精度和合适计算时间的网格要求还是由用户自己来做。CFD 工作中有一半的时间是在建立几何模型和进行网格划分、生成。

为了提高 CFD 模拟的效率，很多程序都提供了 CAD 输入端或者其他三维模型，如 SolidWorks 的输出。目前，前处理还会提供给用户一些常用的流动模型，用户也可以自己引入特殊的物理化学模型（如湍流模型、辐射模型、燃烧模型）所遵循的流动方程。

2. 求解器

有三种主要的数值计算方法，即有限差分法、有限元法、谱法。它们大致上都是通过三个步骤形成运算基础：

1）利用简单函数形式近似表达未知的变量。

2）将近似式代入流动控制方程并离散化，随后进行数学处理得到代数方程组。

3）解代数方程组。

三种不同方法的主要差别是流动变量的近似处理和离散处理方式不同。

3. 后处理

如同前处理一样，后处理领域已有大量的开发工作。由于具有超高绘图能力的计算机日益增多，优秀的 CFD 软件包都装备有数据可视化工具，包括：

1）区域几何结构和网格显示。

2）矢量图、云图、流线图。

3）等值线图或阴影图。

4）二维、三维曲面图。

5）粒子跟踪图。

6）图像处理（移动、旋转、缩放）。

7）彩色图像的输出。

近来，这些配置还包括结果动态显示的动画。除了图形，所有软件都有数据输出的功能，用于软件外进一步处理数据。如同其他许多 CAE（计算机辅助工程）分支一样，CFD 的图形输出功能已经得到改进，采用 Workbench CFD-Post 或者将计算结果输入 Tecplot 软件，就可输出计算结果图形，用于和非专业人员进行概念交流。

从总体上看，我国 CFD 应用及发展与国外先进水平仍然还有一定的差距。一是体现在我国研究人员对 CFD 的基础研究还不够深入；二是体现在计算数学和计算机图形学方面的研究与 CFD 的发展协调程度不够，应该着力提高前处理即几何造型与网格生成技术、后处理即科学计算可视化部分的研究水平；三是要继续加强算法理论方面的研究，开发出具有自主知识产权的高水平商业 CFD 软件。

1.4 建筑行业数值模拟的应用研究

1.4.1 研究应用领域

建筑行业开展了大量的 CFD 的应用研究工作，在通风、节能、设备运行、火灾安全以及空气质量等领域取得了许多重要成果。主要体现在以下方面：

1）通风空调设计方案优化及预测。

2）建筑热舒适、通风与节能。

3）室内空气品质及建筑热环境的 CFD 方法评价、预测。

4）建筑火灾烟气流动及防排烟系统的 CFD 分析。

5）疫情期间建筑内气流组织与病毒扩散控制的 CFD 分析。

6）特殊场合（实验室、手术室、方舱医院）污染物浓度控制。

7）建筑物外部风环境与室内空气品质的相互影响过程的 CFD 分析。

8）射流技术的 CFD 分析，如空调送风的各种末端设备等。

9）流体机械及流体元件，如泵、风机等旋转机械内流动和各种阀门的 CFD 分析等。

10）锅炉燃烧（油、气、煤）规律的 CFD 分析。

11）管网水力计算的数值方法。

12）传热传质设备的 CFD 分析，如各种换热器、冷却塔的 CFD 分析。

1.4.2　常用的 CFD 软件介绍

建筑行业常用的 CFD 软件有 Airpak、PHOENICS、ANSYS-Fluent、ANSYS-CFX、Scstream、Star-CCM+软件、FDS 软件等。这些软件主要是针对特定领域所开发，比如 Airpak 是专门针对暖通空调相关领域开发的。FDS 是专门针对火灾场景模拟预测开发的。日本开发的 scSTREAM 和 WindPerfectDX 主要是针对建筑环境领域开发的。

目前市场上应用于建筑行业的国产软件主要是斯维尔的 Vent、PKPM 的 PKPM-CFD 和鸿业的 HY-CFD。其中斯维尔的 Vent 和鸿业的 HY-CFD 采用的是开源 CFD 软件 OpenFOAM 作为计算内核。

下面对几个常用的 CFD 软件进行简要介绍。

1. PHOENICS 软件

PHOENICS 是著名的计算流体动力学与计算传热学商业软件。它是英国皇家工程院院士 D. B. Spalding 教授及 40 多位博士 20 多年心血的典范之作。PHOENICS 是 Parabolic Hyperbolic or Elliptic Numerical Integration Code Series 几个字母的缩写，这意味着只要是流动和传热问题，都可以使用 PHOENICS 模拟计算。

PHOENICS 主要特点是开放性，用户可以根据需要修改、添加用户程序。除了通用计算流体力学与计算传热学软件应该拥有的功能外，PHOENICS 有着自己独特的功能。PHOENICS FLAIR 模块是英国 CHAM 公司针对建筑及暖通空调专业设计的 CFD 专用模块，它广泛运用于计算室内外风热环境及舒适度、空调设计、热岛效应、污染物浓度扩散预测以及地铁火灾的仿真，在国内建筑通风仿真领域的市场占有率逐年扩大。

读者可以在 http：//www. cham. co. uk/网站上获得关于 PHOENICS 软件的详细信息。

2. Fluent 软件

Fluent 是由美国 FLUENT 公司于 1983 推出的 CFD 软件。它是继 PHOENICS 软件之后的第二个投放市场的基于有限体积法的软件。目前，Fluent 软件隶属于 ANSYS 公司。Fluent 是目前功能最全面、适用性最广、国内使用最广泛的 CFD 软件之一。凡是与流体、热传递和化学反应等有关的工业领域均可使用 Fluent。Fluent 软件包含基于压力的分离求解器、基于密度的隐式求解器、基于密度的显式求解器。多求解器技术使 Fluent 软件可以用来模拟从不可压缩到高超声速范围内的各种复杂流场。在航空航天、汽车设计、石油天然气和涡轮机设计等方面都有着广泛的应用。

Fluent airpak 是面向工程师、建筑师和室内设计师的专业领域工程师的专业人工环境系统分析软件，特别是 HVAC 领域。它可以精确地模拟所研究对象内的空气流动、传热和污染等物理现象。它可以准确地模拟通风系统的空气流动、空气品质、传热、污染和舒适度等问题，并依照 ISO 7730 标准提供舒适度、PMV、PPD 等衡量室内空气质量（IAQ）的技术指标，从而减少设计成本，降低设计风险，缩短设计周期。Fluent airpak 3.0 是国际上比较流行的商用 CFD 软件。

读者可以在 http：//www. ansys. com/网站上获得关于 Fluent 软件的详细信息。

3. scSTREAM 软件

scSTREAM 是一款通用的，结构化网格（直角或圆柱）热流体分析软件。自从 1984 年首次发布以来，scSTREAM 已经成长为功能全面、计算迅速、操作简单的热流体分析软件。scSTREAM 被广泛应用于建筑物的环境控制分析，包括影响环境的室内外空气以及热流场分析。scSTREAM 在建筑界，尤其是日本建筑界的占有率达 90%。

scSTREAM 采用基于压力的有限体积法和结构化网格坐标系（笛卡儿坐标系或圆柱坐标系），同时还采用了 Cutcell 和四面体单元。由于网格结构的独特特性，scSTREAM 具有出色的网格划分速度和计算速度。scSTREAM 通过提供高精度和高效率的 CFD 解决方法为电子行业和建筑行业提供服务。

读者可以在 https：//www.mscsoftware.com/product/scstream 网站上获得关于 scSTREAM 软件的详细信息。

1.4.3 建筑领域的 CFD 技术应用发展趋势

1. CFD 与建筑信息模型技术的结合

采用主流建筑信息模型（Building Information Modeling，BIM）软件 Revit 建模，最大程度保留建筑的外墙、外门、外窗、内墙、内细节，然后导入 CFD 软件进行室内通风及环境模拟。

2. CFD 与云计算的结合

随着建筑规模越来越大，单体建筑的复杂程度也越来越高。为了完成相应的 CFD 模拟，需要生成数百万甚至上千万的网格。这个数量级计算一般需要借助服务器。对于没有服务器的公司，可以把模型上传到云平台，利用云平台强大的计算能力，快速求解计算。计算完成后，可以选择在云平台进行后处理或者将文件下载到本地进行后处理。

目前国内外已经开发出基于开源 CFD 软件 OpenFOAM 的云计算平台，例如国外的 SIMSCALE，只需用户上传几何模型，剩下的网格划分、模型设置和后处理都可以在这个平台上完成。

本 章 小 结

本章简要介绍了计算流体动力学的定义及发展历程，重点总结其在建筑、能源、环境以及动力工程领域中的应用概况。介绍了数值模拟、理论分析和实验研究三种技术手段之间的适用范围和相互联系，三者之间有机协调是研究工程领域流动、传热问题的理想而有效手段。介绍了 CFD 求解问题的过程以及商业通用 CFD 软件的架构。最后重点介绍了建筑行业 CFD 的应用情况以及发展趋势，将传统 CFD 技术与 BIM 技术、云计算结合进行发展是未来的重要发展方向。

习 题

1-1 查阅建筑通风、节能领域常用的 CFD 软件的功能特点，并针对每类 CFD 软件阅读 1~2 篇相应的数值模拟研究文献。

1-2 阅读建筑室内环境的 CFD 研究文献，综合分析利用 CFD 求解实际工程问题的优点和不足。

1-3 学习一个常用 CFD 软件，了解软件的架构，总结数值模拟求解问题的前处理阶段需要掌握哪些知识要点。

第 2 章
描写流动与传热问题的控制方程

流动与传热过程都会受到三个最基本的物理规律的支配，即质量守恒、动量守恒及能量守恒。本章首先介绍层流状态下这些守恒定律的数学表达式——偏微分方程（称为控制方程，governing equation）的推导。然后，在层流状态动量方程的基础上，依据雷诺平均法进行湍流状态的流动参数时均值（基于 Reynolds 平均法）的控制方程的推导，并引出雷诺应力概念及相应的求解方法——湍流黏性系数法。讨论湍流黏性系数法需要引入方程的数量以及对应湍流模型，重点介绍了常用的一方程、两方程模型。此外，对描述流动与传热问题的偏微分方程的数学特征进行分类并分析了每种方程类型背后的物理意义。

2.1 流动的分类

根据不同标准，流动可以有不同的分类，常见的分类标准包括：

（1）按流动的维度分类　流动根据其在空间的变化特性，可以分为一维流动、二维流动和三维流动，分别是指流体速度沿一个、两个或三个空间坐标变化的流动。

（2）稳态流动与非稳态流动　如果流场的物理量（流速、压力等）仅随位置变化而不随时间变化，则称此流动为稳态流动（steady state flow）或定常流动。如果流场的任何一个物理量不仅与位置有关还随时间变化，则称此流动为非稳态流动（unsteady flow）、瞬态流动（transient flow）或非定常流动。

（3）可压缩流动与不可压缩流动　流体流动过程中，其密度随着压力、温度等的改变而发生改变的特性称为压缩性，真实的流体或多或少都是具有可压缩性的。

一般情况下液体压缩性很小，因此可以近似看作是不可压缩的。至于气体，尽管它的密度很容易随压力而发生变化，但在空气动力学中，气体的密度变化是否可忽略，需要根据气体流动的马赫数（Ma）来确定。例如，当空气流动的马赫数低于 0.3 时，就可以忽略流动中气体密度的变化，把流动看成不可压缩流动。因此，建筑通风领域的气流流动一般都是按照不可压缩流动处理。

当气流流动马赫数超过 0.3 时，就必须考虑密度变化的影响，实际可压缩流动按马赫数的大小（实际上就是反映密度变化的重要性）可分为亚声速流动（Ma 为 0.3~0.8）、跨声速流动（Ma 为 0.75~1.2）、超声速流动（Ma 为 1.2~5.0）和高超声速流动（Ma 大于 5.0）。

（4）理想流体与黏性流体　工程中的实际流体都是具有黏性的，因此，实际流体又称黏性流体。17 世纪末牛顿指出，流体的切应力与应变的时间变化率（也就是速度梯度）成正比，这样的流体称为牛顿流体，若动力黏度 μ 为常数，则称为牛顿流体，否则为非牛顿流体。例如空气、水等均为牛顿流体；血液、聚合溶液、含有悬浮粒杂质或纤维的流体为非牛顿流体。

理想流体又称无黏流体，可忽略流体的黏性效应，它是人们为研究流体的运动和状态而引入的一个理想化模型，无黏性流体对于剪切变形没有任何抵抗能力。

（5）层流与湍流　层流和湍流（又称紊流）可通过一个无量纲数雷诺数来加以区分，雷诺数可理解为流体惯性力和黏滞力之比，其表达式如下：

$$Re = \frac{\rho dv}{\mu} \tag{2.1}$$

式中，ρ 为流体密度；d 为管道直径或者特征尺寸（对非管道流动，取相关的等效特征尺寸）；v 为流速；μ 为动力黏度。

图 2.1 给出了流体外掠平壁时边界层变化。对于用 Re 判别流动状态：

1）$Re<2000$ 时，流动为层流。层流状态下，黏滞力的影响显著，扰动受黏性阻尼作用而衰减。

2）当 $2000 \leqslant Re<4000$ 时，流动为过渡流。过渡流为一种不确定状态，可能为层流也可能为湍流，与外界干扰有关，如流道的截面或方向的改变以及外部振动等都容易导致湍流的发生。

3）当 $Re \geqslant 4000$ 时，流动为湍流。湍流状态下，惯性力的影响显著，惯性力对扰动的放大作用远超过黏性阻尼作用。

（6）有旋流动与有势流动　流体微团的旋转角速度不等于零的流动称为有旋流动，流体微团的旋转角速度为零的流动称为无旋流动。当流体做无旋流动时，总有速度势函数存在，因此无旋流动又称为有势流动。

（7）单相流动与多相流动　单相流动是指均匀的液体或气体的流动。当流动中存在多相流体的混合流动时，称流动为多相流动。多相流分为两相流和三相流两种，两相流更为常见。

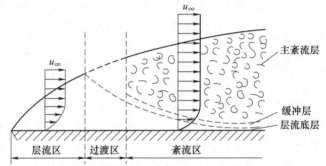

图 2.1　流体外掠平壁时的湍流边界层

按照组分的不同，多相流可以分为气液两相流、气固两相流、液固两相流、液液两相流（两种不能均匀混合的液体一起流动）以及气液固三相流、液液固三相流（两种不能均匀混合的液体和固体颗粒一起流动）。在多相流动中，连续介质的相称为连续相，不连续介质的相称为分散相（或非连续相、颗粒相等）。

在多相流问题的研究中，如果把多相流中的各相都分别看成连续介质，不同相在数学上被看作互相穿插的连续统一体，由于一相的体积不能被其他相占据，因此引入相体积分数（phase volume fraction）的概念。相体积分数是空间和时间的连续函数，且在同一空间位置同一时间各相体积分数之和为 1。通过各相的体积分数描述其分布，导出各相的守恒方程并引入本构关系使方程组封闭，这种模型通常称为多流体模型（对于两相流的情况则称为双流体模型）。多流体模型对各相连续介质的数学描述及处理方法均采用欧拉（Euler）方法，因此属 Euler-Euler 型模型。

在由流体（气体或液体）和离散相（液滴、气泡或尘粒）组成的弥散多相流体系中，将流体相视为连续介质，离散相视作离散介质处理，这种模型称为离散颗粒群轨迹模型或离散相模型（Discrete Phase Model，DPM）。其中，连续相的数学描述采用欧拉方法，求解时均由 N-S 方程得到速度等参量；离散相采用拉格朗日方法描述，通过对大量质点的运动方程进行积分运算得到其运动轨迹。因此，这种模型属欧拉-拉格朗日型模型，或称为拉格朗日离散相模型。离散相与连续相可以交换动量、质量和能量，即可实现双向耦合求解。如果只考虑单个颗粒在已确定流场的连续相流体中的受力和运动，即单向耦合求解，则模型称为颗粒动力学模型。

2.2　流体流动模型的基本概念

2.2.1　流动模型定义

为了得到流体流动的基本方程，要遵循以下过程：

1）从物理定律出发选择合适的物理学基本原理，包括：①质量守恒；②动量守恒（即牛顿第二定律）；③能量守恒。

2）将这些物理学原理应用于适当的流动模型。

3）从应用中导出体现这些物理学原理的数学方程式。

2.2.2　无穷小流体微团

流体微团无限小的含义与微积分中无限小的含义相同。但是它又必须足够大，大到包含了大量的流体分子，使它能够被当成连续介质考虑。图 2.2a、b 中流线所表示的流动，设想流动中存在一个无穷小流体微团，其体积微元是 $\mathrm{d}\gamma$。

流体微团的位置也可以是固定的，此时会有流体流过微团，如图 2.2a 所示。流体微团还可以沿流线运动，如图 2.2b 所示其速度 v 等于流线上每一点的当地流速。

将物理学的基本原理运用到控制体内的流体上进行方程推导。当控制体位置固定时，会有流体流过控制体。将注意力集中在控制体本身这一有限区域内的流体。

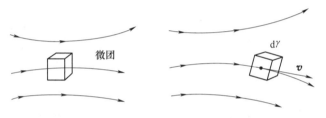

a) 空间位置固定的无穷小微团，流体流过微团　　b) 沿流线运动的无穷小微团，其速度等于流线上每一点的当地速度

图 2.2　流动模型

直接将物理学基本原理运用于有限控制体，得到的流体流动方程将是积分形式的。对这些积分形式的控制方程进行处理，可以（间接地）导出偏微分方程组。无论方程组是积分形式还是偏微分形式，都称为守恒型控制方程。

物理学基本原理仅仅运用于流体微团本身而不是同时观察整个流场，此时的这种处理直接导出的是偏微分方程形式的基本方程组。对于图 2.2a 所示的空间位置固定的流体微团，得到的偏微分方程组仍旧称为守恒型方程。而对于图 2.2b 描述的运动的流体微团，得到的偏微分方程组称为非守恒型方程。

2.2.3　物质导数

在推导控制方程之前，需要给出物质导数的定义，即运动流体微团的时间变化率。

图 2.3 详细描绘了流体微团在笛卡儿坐标系下的运动。在 x、y、z 轴的单位向量分别用 i、j、k 表示，则在笛卡儿坐标系下，速度矢量场可以表示为

$$V = ui + vj + wk \qquad (2.2a)$$

这里速度的 x、y、z 方向分量分别由下式

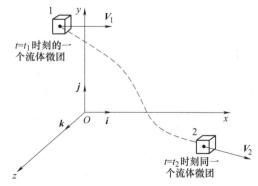

图 2.3　流体微团在流场中的运动——物质导数的示意图

给出：

$$u = u(x, \ y, \ z, \ t) \tag{2.2b}$$

$$v = v(x, \ y, \ z, \ t) \tag{2.2c}$$

$$w = w(x, \ y, \ z, \ t) \tag{2.2d}$$

通常考虑非定常流动，所以 u、v、w 既是位置的函数，又是时间的函数。此外，标量密度场表示为

$$\rho = \rho(x, \ y, \ z, \ t) \tag{2.3}$$

在 t_1 时刻，流体微团位于图 2.3 中的 1 点，在这一点和这一时刻，流体微团的密度是

$$\rho_1 = \rho(x_1, \ y_1, \ z_1, \ t_1) \tag{2.4a}$$

在这之后的 t_2 时刻，流体微团运动到图 2.3 中的 2 点，该流体微团的密度是

$$\rho_2 = \rho(x_2, \ y_2, \ z_2, \ t_2) \tag{2.4b}$$

既然密度是位置和时间的函数，可以在 1 点做如下的泰勒级数展开：

$$\rho_2 = \rho_1 + \left(\frac{\partial \rho}{\partial t}\right)_1 (t_2 - t_1) + \left(\frac{\partial \rho}{\partial x}\right)_1 (x_2 - x_1) + \left(\frac{\partial \rho}{\partial y}\right)_1 (y_2 - y_1) + \left(\frac{\partial \rho}{\partial z}\right)_1 (z_2 - z_1) + （高阶项） \tag{2.5}$$

除以 $t_2 - t_1$，并忽略高阶项，可得

$$\frac{\rho_2 - \rho_1}{t_2 - t_1} = \left(\frac{\partial \rho}{\partial t}\right)_1 + \left(\frac{\partial \rho}{\partial x}\right)_1 \frac{(x_2 - x_1)}{t_2 - t_1} + \left(\frac{\partial \rho}{\partial v}\right)_1 \frac{(y_2 - y_1)}{t_2 - t_1} + \left(\frac{\partial \rho}{\partial z}\right)_1 \frac{z_2 - z_1}{t_2 - t_1} \tag{2.6}$$

式（2.6）的左边，实际上是流体微团在从 1 点运动到 2 点的过程中，密度的平均时间变化率。当 t_2 趋近于 t_1 时，这一项变为

$$\lim_{t_2 \to t_1} \frac{\rho_2 - \rho_1}{t_2 - t_1} \equiv \frac{\mathrm{D}\rho}{\mathrm{D}t} \tag{2.7}$$

这里 $\mathrm{D}\rho/\mathrm{D}t$ 代表流体微团通过 1 点时，流体微团密度变化的瞬时时间变化率。把符号 $\mathrm{D}\rho/\mathrm{D}t$ 定义为密度的物质导数。注意 $\mathrm{D}\rho/\mathrm{D}t$ 是指给定的流体微团在空间运动时，其密度的时间变化率。

物质导数 $\mathrm{D}\rho/\mathrm{D}t$ 与偏导数 $\partial\rho/\partial t$ 不同，后者实际上是在固定点 1 处密度变化的时间变化率。对于 $\partial\rho/\partial t$，需要将观察点固定于点 1，考察由流场瞬间的起伏导致的密度变化。因此 $\mathrm{D}\rho/\mathrm{D}t$ 与 $\partial\rho/\partial t$ 在物理上和数值上都是完全不同的量。

针对式（2.6），应该注意到速度分量表达式：

$$\lim_{t_2 \to t_1} \frac{x_2 - x_1}{t_2 - t_1} \equiv u \tag{2.8a}$$

$$\lim_{t_2 \to t_1} \frac{y_2 - y_1}{t_2 - t_1} \equiv v \tag{2.8b}$$

$$\lim_{t_2 \to t_1} \frac{z_2 - z_1}{t_2 - t_1} \equiv w \tag{2.8c}$$

因此，当 $t_2 \to t_1$ 时对式（2.6）取极限，得

$$\frac{\mathrm{D}\rho}{\mathrm{D}t} = \frac{\partial \rho}{\partial t} + u \frac{\partial \rho}{\partial x} + v \frac{\partial \rho}{\partial y} + w \frac{\partial \rho}{\partial z} \tag{2.9}$$

从式（2.9）中可以得到笛卡儿坐标系下物质导数的表达式为

$$\frac{\mathrm{D}}{\mathrm{D}t} \equiv \frac{\partial}{\partial t} + u \frac{\partial}{\partial x} + v \frac{\partial}{\partial y} + w \frac{\partial}{\partial z} \tag{2.10}$$

利用笛卡儿坐标系下向量算子 ∇ 的定义

$$\nabla \equiv \boldsymbol{i} \frac{\partial}{\partial x} + \boldsymbol{j} \frac{\partial}{\partial y} + \boldsymbol{k} \frac{\partial}{\partial z} \tag{2.11a}$$

$$\nabla \cdot \boldsymbol{f} = \operatorname{div} \boldsymbol{f} = \left(\frac{\partial}{\partial x},\ \frac{\partial}{\partial y},\ \frac{\partial}{\partial z} \right) \cdot (f_x,\ f_y,\ f_z) = \frac{\partial f_x}{\partial x} + \frac{\partial f_y}{\partial y} + \frac{\partial f_z}{\partial z} \tag{2.11b}$$

式（2.10）可写为

$$\frac{\mathrm{D}}{\mathrm{D}t} \equiv \frac{\partial}{\partial t} + \boldsymbol{V} \cdot \nabla \tag{2.12}$$

式（2.12）以矢量形式表示了物质导数，因此它对任意坐标系都成立。

物质导数 $\mathrm{D}/\mathrm{D}t$ 的物理意义：它在物理上是跟踪一个运动的流体微团的时间变化率；公式右侧第一项 $\partial/\partial t$ 叫作当地导数，它在物理上是固定点处的时间变化率；公式右侧第二项（$\boldsymbol{V} \cdot \nabla$）叫作迁移导数，它在物理上表示由于流体微团从流场中的一点运动到另一点，流场的空间不均匀性而引起的时间变化率。

可以举例来帮助理解物质导数的物理意义，一个人从外部进入山洞，同时其他人在他进入洞口时用雪球击中了他。这个人进入洞口时由于洞内外部温差而感受到温度降低，可以类比为迁移导数。而被雪球击中所感觉的温度降低类比为当地导数（无论在何处，雪球击中感觉是一样的）。通过洞口时感觉到的总温降可以类比为物质导数。

物质导数可用于任何流场变量，例如，$\mathrm{D}p/\mathrm{D}t$、$\mathrm{D}T/\mathrm{D}t$、$\mathrm{D}u/\mathrm{D}t$ 等，这里的 p 和 T 分别是静压和温度。例如

$$\frac{\mathrm{D}T}{\mathrm{D}t} \equiv \frac{\partial T}{\partial t} + (\boldsymbol{V} \cdot \nabla)\, T \equiv \frac{\partial T}{\partial t} + u \frac{\partial T}{\partial x} + v \frac{\partial T}{\partial y} + w \frac{\partial T}{\partial z} \tag{2.13}$$

其中 $\dfrac{\partial T}{\partial t}$ 是当地导数，$(\boldsymbol{V} \cdot \nabla)\, T$ 是迁移导数。式（2.13）从物理上描述了流体微团经过流场中某一点时，微团温度的变化。一部分是由于该点处流场温度本身随时间的涨落导致（当地导数），另一部分则是由于流体微团正在流向流场中温度不同的另一点导致（迁移导数）。

2.2.4　速度散度及物理意义

在处理流动控制方程时，记住速度散度的物理意义是非常有用的。假设处理笛卡儿坐标系（x，y，z）下的速度矢量 $\boldsymbol{V}$，符号 $\nabla \cdot \boldsymbol{V}$ 的数学意义是

$$\nabla \cdot \boldsymbol{V} = \partial u / \partial x + \partial v / \partial y + \partial w / \partial z \tag{2.14}$$

从物理概念来看，符号 $\nabla \cdot \boldsymbol{V}$ 表示速度集散程度大小，即表征流体微团的可压缩性。对于流体微团而言，速度散度为 0，表明流体不可压缩。这个值越大，代表其越容易被"拉开"，或说"充盈"；反之，越小则表示越容易"缩窄"或说"萎缩"。

作为计算流体动力学研究者要时刻牢记所求解方程中各项的物理意义，并要得出有物理意义的解而不是仅仅考虑获得在数学意义上的解。

2.3　层流状态下流动与传热问题的控制方程

2.3.1　质量守恒方程（mass conservation equation）

1. 空间位置固定的微元体

对于图 2.4 中固定在空间位置的微元体，质量守恒定律可表示为

单位时间内微元体中流体质量的增加＝同一时间间隔内流入该微元体的净质量

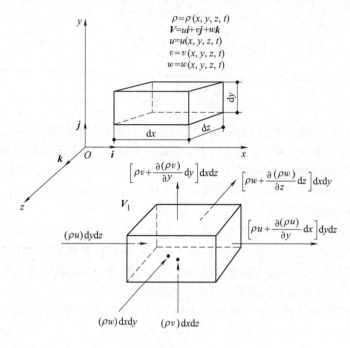

图 2.4　三维直角坐标系及微元体

x 方向的净流出量为

$$\left[\rho u + \frac{\partial (\rho u)}{\partial x} \mathrm{d}x \right] \mathrm{d}y\mathrm{d}z - (\rho u)\mathrm{d}y\mathrm{d}z = \frac{\partial (\rho u)}{\partial x}\mathrm{d}x\mathrm{d}y\mathrm{d}z$$

y 方向的净流出量为

$$\left[\rho v + \frac{\partial (\rho v)}{\partial y} \mathrm{d}y \right] \mathrm{d}x\mathrm{d}z - (\rho v)\mathrm{d}x\mathrm{d}z = \frac{\partial (\rho v)}{\partial y}\mathrm{d}x\mathrm{d}y\mathrm{d}z$$

z 方向的净流出量为

$$\left[\rho w + \frac{\partial (\rho w)}{\partial z} \mathrm{d}z \right] \mathrm{d}x\mathrm{d}y - (\rho w)\mathrm{d}x\mathrm{d}y = \frac{\partial (\rho w)}{\partial z}\mathrm{d}x\mathrm{d}y\mathrm{d}z$$

流出微团的净质量流量为

$$净质量流量 = \left[\frac{\partial (\rho u)}{\partial x} + \frac{\partial (\rho v)}{\partial y} + \frac{\partial (\rho w)}{\partial z} \right] \mathrm{d}x\mathrm{d}y\mathrm{d}z \tag{2.15}$$

$$质量增加的时间变化率 = \frac{\partial \rho}{\partial t}\mathrm{d}x\mathrm{d}y\mathrm{d}z \tag{2.16}$$

流出微团的净质量流量必须等于微团内质量的减少。定义质量减少为负，则有

$$\left[\frac{\partial (\rho u)}{\partial x} + \frac{\partial (\rho v)}{\partial y} + \frac{\partial (\rho w)}{\partial z} \right] \mathrm{d}x\mathrm{d}y\mathrm{d}z = - \frac{\partial \rho}{\partial t}\mathrm{d}x\mathrm{d}y\mathrm{d}z \tag{2.17}$$

$$\frac{\partial \rho}{\partial t} + \left[\frac{\partial (\rho u)}{\partial x} + \frac{\partial (\rho v)}{\partial y} + \frac{\partial (\rho w)}{\partial z} \right] = 0 \tag{2.18}$$

$$\frac{\partial \rho}{\partial t} + \nabla \cdot (\rho \boldsymbol{V}) = 0 \tag{2.19a}$$

$$\frac{\partial \rho}{\partial t} + \mathrm{div}(\rho \boldsymbol{V}) = 0 \qquad (2.19\mathrm{b})$$

对于不可压缩流体，其流体密度为常数，连续性方程简化为

$$\mathrm{div}\boldsymbol{V} = 0 \qquad (2.20)$$

式（2.19）是连续性方程的偏微分方程形式。它是基于空间位置固定的无穷小微团模型推导出来的，微团的无穷小是方程具有偏微分形式的原因。而由空间位置固定流动模型直接导出的控制方程定义为守恒型方程。

2. 随流体运动的无穷小微团模型

考虑图 2.2b 所示的流动模型，也就是随流体运动的无穷小流体微团。流体微团有固定的质量，但它的形状和体积会在它向下游运动时变化。将该流体微团固定的质量用 δm 表示，可变的体积用 δv 表示，则有

$$\delta m = \rho \delta v \qquad (2.21)$$

既然质量是守恒的，当这个流体微团随流体运动时，它的质量变化对时间的变化率为零。援引前面所讨论的物质导数的物理意义，有

$$\frac{\mathrm{D}(\delta m)}{\mathrm{D}t} = 0 \qquad (2.22)$$

综合式（2.21）和式（2.22），得到

$$\frac{\mathrm{D}(\rho \delta v)}{\mathrm{D}t} = \delta v \frac{\mathrm{D}\rho}{\mathrm{D}t} + \rho \frac{\mathrm{D}(\delta v)}{\mathrm{D}t} = 0 \qquad (2.23)$$

或

$$\frac{\mathrm{D}\rho}{\mathrm{D}t} + \rho \left[\frac{1}{\delta v} \frac{\mathrm{D}(\delta v)}{\mathrm{D}t} \right] = 0 \qquad (2.24)$$

可以发现，式（2.24）方括号里的表达式可以用 $\nabla \cdot \boldsymbol{V}$ 表示。原因是当控制体积 δv 足够小时，散度 $\nabla \cdot \boldsymbol{V}$ 在整个微元体的体积上相等，则有

$$\frac{\mathrm{D}(\delta v)}{\mathrm{D}t} = (\nabla \cdot \boldsymbol{V}) \delta v \qquad (2.25)$$

因此，将式（2.25）代入式（2.24）后得到

$$\frac{\mathrm{D}\rho}{\mathrm{D}t} + \rho \nabla \cdot \boldsymbol{V} = 0 \qquad (2.26)$$

式（2.26）是连续性方程的另一种偏微分方程形式，与式（2.19a）中的表述不同，它是基于随流体运动的无穷小流体微团推导出来的。

与前面一样，微团的无穷小是方程具有偏微分形式的原因。而微团随流体运动的事实则决定了方程具有式（2.26）给出的微分形式，这种形式仍被称为非守恒形式。可以看出，由随流体运动的流动模型直接导出的控制方程定义为非守恒型方程。

3. 守恒形式变为非守恒形式的换算

图 2.5 给出连续性方程不同形式及其与不同流动模型之间的关系，本章主要讨论无穷小微团的守恒型方程，考虑把守恒形式变为非守恒形式的演算。

对于标量与矢量乘积的散度有矢量恒等式

$$\nabla \cdot (\rho \boldsymbol{V}) \equiv (\rho \nabla \cdot \boldsymbol{V}) + (\boldsymbol{V} \cdot \nabla \rho) = 0 \qquad (2.27)$$

也就是说，一个标量与一个矢量乘积的散度等于标量与矢量散度的乘积加上矢量与标量梯度的点积。这个等式可以在任何一本矢量分析的教材中找到。将式（2.27）代入式（2.19a），

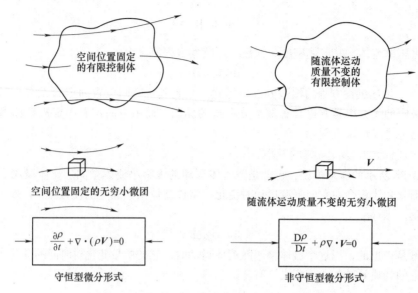

图 2.5 连续性方程的不同形式及其与不同流动模型之间的关系

得到

$$\frac{\partial \rho}{\partial t} + (\boldsymbol{V} \cdot \nabla \rho) + (\rho \nabla \cdot \boldsymbol{V}) = 0 \tag{2.28}$$

式（2.28）左端的前两项就是密度的物质导数，因此方程变为

$$\frac{\mathrm{D}\rho}{\mathrm{D}t} + \rho \nabla \cdot \boldsymbol{V} = 0 \tag{2.29}$$

由于微分形式的控制方程的前提是假定流动参数是可微的，从而必须是连续的。在运用散度定理从积分形式推导微分形式的过程中，也的确证实了这一点。

注意不同形式方程并不仅限于连续性方程，在下面对动量方程和能量方程的推导中也可以采用同样的处理。

2.3.2 动量守恒方程（momentum conservation equation）

将另一个基本的物理学原理牛顿第二定律应用于流动模型。即微元体中流体动量的增加率 = 作用在微元体上各种力之和，表达式为

$$F = ma \tag{2.30}$$

由此导出的方程称为动量方程。引入 Newton 切应力公式及 Stokes 的表达式，可得 3 个速度分量的动量方程。

1. 动量方程的非守恒形式

根据牛顿第二定律，作用于微团上力的总和等于微团的质量乘以微团运动时的加速度。可以沿 x、y、z 轴分解成三个标量的关系式。

图 2.6 所示的运动流体微团中只画出了 x 方向的力，用于推导 x 方向的动量方程。其他方向类似。仅考虑其中的 x 方向分量时

$$F_x = ma_x \tag{2.31}$$

这里 F_x 和 a_x 分别是力和加速度的 x 方向分量。

如图 2.7 所示，运动的流体微团受到 x 方向的力的来源主要包括：

1）体积力，直接作用在流体微团整个体积微元上的力，而且作用是超距离的，例如重力、电场力、磁场力。

2）表面力，直接作用在流体微团的表面。它们只能由两种原因引起：①由包在流体微团周围的流体所施加的，作用于微团表面的压力分布；②由于外部流体推拉微团而产生的，以摩擦的方式作用于表面的切应力和正应力分布。

将作用在单位质量流体微团上的体积力记作 f，其 x 方向分量为 f_x。流体微团的体积为 $\mathrm{d}x\mathrm{d}y\mathrm{d}z$，所以

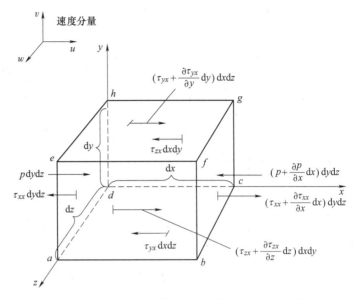

图 2.6　运动的无穷小微团模型（用于推导 x 方向的动量方程）

$$作用在流体微团上的体积力的 x 方向分量 = \rho f_x \mathrm{d}x\mathrm{d}y\mathrm{d}z \tag{2.32}$$

流体微团的切应力和正应力与流体微团变形的时间变化率相关联，图 2.8 给出了 xy 平面内切应力和正应力的情形。在图 2.8a 中切应力用 τ_{xy} 表示，与流体微团剪切变形的时间变化率有关；在图 2.8b 中正应力用 τ_{xx} 表示，与流体微团体积的时间变化率有关。不论是切应力还是正应力，都依赖于流动的速度梯度。在大多数黏性流动中，正应力（例如 τ_{xx}）要比切应力小得多，很多情形下可以忽略。然而，当法向速度梯度很大时（例如在激波内部），正应力（x 方向就是 τ_{xx}）就变得重要了。

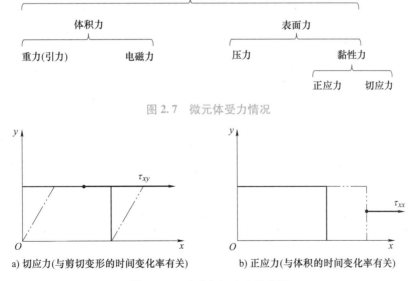

图 2.7　微元体受力情况

a) 切应力(与剪切变形的时间变化率有关)　　b) 正应力(与体积的时间变化率有关)

图 2.8　正应力与切应力示意图

对于运动的流体微团，有

$$x\text{ 方向总的表面力} = \left[p - \left(p + \frac{\partial p}{\partial x}\mathrm{d}x \right) \right]\mathrm{d}y\mathrm{d}z + \left[\left(\tau_{xx} + \frac{\partial \tau_{xx}}{\partial x}\mathrm{d}x \right) - \tau_{xx} \right]\mathrm{d}y\mathrm{d}z +$$

$$\left[\left(\tau_{yx} + \frac{\partial \tau_{yx}}{\partial y}\mathrm{d}y \right) - \tau_{yx} \right]\mathrm{d}x\mathrm{d}z + \left[\left(\tau_{zx} + \frac{\partial \tau_{zx}}{\partial z}\mathrm{d}z \right) - \tau_{zx} \right]\mathrm{d}x\mathrm{d}y \tag{2.33}$$

x 方向总受力 F_x，可以由式（2.32）和式（2.33）相加得到，消去相同的项，得

$$F_x = \left(-\frac{\partial p}{\partial x} + \frac{\partial \tau_{xx}}{\partial x} + \frac{\partial \tau_{yx}}{\partial y} + \frac{\partial \tau_{zx}}{\partial z} \right)\mathrm{d}x\mathrm{d}y\mathrm{d}z + \rho f_x\mathrm{d}x\mathrm{d}y\mathrm{d}z \tag{2.34}$$

式（2.34）给出了式（2.31）的左边。

流体微团的质量表达式为

$$m = \rho\mathrm{d}x\mathrm{d}y\mathrm{d}z \tag{2.35}$$

加速度的表达式为

$$a_x = \frac{\mathrm{D}u}{\mathrm{D}t} \tag{2.36}$$

综合式（2.31）、式（2.34）~式（2.36），得到

$$\rho\frac{\mathrm{D}u}{\mathrm{D}t} = -\frac{\partial p}{\partial x} + \frac{\partial \tau_{xx}}{\partial x} + \frac{\partial \tau_{yx}}{\partial y} + \frac{\partial \tau_{zx}}{\partial z} + \rho f_x \tag{2.37}$$

这就是黏性流 x 方向的动量方程。用同样的办法，可得到 y 方向和 z 方向的动量方程：

$$\rho\frac{\mathrm{D}v}{\mathrm{D}t} = -\frac{\partial p}{\partial y} + \frac{\partial \tau_{xy}}{\partial x} + \frac{\partial \tau_{yy}}{\partial y} + \frac{\partial \tau_{zy}}{\partial z} + \rho f_y \tag{2.38}$$

$$\rho\frac{\mathrm{D}w}{\mathrm{D}t} = -\frac{\partial p}{\partial z} + \frac{\partial \tau_{xz}}{\partial x} + \frac{\partial \tau_{yz}}{\partial y} + \frac{\partial \tau_{zz}}{\partial z} + \rho f_z \tag{2.39}$$

式（2.37）~式（2.39）分别是 x、y、z 方向的动量方程。请注意，它们都是偏微分方程，是通过将基本的物理学原理应用于无穷小流体微团直接得到的。同时，由于流体微团是运动的，所以式（2.37）~式（2.39）是非守恒形式的。它们都是标量方程，统称为纳维-斯托克斯方程，简称 N-S 方程，这是为了纪念法国人 M. Navier 和英国人 G. Stokes，他们在 19 世纪上半叶各自独立得到了这些方程。

2. N-S 方程的守恒形式求解

根据物质导数的定义，可将式（2.37）的左边写成

$$\rho\frac{\mathrm{D}u}{\mathrm{D}t} = \rho\frac{\partial u}{\partial t} + \rho \boldsymbol{V} \cdot \nabla u \tag{2.40}$$

另外，展开下面的导数

$$\frac{\partial(\rho u)}{\partial t} = \rho\frac{\partial u}{\partial t} + u\frac{\partial \rho}{\partial t} \tag{2.41}$$

整理，得

$$\rho\frac{\partial u}{\partial t} = \frac{\partial(\rho u)}{\partial t} - u\frac{\partial \rho}{\partial t} \tag{2.42}$$

利用标量与矢量乘积的散度的矢量恒等式，有

$$\nabla \cdot (\rho u\boldsymbol{V}) = u\nabla \cdot (\rho\boldsymbol{V}) + \rho\boldsymbol{V} \cdot \nabla u \tag{2.43}$$

或改写成

$$\rho\boldsymbol{V} \cdot \nabla u = \nabla \cdot (\rho u\boldsymbol{V}) - u\nabla \cdot (\rho\boldsymbol{V}) \tag{2.44}$$

将式（2.42）和式（2.44）代入式（2.40），得

$$\rho \frac{\mathrm{D}u}{\mathrm{D}t} = \frac{\partial(\rho u)}{\partial t} - u\frac{\partial \rho}{\partial t} - u\nabla\cdot(\rho \boldsymbol{V}) + \nabla\cdot(\rho u \boldsymbol{V})$$

$$= \frac{\partial(\rho u)}{\partial t} - u\left[\frac{\partial \rho}{\partial t} + \nabla\cdot(\rho \boldsymbol{V})\right] + \nabla\cdot(\rho u \boldsymbol{V}) \tag{2.45}$$

式（2.45）右边方括号里的表达式就是连续性方程的左边，所以方括号中的项等于零，于是式（2.45）可以简化为

$$\rho \frac{\mathrm{D}u}{\mathrm{D}t} = \frac{\partial(\rho u)}{\partial t} + \nabla\cdot(\rho u \boldsymbol{V}) \tag{2.46}$$

再将式（2.46）代入式（2.37），得

$$\frac{\partial(\rho u)}{\partial t} + \nabla\cdot(\rho u \boldsymbol{V}) = -\frac{\partial p}{\partial x} + \frac{\partial \tau_{xx}}{\partial x} + \frac{\partial \tau_{yx}}{\partial y} + \frac{\partial \tau_{zx}}{\partial z} + \rho f_x \tag{2.47a}$$

同样，式（2.38）、式（2.39）可以写成

$$\frac{\partial(\rho v)}{\partial t} + \nabla\cdot(\rho v \boldsymbol{V}) = -\frac{\partial p}{\partial y} + \frac{\partial \tau_{xy}}{\partial x} + \frac{\partial \tau_{yy}}{\partial y} + \frac{\partial \tau_{zy}}{\partial z} + \rho f_y \tag{2.47b}$$

$$\frac{\partial(\rho w)}{\partial t} + \nabla\cdot(\rho w \boldsymbol{V}) = -\frac{\partial p}{\partial z} + \frac{\partial \tau_{xz}}{\partial x} + \frac{\partial \tau_{yz}}{\partial y} + \frac{\partial \tau_{zz}}{\partial z} + \rho f_z \tag{2.47c}$$

式（2.47）就是 N-S 方程的守恒形式。

对于牛顿流体，Stokes 在 1845 年得到

$$\tau_{xx} = \lambda(\nabla\cdot\boldsymbol{V}) + 2\mu\frac{\partial u}{\partial x} \tag{2.48a}$$

$$\tau_{yy} = \lambda(\nabla\cdot\boldsymbol{V}) + 2\mu\frac{\partial v}{\partial y} \tag{2.48b}$$

$$\tau_{zz} = \lambda(\nabla\cdot\boldsymbol{V}) + 2\mu\frac{\partial w}{\partial z} \tag{2.48c}$$

$$\tau_{xy} = \tau_{yx} = \mu\left(\frac{\partial v}{\partial x} + \frac{\partial u}{\partial y}\right) \tag{2.48d}$$

$$\tau_{xz} = \tau_{zx} = \mu\left(\frac{\partial u}{\partial z} + \frac{\partial w}{\partial x}\right) \tag{2.48e}$$

$$\tau_{yz} = \tau_{zy} = \mu\left(\frac{\partial w}{\partial y} + \frac{\partial v}{\partial z}\right) \tag{2.48f}$$

其中 μ 是分子黏性系数[⊖]，λ 是第二黏性系数。Stokes 提出假设，认为

$$\lambda = -\frac{2}{3}\mu \tag{2.49}$$

式（2.49）已被广泛采用，但直到今天仍没有被严格证明。

将式（2.48）各分式代入式（2.47）各分式，得到完整的 N-S 方程守恒形式：

$$\frac{\partial(\rho u)}{\partial t} + \frac{\partial(\rho u^2)}{\partial x} + \frac{\partial(\rho uv)}{\partial y} + \frac{\partial(\rho uw)}{\partial z} = -\frac{\partial p}{\partial x} + \frac{\partial}{\partial x}\left(\lambda\nabla\cdot\boldsymbol{V} + 2\mu\frac{\partial u}{\partial x}\right) +$$

$$\frac{\partial}{\partial y}\left[\mu\left(\frac{\partial v}{\partial x} + \frac{\partial u}{\partial y}\right)\right] + \frac{\partial}{\partial z}\left[\mu\left(\frac{\partial u}{\partial z} + \frac{\partial w}{\partial x}\right)\right] + \rho f_x \tag{2.50a}$$

⊖　黏性系数同黏度。

$$\frac{\partial(\rho v)}{\partial t} + \frac{\partial(\rho uv)}{\partial x} + \frac{\partial(\rho v^2)}{\partial y} + \frac{\partial(\rho vw)}{\partial z} = -\frac{\partial p}{\partial y} + \frac{\partial}{\partial x}\left[\mu\left(\frac{\partial v}{\partial x} + \frac{\partial u}{\partial y}\right)\right] +$$

$$\frac{\partial}{\partial y}\left(\lambda\ \nabla\cdot\mathbf{V} + 2\mu\frac{\partial v}{\partial y}\right) + \frac{\partial}{\partial z}\left[\mu\left(\frac{\partial w}{\partial y} + \frac{\partial v}{\partial z}\right)\right] + \rho f_y \qquad (2.50\text{b})$$

$$\frac{\partial(\rho w)}{\partial t} + \frac{\partial(\rho uw)}{\partial x} + \frac{\partial(\rho vw)}{\partial y} + \frac{\partial(\rho w^2)}{\partial z} = -\frac{\partial p}{\partial z} + \frac{\partial}{\partial x}\left[\mu\left(\frac{\partial u}{\partial z} + \frac{\partial w}{\partial x}\right)\right] +$$

$$\frac{\partial}{\partial y}\left[\mu\left(\frac{\partial w}{\partial y} + \frac{\partial v}{\partial z}\right)\right] + \frac{\partial}{\partial z}\left(\lambda\ \nabla\cdot\mathbf{V} + 2\mu\frac{\partial w}{\partial z}\right) + \rho f_z \qquad (2.50\text{c})$$

2.3.3　能量守恒方程（energy conservation equation）

为了与 N-S 方程（动量方程）的推导保持一致，仍采用随流体运动的无穷小微团模型。根据热力学第一定律，对于和流体一起运动的流体微团模型而言，流体微团内能量的变化率等于进入微团内的净热流量与外力（包括体积力和表面力）对微团做功的功率之和，简单表达式可写为

$$\dot{E} = Q + W \qquad (2.51)$$

式中，$\dot{E}$ 表示流体微团内能量的变化率；Q 表示进入微团内的净热流量；W 表示体积力和表面力对微团做功的功率之和。

第一步先计算 W 项，即体积力和表面力对运动着的流体微团做功的功率表达式。由于作用在一个运动物体上的力，对物体做功的功率等于这个力乘以速度在此力作用方向上的分量。所以，作用于速度为 V 的流体微团上的体积力，做功的功率为 $\rho\mathbf{f}\cdot\mathbf{V}\mathrm{d}x\mathrm{d}y\mathrm{d}z$。至于表面力（压力加上切应力和正应力），只考虑作用 x 方向上的力，如图 2.9 所示。在图中，x 方向上压力和切应力对流体微团做功的功率，就等于速度的 x 分量 u 乘以力，例如在面 $abcd$ 上力为 $\tau_{xy}\mathrm{d}x\mathrm{d}z$，功率为 $u\tau_{xy}\mathrm{d}x\mathrm{d}z$。在其他面上也有类似的表达式。

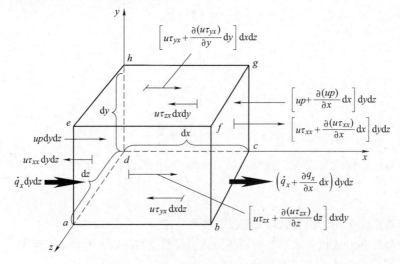

图 2.9　运动无穷小流体微团的能量通量（x 方向）

图 2.9 中画出了这个运动的流体微团并清楚地标出了各面上的表面力在 x 方向做功的功率。要得到表面力对流体微团做功的总功率，可约定作用在 x 正向上的力做正功，在 x 负向上的力做负功。于是，对比图 2.9 中作用在面 $adhe$ 和面 $bcgf$ 上的压力，则压力在 x 方向上做功的功率为

$$\left[up - \left(up + \frac{\partial (up)}{\partial x}dx \right) \right] dydz = -\frac{\partial (up)}{\partial x}dxdydz$$

类似地，在面 abcd 和面 efgh 上，切应力在 x 方向上做功的功率为

$$\left[\left(u\tau_{yx} + \frac{\partial (u\tau_{yx})}{\partial y}dy \right) - u\tau_{yx} \right] dxdz = \frac{\partial (u\tau_{yx})}{\partial y}dxdydz$$

图 2.9 中所有表面力对运动流体微团做功的功率为

$$\left[-\frac{\partial (up)}{\partial x} + \frac{\partial (u\tau_{xx})}{\partial x} + \frac{\partial (u\tau_{yx})}{\partial y} + \frac{\partial (u\tau_{zx})}{\partial z} \right] dxdydz$$

上式仅考虑了 x 方向上的表面力，再考虑 y 和 z 方向上的表面力，也能得到类似的表达式。

对运动流体微团做功的功率是 x、y 和 z 方向上表面力贡献的总和，在式（2.51）中记作 W，即

$$W = -\left[\left(\frac{\partial (up)}{\partial x} + \frac{\partial (vp)}{\partial y} + \frac{\partial (wp)}{\partial z} \right) + \frac{\partial (u\tau_{xx})}{\partial x} + \frac{\partial (u\tau_{yx})}{\partial y} + \frac{\partial (u\tau_{zx})}{\partial z} + \frac{\partial (v\tau_{xy})}{\partial x} + \right.$$
$$\left. \frac{\partial (v\tau_{yy})}{\partial y} + \frac{\partial (v\tau_{zy})}{\partial z} + \frac{\partial (w\tau_{xz})}{\partial x} + \frac{\partial (w\tau_{yz})}{\partial y} + \frac{\partial (w\tau_{zz})}{\partial z} \right] dxdydz + \rho \boldsymbol{f} \cdot \boldsymbol{V}dxdydz \quad (2.52)$$

注意，式（2.52）右边的前面三项就是 $\nabla \cdot (\rho \boldsymbol{V})$。

第二步，计算式（2.51）中的 Q 项，即进入微团内的总热流量。这一热流来自于体积加热，如吸收或释放的辐射热；由温度梯度导致的跨过表面的热输运，即热传导。定义 $\dot{q}$ 为单位质量的体积加热率。在图 2.9 中，运动流体微团的质量为 $\rho dxdydz$，由此得到

$$微团的体积加热量 = \rho\dot{q}dxdydz \quad (2.53)$$

在图 2.9 中，热传导从面 adhe 输运给微团内的热量是 $\dot{q}_x dydz$，其中 $\dot{q}_x$ 是热传导在单位时间内通过单位面积在 x 方向上输运的热量。给定方向上的热传导，若以单位时间内通过垂直于该方向的单位面积的能量来表述，称为该方向上的热流。这里 $\dot{q}_x$ 就是 x 方向上的热流。经过面 bcgf 输运到微团外的热量是

$$\left[\dot{q}_x - \left(\dot{q}_x + \frac{\partial \dot{q}_x}{\partial x}dx \right) \right] dydz = -\frac{\partial \dot{q}_x}{\partial x}dxdydz$$

再加上图 2.9 中通过其他面在 y 和 z 方向上的热的输运量，可以得到

$$热传导对流体微团的加热 = -\left(\frac{\partial \dot{q}_x}{\partial x} + \frac{\partial \dot{q}_y}{\partial y} + \frac{\partial \dot{q}_z}{\partial z} \right) dxdydz \quad (2.54)$$

式（2.51）中的 Q 项是式（2.53）和式（2.54）之和，即

$$Q = \left[\rho\dot{q} - \left(\frac{\partial \dot{q}_x}{\partial x} + \frac{\partial \dot{q}_y}{\partial y} + \frac{\partial \dot{q}_z}{\partial z} \right) \right] dxdydz \quad (2.55)$$

根据傅里叶热传导定律，热传导产生的热流与当地的温度梯度成正比：

$$\dot{q}_x = -k\frac{\partial T}{\partial x} \qquad \dot{q}_y = -k\frac{\partial T}{\partial y} \qquad \dot{q}_z = -k\frac{\partial T}{\partial z}$$

其中 k 为热导率。所以，式（2.55）可写成

$$Q = \left[\rho\dot{q} + \frac{\partial}{\partial x}\left(k\frac{\partial T}{\partial x} \right) + \frac{\partial}{\partial y}\left(k\frac{\partial T}{\partial y} \right) + \frac{\partial}{\partial z}\left(k\frac{\partial T}{\partial z} \right) \right] dxdydz \quad (2.56)$$

记作 E 的能量项就对应运动流体微团的能量。所以，运动流体微团的能量有两个来源：

1）上面讨论的，由于分子随机运动而产生的（单位质量）内能 e。

2）流体微团平动时具有的动能。单位质量的动能为 $V^2/2$。

因此，运动着的流体微团既有动能又有内能，两者之和就是总能量。在式（2.51）中 $\dot{E}$ 项表示的能量便是总能量，即内能与动能之和。这一总能量为 $e + V^2/2$。由于是跟随着一个运动的流体微团，单位质量的总能量变化的时间变化率由物质导数给出。流体微团的质量为 $\rho \mathrm{d}x\mathrm{d}y\mathrm{d}z$，所以有

$$\dot{E} = \rho \frac{\mathrm{D}}{\mathrm{D}t}\left(e + \frac{V^2}{2}\right)\mathrm{d}x\mathrm{d}y\mathrm{d}z \tag{2.57}$$

将式（2.52）、式（2.56）和式（2.57）代入式（2.51），得到能量方程的最终形式为

$$\rho \frac{\mathrm{D}}{\mathrm{D}t}\left(e + \frac{V^2}{2}\right) = \rho\dot{q} + \frac{\partial}{\partial x}\left(k\frac{\partial T}{\partial x}\right) + \frac{\partial}{\partial y}\left(k\frac{\partial T}{\partial y}\right) + \frac{\partial}{\partial z}\left(k\frac{\partial T}{\partial z}\right) -$$

$$\frac{\partial(up)}{\partial x} - \frac{\partial(vp)}{\partial y} - \frac{\partial(wp)}{\partial z} + \frac{\partial(u\tau_{xx})}{\partial x} + \frac{\partial(u\tau_{yx})}{\partial y} + \frac{\partial(u\tau_{zx})}{\partial z} +$$

$$\frac{\partial(v\tau_{xy})}{\partial x} + \frac{\partial(v\tau_{yy})}{\partial y} + \frac{\partial(v\tau_{zy})}{\partial z} + \frac{\partial(w\tau_{xz})}{\partial x} + \frac{\partial(w\tau_{yz})}{\partial y} + \frac{\partial(w\tau_{zz})}{\partial z} + \rho\boldsymbol{f}\cdot\boldsymbol{V} \tag{2.58}$$

这是非守恒形式的能量方程，并且是用总能量 $e + V^2/2$ 表示。式（2.58）左侧包含了总能量的物质导数，$\mathrm{D}(e + V^2/2)/\mathrm{D}t$，这只是能量方程许多不同形式中的一种，它是对运动流体微团直接运用能量守恒原理所得到的形式。这个方程很容易从以下两个方面进行改动：

1）方程左边可以只用内能 e 或用焓 h 或者用总焓 $h_0 = h + V^2/2$ 来表示，方程的右边也随之变动（例如，下面会将式（2.58）转化为关于 $\mathrm{D}e/\mathrm{D}t$ 的方程，并给出所需的演算）。

2）能量方程，对上述每一种不同形式，都有守恒形式和非守恒形式。这两种形式之间转换的演算也将在下面讨论。

从式（2.58）出发，先将它改写成只用 e 的形式。为了达到这个目的，将式（2.37）~式（2.39）分别乘以 u、v、w 得

$$\rho \frac{\mathrm{D}}{\mathrm{D}t}\left(\frac{u^2}{2}\right) = -u\frac{\partial p}{\partial x} + u\frac{\partial \tau_{xx}}{\partial x} + u\frac{\partial \tau_{yx}}{\partial y} + u\frac{\partial \tau_{zx}}{\partial z} + \rho u f_x \tag{2.59}$$

$$\rho \frac{\mathrm{D}}{\mathrm{D}t}\left(\frac{v^2}{2}\right) = -v\frac{\partial p}{\partial y} + v\frac{\partial \tau_{yx}}{\partial x} + v\frac{\partial \tau_{yy}}{\partial y} + v\frac{\partial \tau_{yz}}{\partial z} + \rho v f_y \tag{2.60}$$

$$\rho \frac{\mathrm{D}}{\mathrm{D}t}\left(\frac{w^2}{2}\right) = -w\frac{\partial p}{\partial z} + w\frac{\partial \tau_{zx}}{\partial x} + w\frac{\partial \tau_{yz}}{\partial y} + w\frac{\partial \tau_{zz}}{\partial z} + \rho w f_z \tag{2.61}$$

将式（2.59）~式（2.61）各式加在一起，并注意 $u^2 + v^2 + w^2 = V^2$，可得

$$\rho \frac{\mathrm{D}}{\mathrm{D}t}\left(\frac{V^2}{2}\right) = -u\frac{\partial p}{\partial x} - v\frac{\partial p}{\partial y} - w\frac{\partial p}{\partial z} + u\left(\frac{\partial \tau_{xx}}{\partial x} + \frac{\partial \tau_{yx}}{\partial y} + \frac{\partial \tau_{zx}}{\partial z}\right) +$$

$$v\left(\frac{\partial \tau_{xy}}{\partial x} + \frac{\partial \tau_{yy}}{\partial y} + \frac{\partial \tau_{zy}}{\partial z}\right) + w\left(\frac{\partial \tau_{xz}}{\partial x} + \frac{\partial \tau_{yz}}{\partial y} + \frac{\partial \tau_{zx}}{\partial z}\right) + \rho(uf_x + vf_y + wf_z) \tag{2.62}$$

从式（2.58）中减去式（2.62），注意 $\rho\boldsymbol{f}\cdot\boldsymbol{V} = \rho(uf_x + vf_y + wf_z)$，得到

$$\rho \frac{\mathrm{D}e}{\mathrm{D}t} = \rho\dot{q} + \frac{\partial}{\partial x}\left(k\frac{\partial T}{\partial x}\right) + \frac{\partial}{\partial y}\left(k\frac{\partial T}{\partial y}\right) + \frac{\partial}{\partial z}\left(k\frac{\partial T}{\partial z}\right) - p\left(\frac{\partial u}{\partial x} + \frac{\partial v}{\partial y} + \frac{\partial w}{\partial z}\right) +$$

$$\tau_{xx}\frac{\partial u}{\partial x} + \tau_{yx}\frac{\partial u}{\partial y} + \tau_{zx}\frac{\partial u}{\partial z} + \tau_{xy}\frac{\partial v}{\partial x} + \tau_{yy}\frac{\partial v}{\partial y} + \tau_{zy}\frac{\partial v}{\partial z} + \tau_{xz}\frac{\partial w}{\partial x} + \tau_{yz}\frac{\partial w}{\partial y} + \tau_{zz}\frac{\partial w}{\partial z} \tag{2.63}$$

在式（2.48）中有 $\tau_{xy} = \tau_{yx}$，$\tau_{xz} = \tau_{zx}$，$\tau_{yz} = \tau_{zy}$（当流体微团的体积缩成一点时，切应力的这种对称性可以避免流体微团的角速度，这一角速度与作用在流体微团上的力矩有关，趋于无穷

大），因此可以合并式（2.63）中的一些项，得到

$$
\rho \frac{\mathrm{D}e}{\mathrm{D}t} = \rho \dot{q} + \frac{\partial}{\partial x}\left(k \frac{\partial T}{\partial x}\right) + \frac{\partial}{\partial y}\left(k \frac{\partial T}{\partial y}\right) + \frac{\partial}{\partial z}\left(k \frac{\partial T}{\partial z}\right) -
$$

$$
p\left(\frac{\partial u}{\partial x} + \frac{\partial v}{\partial y} + \frac{\partial w}{\partial z}\right) + \tau_{xx}\frac{\partial u}{\partial x} + \tau_{yy}\frac{\partial v}{\partial y} + \tau_{zz}\frac{\partial w}{\partial z} +
$$

$$
\tau_{yx}\left(\frac{\partial u}{\partial y} + \frac{\partial v}{\partial x}\right) + \tau_{zx}\left(\frac{\partial u}{\partial z} + \frac{\partial w}{\partial x}\right) + \tau_{zy}\left(\frac{\partial v}{\partial z} + \frac{\partial w}{\partial y}\right) \tag{2.64}
$$

为了用速度梯度表示黏性应力，再次利用式（2.48）各分式，式（2.64）又可以写成

$$
\rho \frac{\mathrm{D}e}{\mathrm{D}t} = \rho \dot{q} + \frac{\partial}{\partial x}\left(k \frac{\partial T}{\partial x}\right) + \frac{\partial}{\partial y}\left(k \frac{\partial T}{\partial y}\right) + \frac{\partial}{\partial z}\left(k \frac{\partial T}{\partial z}\right) -
$$

$$
p\left(\frac{\partial u}{\partial x} + \frac{\partial v}{\partial y} + \frac{\partial w}{\partial z}\right) + \lambda \left(\frac{\partial u}{\partial x} + \frac{\partial v}{\partial y} + \frac{\partial w}{\partial z}\right)^2 + \tag{2.65}
$$

$$
\mu\left[2\left(\frac{\partial u}{\partial x}\right)^2 + 2\left(\frac{\partial v}{\partial y}\right)^2 + 2\left(\frac{\partial w}{\partial z}\right)^2 + \left(\frac{\partial u}{\partial y} + \frac{\partial v}{\partial x}\right)^2 + \left(\frac{\partial u}{\partial z} + \frac{\partial w}{\partial x}\right)^2 + \left(\frac{\partial v}{\partial z} + \frac{\partial w}{\partial y}\right)^2\right]
$$

式（2.58）、式（2.63）、式（2.65）所给出的能量方程，左边都出现物质导数，因而都是非守恒形式。它们直接出自于运动流体微团模型。

考虑式（2.65）的左边，由物质导数的定义

$$
\rho \frac{\mathrm{D}e}{\mathrm{D}t} = \rho \frac{\partial e}{\partial t} + \rho \boldsymbol{V} \cdot \nabla e \tag{2.66}
$$

但

$$
\frac{\partial(\rho e)}{\partial t} = \rho \frac{\partial e}{\partial t} + e \frac{\partial \rho}{\partial t}
$$

或

$$
\rho \frac{\partial e}{\partial t} = \frac{\partial(\rho e)}{\partial t} - e \frac{\partial \rho}{\partial t} \tag{2.67}
$$

另一方面，对于标量与矢量乘积的散度，有矢量恒等式

$$
\nabla \cdot (\rho e \boldsymbol{V}) = e \nabla \cdot (\rho \boldsymbol{V}) + \rho \boldsymbol{V} \cdot \nabla e
$$

或写成

$$
\rho \boldsymbol{V} \cdot \nabla e = \nabla \cdot (\rho e \boldsymbol{V}) - e \nabla \cdot (\rho \boldsymbol{V}) \tag{2.68}
$$

将式（2.67）和式（2.68）代入式（2.66），得

$$
\rho \frac{\mathrm{D}e}{\mathrm{D}t} = \frac{\partial(\rho e)}{\partial t} - e\left[\frac{\partial \rho}{\partial t} + \nabla \cdot (\rho \boldsymbol{V})\right] + \nabla \cdot (\rho e \boldsymbol{V}) \tag{2.69}
$$

由连续性方程可知，式（2.69）右边方括号内的式子等于零，于是式（2.69）就变成

$$
\rho \frac{\mathrm{D}e}{\mathrm{D}t} = \frac{\partial(\rho e)}{\partial t} + \nabla \cdot (\rho e \boldsymbol{V}) \tag{2.70}
$$

将式（2.70）代入式（2.65），得到

$$
\frac{\partial(\rho e)}{\partial t} + \nabla \cdot (\rho e \boldsymbol{V}) = \rho \dot{q} + \frac{\partial}{\partial x}\left(k \frac{\partial T}{\partial x}\right) + \frac{\partial}{\partial y}\left(k \frac{\partial T}{\partial y}\right) + \frac{\partial}{\partial z}\left(k \frac{\partial T}{\partial z}\right) -
$$

$$
p\left(\frac{\partial u}{\partial x} + \frac{\partial v}{\partial y} + \frac{\partial w}{\partial z}\right) + \lambda \left(\frac{\partial u}{\partial x} + \frac{\partial v}{\partial y} + \frac{\partial w}{\partial z}\right)^2 +
$$

$$
\mu\left[2\left(\frac{\partial u}{\partial x}\right)^2 + 2\left(\frac{\partial v}{\partial y}\right)^2 + 2\left(\frac{\partial w}{\partial z}\right)^2 + \left(\frac{\partial u}{\partial y} + \frac{\partial v}{\partial x}\right)^2 + \left(\frac{\partial u}{\partial z} + \frac{\partial w}{\partial x}\right)^2 + \left(\frac{\partial v}{\partial z} + \frac{\partial w}{\partial y}\right)^2\right] \tag{2.71}
$$

定义耗散函数（dissipation function）Φ 为由于黏性作用机械能转换为热能的部分，其计算式如下：

$$\Phi = \mu \left\{ 2 \left[\left(\frac{\partial u}{\partial x} \right)^2 + \left(\frac{\partial v}{\partial y} \right)^2 + \left(\frac{\partial w}{\partial z} \right)^2 \right] + \left(\frac{\partial u}{\partial y} + \frac{\partial v}{\partial x} \right)^2 + \right.$$
$$\left. \left(\frac{\partial u}{\partial z} + \frac{\partial w}{\partial x} \right)^2 + \left(\frac{\partial v}{\partial z} + \frac{\partial w}{\partial y} \right)^2 \right\} + \lambda \left(\frac{\partial u}{\partial x} + \frac{\partial v}{\partial y} + \frac{\partial w}{\partial z} \right)^2 \qquad (2.72)$$

$$\frac{\partial(\rho e)}{\partial t} + \nabla \cdot (\rho e \boldsymbol{V}) = \rho \dot{q} + \nabla \cdot (k \mathbf{grad} T) - p \nabla \cdot \boldsymbol{V} + \Phi \qquad (2.73)$$

将内能 e 改为总能量即动能与内能之和，又称为总焓 h，表达式为 $e + V^2/2$，则

$$\dot{E} = \rho \frac{\mathrm{D}h}{\mathrm{D}t} \mathrm{d}x\mathrm{d}y\mathrm{d}z = \rho \frac{\mathrm{D}}{\mathrm{D}t} \left(e + \frac{V^2}{2} \right) \mathrm{d}x\mathrm{d}y\mathrm{d}z \qquad (2.74)$$

重复由式（2.66）到式（2.70）的推导过程，可以得到

$$\rho \frac{\mathrm{D}}{\mathrm{D}t} \left(e + \frac{V^2}{2} \right) = \frac{\partial}{\partial t} \left[\rho \left(e + \frac{V^2}{2} \right) \right] + \nabla \cdot \left[\rho \left(e + \frac{V^2}{2} \right) \boldsymbol{V} \right] \qquad (2.75)$$

最终

$$\frac{\partial}{\partial t} \left[\rho \left(e + \frac{V^2}{2} \right) \right] + \nabla \cdot \left[\rho \left(e + \frac{V^2}{2} \right) \boldsymbol{V} \right] = \rho \dot{q} + \nabla \cdot (k \mathbf{grad} T) - p \nabla \cdot \boldsymbol{V} + \Phi + \rho \boldsymbol{f} \cdot \boldsymbol{V} \qquad (2.76)$$

$$\frac{\partial}{\partial t} (\rho h) + \nabla \cdot (\rho \boldsymbol{V} h) = \rho \dot{q} + \nabla \cdot (k \mathbf{grad} T) - p \nabla \cdot \boldsymbol{V} + \Phi + \rho \boldsymbol{f} \cdot \boldsymbol{V} \qquad (2.77)$$

要将方程的非守恒形式转化为守恒形式，只需要改变方程的左边就可以了，方程的右边保持不变。例如，对比式（2.65）与式（2.71），两者都是用内能表示的，式（2.65）是非守恒形式的，而式（2.71）是守恒形式的。它们只是左边不同，右边是相同的。

2.3.4 控制方程的统一形式描述

1. 动量守恒方程

对于动量守恒方程式（2.50a），右侧变量进行变换后得到

$$- \frac{\partial p}{\partial x} + \frac{\partial}{\partial x} (\lambda \nabla \cdot \boldsymbol{V}) + \left[\frac{\partial}{\partial x} \left(\mu \frac{\partial u}{\partial x} \right) + \frac{\partial}{\partial y} \left(\mu \frac{\partial u}{\partial y} \right) + \frac{\partial}{\partial z} \left(\mu \frac{\partial u}{\partial z} \right) \right] +$$
$$\left[\frac{\partial}{\partial x} \left(\mu \frac{\partial u}{\partial x} \right) + \frac{\partial}{\partial y} \left(\mu \frac{\partial v}{\partial x} \right) + \frac{\partial}{\partial z} \left(\mu \frac{\partial w}{\partial x} \right) \right] + \rho f_x$$

其中 $\frac{\partial}{\partial x} \left(\mu \frac{\partial u}{\partial x} \right) + \frac{\partial}{\partial y} \left(\mu \frac{\partial u}{\partial y} \right) + \frac{\partial}{\partial z} \left(\mu \frac{\partial u}{\partial z} \right)$ 可以写成 $\nabla \cdot (\mathbf{grad} u)$，$\mathbf{grad}$ 表示梯度。

令

$$\text{源项 } S_u = \left[\frac{\partial}{\partial x} \left(\mu \frac{\partial u}{\partial x} \right) + \frac{\partial}{\partial y} \left(\mu \frac{\partial v}{\partial x} \right) + \frac{\partial}{\partial z} \left(\mu \frac{\partial w}{\partial x} \right) \right] + \frac{\partial}{\partial x} (\lambda \nabla \cdot \boldsymbol{V}) + \rho f_x$$

式（2.50a）左侧 $\frac{\partial(\rho u)}{\partial t} + \frac{\partial(\rho u^2)}{\partial x} + \frac{\partial(\rho u v)}{\partial y} + \frac{\partial(\rho u w)}{\partial z}$ 可以写成

$$\frac{\partial(\rho u)}{\partial t} + \nabla \cdot (\rho u \boldsymbol{V})$$

则（2.50a）可以写为

$$\frac{\partial(\rho u)}{\partial t} + \nabla \cdot (\rho u \boldsymbol{V}) = \nabla \cdot (\mathbf{grad} u) - \frac{\partial p}{\partial x} + S_u \qquad (2.78)$$

或者

$$\frac{\partial(\rho u)}{\partial t} + \mathrm{div}(\rho u \boldsymbol{V}) = \mathrm{div}(\mathbf{grad}u) - \frac{\partial p}{\partial x} + S_u \tag{2.79}$$

对于 y 方向和 z 方向的速度分量，则分别可以写出

$$\frac{\partial(\rho v)}{\partial t} + \mathrm{div}(\rho v \boldsymbol{V}) = \mathrm{div}(\mathbf{grad}v) - \frac{\partial p}{\partial y} + S_v \tag{2.80}$$

$$\frac{\partial(\rho w)}{\partial t} + \mathrm{div}(\rho w \boldsymbol{V}) = \mathrm{div}(\mathbf{grad}w) - \frac{\partial p}{\partial z} + S_w \tag{2.81}$$

2. 能量守恒方程

对于理想气体、液体、固体，可以取焓值与温度关系式如下：

$$h = e + \frac{V^2}{2} = c_p T \tag{2.82}$$

其中 c_p 是比定压热容，取常数。

对于焓值为变量的能量守恒式（2.77），则可以取温度 T 表示的能量方程。
式（2.77）中 $p\nabla V$ 是表面力对流体微元体所做的功，一般可以忽略；设置源项表达式为

$$S_T = \frac{\dot{\rho q} + \Phi + \rho \boldsymbol{f} \cdot \boldsymbol{V}}{c_p} \tag{2.83}$$

则可以得到

$$\frac{\partial}{\partial t}(\rho T) + \nabla \cdot (\rho \boldsymbol{V} T) = \nabla \cdot \left(\frac{k}{c_p}\mathbf{grad}T\right) + S_T \tag{2.84}$$

其中 k 是流体的导热系数，S_T 是包含内热源的源项。
也可以写成

$$\frac{\partial(\rho T)}{\partial t} + \mathrm{div}(\rho \boldsymbol{V} T) = \mathrm{div}\left(\frac{k}{c_p}\mathbf{grad}T\right) + S_T \tag{2.85}$$

对不可压缩流体有

$$\frac{\partial T}{\partial t} + \mathrm{div}(\boldsymbol{V} T) = \mathrm{div}\left(\frac{\lambda}{\rho c_p}\mathbf{grad}T\right) + \frac{S_T}{\rho} \tag{2.86}$$

表 2.1 给出了层流流态的流动与传热控制方程，包括质量守恒、动量守恒和能量守恒汇总，也可以成为层流状态流动和传热问题的数学模型，表中的状态方程式是为了封闭方程组而引入的，在本节控制方程的解释部分会进行说明。

表 2.1　层流流态的流动与传热控制方程一览表

方程名称	方程形式
连续性方程	$\dfrac{\partial(\rho)}{\partial t} + \mathrm{div}(\rho \boldsymbol{V}) = 0$
x 动量方程	$\dfrac{\partial(\rho u)}{\partial t} + \mathrm{div}(\rho u \boldsymbol{V}) = \mathrm{div}(\mathbf{grad}u) - \dfrac{\partial p}{\partial x} + S_u$
y 动量方程	$\dfrac{\partial(\rho v)}{\partial t} + \mathrm{div}(\rho v \boldsymbol{V}) = \mathrm{div}(\mathbf{grad}v) - \dfrac{\partial p}{\partial y} + S_v$
z 动量方程	$\dfrac{\partial(\rho w)}{\partial t} + \mathrm{div}(\rho w \boldsymbol{V}) = \mathrm{div}(\mathbf{grad}w) - \dfrac{\partial p}{\partial z} + S_w$
能量方程	$\dfrac{\partial(\rho T)}{\partial t} + \mathrm{div}(\rho \boldsymbol{V} T) = \mathrm{div}\left(\dfrac{k}{\rho c_p}\mathbf{grad}T\right) + \dfrac{S_T}{\rho}$
状态方程	$\rho = f(p, T)$

3. 通用形式表达

在流动与传热问题求解中，根据式（2.78）~式（2.81）以及式（2.84）~式（2.86），所需求解主要变量（速度及温度等）的控制方程都可以表示成以下通用形式：

$$\frac{\partial(\rho\phi)}{\partial t} + \mathrm{div}(\rho V\phi) = \mathrm{div}(\Gamma_{\phi}\,\mathbf{grad}\phi) + S_{\phi} \tag{2.87}$$

式中，ϕ 为通用变量，可以代表 u、v、w、T 等求解变量；Γ_{ϕ} 为广义扩散系数；S_{ϕ} 为广义源项。这里引入"广义"二字，表示在 Γ_{ϕ} 与 S_{ϕ} 位置上的项不必是原来物理意义上的量，而是数值计算模型方程中的一种定义。不同求解变量之间的区别除了边界条件与初始条件外，就在于 Γ_{ϕ} 与 S_{ϕ} 的表达式的不同。式（2.87）也包括了质量守恒方程，只要令 $\phi = 1$，$S_{\phi} = 0$ 即可，对应式（2.19b）。在一些关于 CFD 的文献中常常在给出式（2.87）通用形式后，以表格的形式给出所求解变量的 Γ_{ϕ} 与 S_{ϕ} 的表达式。

2.3.5 关于控制方程的解释

对于上述的控制方程，需要以下的说明和要点：

1）这些方程都是由非线性偏微分方程耦合而成的方程组，所以求解析解是非常困难的。到目前为止，这些方程还没有封闭形式的通解。

2）对动量方程和能量方程，非守恒形式与守恒形式之间的区别仅在于方程的左端项。方程的右端项在这两种形式下是相同的。守恒形式的方程，其左边包含了某些量的散度项，例如 $\nabla\cdot(\rho V)$ 或 $\nabla\cdot(\rho u V)$。由于这个原因，控制方程的守恒形式有时又叫作散度形式。

3）仔细地考察质量守恒、动量守恒和能量守恒方程，共有 5 个方程和 6 个未知的流场变量 p、ρ、u、v、w、h（或者 T）。因此需要补充联系 p 与 ρ 的状态方程，方程组才能封闭。

$$\rho = f(p, T) \tag{2.88}$$

对理想气体可有

$$p = \rho RT \tag{2.89}$$

式中，R 是摩尔气体常数。

4）式（2.78）~式（2.81）是三维非稳态 N-S 方程，无论对层流还是湍流都是适用的。但是对于湍流，求解三维非稳态的控制方程将在本章 2.4 节进行介绍。

5）在式（2.84）及式（2.85）中，虽然假定了 c_p 为常数，但这并不意味着两个计算式只能用于 c_p 为常数的情形。对于变物性的问题（c_p 与温度有关），可以用上一次迭代或上一个时层的温度来确定其值，使 c_p 仍能随着温度的变化而改变，只是在迭代或时间的层次上稍有滞后。对于稳态的问题，当整个计算过程收敛时，这一差别也就消失。

6）在流动传热过程的 3 种热量传递方式中，导热与对流可以由控制方程式（2.87）来描述。如果流体本身是辐射性的介质（如高温烟气），则除了导热与对流以外，不相邻的流体微团之间及流体与壁面之间还有辐射换热，而辐射换热需要用积分方程来描述。

7）当流动与换热过程伴随有质交换现象时，控制方程中还应增加组分守恒定律。设组分 l 的质量百分数为 m_l，在引入质扩散斐克（Fick）定律后，可得

$$\frac{\partial(\rho m_l)}{\partial t} + \mathrm{div}(\rho m_l V) = \mathrm{div}(\Gamma_l\,\mathbf{grad}m_l) + R_l \tag{2.90}$$

式中，R_l 是单位容积内组分 l 的产生率，单位为 $\mathrm{kg/(s\cdot m^3)}$；Γ_l 是组分 l 的扩散系数。

显然式（2.90）也可以归入式（2.87）的通用模式中，对应的变量是质量百分数为 m_l。

2.3.6　控制方程的守恒与非守恒形式

从物理意义上讲，微元体的控制方程的守恒型与非守恒型是等价的，都是物理的守恒定律的数学表示。但是数值计算是对有限大小的计算单元进行的，对有限大小的计算体积，两种形式的控制方程则有不同的特性。

在流动、传热问题求解过程中，希望数值计算结果能满足守恒定律，只有守恒型的控制方程才可以保证对有限大小的控制容积所研究的物理量仍满足守恒定律。为了说明这一点，将式（2.85）对空间任意有限大小的容积 v 进行积分：

$$\frac{\partial}{\partial t}\int_v (\rho c_p T)\,\mathrm{d}v = -\int_v \mathrm{div}(\rho c_p \boldsymbol{V} T)\,\mathrm{d}v + \int_v \mathrm{div}(\lambda\,\mathbf{grad}\,T)\,\mathrm{d}v + \int_v (c_p S)\,\mathrm{d}v \qquad (2.91)$$

利用 Gauss 降维定律，可得

$$\frac{\partial}{\partial t}\int_v (\rho c_p T)\,\mathrm{d}v = -\int_{\partial v} (\rho c_p \boldsymbol{V} T)\cdot\boldsymbol{n}\,\mathrm{d}F + \int_{\partial v} (\lambda\,\mathbf{grad}\,T)\cdot\boldsymbol{n}\,\mathrm{d}F + \int_v (c_p S)\,\mathrm{d}v \qquad (2.92)$$

式中，$\boldsymbol{V}$ 表示速度矢量，∂v 是该容积的总表面积；$\mathrm{d}F$ 是体积 v 上的微元表面积；$\boldsymbol{n}$ 是单位矢量。

式（2.92）表明，该体积内单位时间内能量的增加等于同一时间间隔内下列各项能量之和：通过流体的流动而进入该容积的能量、由于热传导进入该容积的能量以及内热源的生成热量。显然，该式是所研究的有限大小容积的能量守恒的表达式。

如果对非守恒形式做同样的积分，则由于对流项为 $\rho\left(u\frac{\partial T}{\partial x} + v\frac{\partial T}{\partial y} + w\frac{\partial T}{\partial z}\right)$，不能表示成散度的形式即 $\frac{\partial(\rho u T)}{\partial x} + \frac{\partial(\rho v T)}{\partial y} + \frac{\partial(\rho w T)}{\partial z}$，而无法得出上述结果。

从数值计算的观点出发，离散方程的守恒特性是工程计算所希望的。凡是从守恒型的控制方程出发，采用控制容积积分法导出的离散方程可以保证具有守恒特性，而从非守恒型控制方程出发所导出的离散方程则未必具有守恒特性。

2.4　湍流状态下流动与传热问题的控制方程

实际的流动大多包含湍流，湍流的脉动运动无论在空间上还是时间上，变化都非常剧烈，是一种随机运动。湍流流场中任一流体质点的流动通常具有一个相对的稳定方向，在这个方向的均匀流动之上又有一个附加的震荡湍流分量。湍流状态下流动与传热问题的控制方程实质上是 Reynolds 平均法背景下湍流流动参数的时均值的控制方程。

图 2.10 给出了湍流流动的数值模拟求解方法，可以看出主要方法是非直接数值模拟方法，其中 Reynolds 平均法应用最为广泛。

目前可采用的数值模拟方法分为两类：直接数值模拟（Direct Numerical Simulation，DNS）和非直接模拟方法。后者包含大涡模拟（Large Eddy Simulation，LES）、Reynolds（雷诺）：时均方程法（Reynolds-Averaged Navier-Stokes，RANS）。另外一种非直接模拟选择是应用统计的方法来进行湍流研究。但紊流统计理论不能解决模型的不封闭性问题，所以在理论上仍不完善，本书不再进行介绍，可以查阅相关文献。

在 Reynolds 平均方程法中，包括 Reynolds 应力模型和湍流黏性系数法（又称为湍流动力黏度法），而湍流黏性系数法是目前工程流动与传热问题数值计算中应用最广泛的方法。

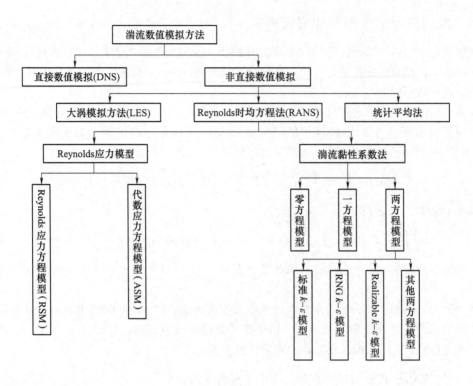

图 2.10　湍流数值模拟方法

2.4.1　直接数值模拟

直接数值模拟（DNS）不需要对湍流建立模型，对于流动的控制方程直接采用数值计算求解。意味着整个范围的空间和时间尺度湍流，必须同时解决。所有的空间尺度湍流必须在计算网格中解决，从最小的耗散尺度到最大的积分尺度 L。由于湍流是多尺度的不规则流动，要获得所有尺度的流动信息，对空间和时间分辨率需求很高，因而计算量大、耗时多，对计算机内存依赖性强。直接数值模拟只能计算 Re 较低的简单湍流运动。

2.4.2　大涡模拟

大涡模拟（LES）是近几十年才发展起来的一个流体力学中重要的数值模拟研究方法。湍流运动是由许多大小不同的旋涡组成的。大旋涡对平均流动有比较明显的影响，而小旋涡则通过非线性作用对大尺度运动产生影响。主要的质量、热量、动量、能量交换是通过大涡实现的，小涡的作用表现为耗散。而流场的形状，阻碍物的存在，对大旋涡有比较大的影响，使它具有更明显的各向异性。而小旋涡则不然，它们有更多的共性和更接近各向同性，因而较容易建立起有普遍意义的模型。

大涡模拟的基本思想是用滤波器将物理量分成大尺度量和小尺度量，小尺度量对大尺度运动是通过非线性关联量来实现的，这些关联量叫作拟雷诺应力或小网格雷诺应力。采用小网格模型（又称为亚格子模型）给出它们与大尺度量之间的关系。大尺度的涡直接模拟，小尺度的涡用模型来封闭。大涡模拟成立的理论基础是在高 Re 紊流中存在惯性子区尺度的涡，该尺度的涡具有统计意义上各向同性的性质，理论上它既不含能量也不耗散能量，它将含能尺度的涡的能量传递给耗散尺度的涡。

　　大涡模拟是通过精确求解某个尺度以上的所有尺度的湍流运动，从而能够捕捉到 RANS 方法所无能为力的许多非稳态特征，如非平衡过程中出现的大尺度效应和拟序结构，同时又克服了直接数值模拟由于需要求解所有湍流尺度而带来的巨大计算费用的问题，因而被认为是最具有潜力的湍流数值模拟发展方向。目前大涡模拟在工程领域尤其是在火灾科学领域和建筑通风领域得到了广泛的应用。

2.4.3　Reynolds 时均方程法

　　从 20 世纪 20 年代开始发展的紊流模式理论对解决工程实际问题做出了重大贡献。Reynolds 时均方程法是指以雷诺平均运动方程与脉动运动方程为基础，依靠理论与经验引进一系列模型假设来使方程组封闭的紊流模式理论。

　　Reynolds 时均方程法是将非稳态控制方程对时间做平均，在所得出的关于时均物理量的控制方程中包含了脉动量乘积的时均值等未知量，于是所得方程的个数就小于未知量的个数。为使方程组封闭必须做出假设，即建立模型。

　　按 Reynolds 平均法，定义变量 ϕ 的时间平均值为

$$\overline{\phi} = \frac{1}{\Delta t} \int_t^{t+\Delta t} \phi(t)\,\mathrm{d}t \tag{2.93}$$

ϕ' 为相应的脉动值

$$\overline{\phi'} = \frac{1}{\Delta t} \int_0^{\Delta t} \phi'(t)\,\mathrm{d}t \equiv 0 \tag{2.94}$$

对于任意变量 ϕ，按照 Reynolds 时均方程法，可以拆分为

$$\phi = \overline{\phi} + \phi' \tag{2.95}$$

例如，将流动速度变量 u 和压力变量 p 转换成时间平均和脉动值之和

$$u = \overline{u} + u' \tag{2.96}$$

$$p = \overline{p} + p' \tag{2.97}$$

因此，流动问题涉及两个瞬时值（速度、压力）及相应的脉动值。

　　按式（2.93）及式（2.94）有以下基本关系成立：

$$\overline{\phi'} = 0; \quad \overline{\overline{\phi}} = \overline{\phi}; \quad \overline{\overline{\phi} + \phi'} = \overline{\phi}; \quad \overline{\overline{\phi}\,\xi} = \overline{\phi}\,\overline{\xi}; \quad \overline{\overline{\phi}\xi'} = 0; \quad \overline{\overline{\phi}\xi} = \overline{\phi}\,\overline{\xi}; \quad \overline{\phi\xi} = \overline{\phi}\,\overline{\xi} + \overline{\phi'\xi'}$$

$$\frac{\overline{\partial\phi}}{\partial x_i} = \frac{\partial\overline{\phi}}{\partial x_i}; \quad \frac{\overline{\partial\phi}}{\partial t} = \frac{\partial\overline{\phi}}{\partial t}; \quad \frac{\overline{\partial^2\phi}}{\partial x_i^2} = \frac{\partial^2\overline{\phi}}{\partial x_i^2}; \quad \frac{\overline{\partial\phi'}}{\partial x_i} = 0; \quad \frac{\overline{\partial^2\phi'}}{\partial x_i^2} = 0 \tag{2.98}$$

对于变量 φ 和 ψ，如果存在 $\varphi = \Phi + \varphi'$，$\psi = \Psi + \psi'$，则下列关系式成立：

$$\overline{\varphi'} = \overline{\psi'} = 0; \quad \overline{\Phi} = \Phi; \quad \frac{\overline{\partial\varphi}}{\partial s} = \frac{\partial\Phi}{\partial s}; \quad \overline{\int\varphi\mathrm{d}s} = \int\Phi\mathrm{d}s$$

$$\overline{\varphi + \psi} = \Phi + \Psi; \quad \overline{\varphi\psi} = \Phi\Psi + \overline{\varphi'\psi'}; \quad \overline{\varphi\Phi} = \Phi\Psi; \quad \overline{\varphi'\Psi} = 0 \tag{2.99}$$

把上述定理扩展到脉动速度矢量 $\boldsymbol{a} = \boldsymbol{A} + \boldsymbol{a}'$，与 $\varphi = \Phi + \varphi'$ 组合后得到

$$\overline{\mathrm{div}\boldsymbol{a}} = \mathrm{div}\boldsymbol{A}; \quad \overline{\mathrm{div}(\varphi\boldsymbol{a})} = \mathrm{div}\,\overline{(\varphi\boldsymbol{a})} = \mathrm{div}(\Phi\boldsymbol{A}) + \mathrm{div}\,\overline{(\varphi'\boldsymbol{a}')};$$

$$\overline{\mathrm{div}(\mathbf{grad}\varphi)} = \mathrm{div}(\mathbf{grad}\Phi) \tag{2.100}$$

2.4.4 Reynolds 时均方程

1. 连续性方程

将描述不可压缩流体控制方程中的变量用瞬时值代替，并进行时均运算，可得湍流对流换热的 Reynolds 时均方程。

将三个坐标方向的瞬时速度表示成时均值与脉动值之和并代入连续性方程，再对方程进行时均运算，得

$$\frac{\overline{\partial(\bar{u}+u')}}{\partial x}+\frac{\overline{\partial(\bar{v}+v')}}{\partial y}+\frac{\overline{\partial(\bar{w}+w')}}{\partial z}=\frac{\partial\bar{u}}{\partial x}+\frac{\partial\bar{v}}{\partial y}+\frac{\partial\bar{w}}{\partial z}+\frac{\partial\overline{u'}}{\partial x}+\frac{\partial\overline{v'}}{\partial y}+\frac{\partial\overline{w'}}{\partial z}=0 \qquad (2.101)$$

根据式（2.98），得到

$$\frac{\partial\overline{u'}}{\partial x}+\frac{\partial\overline{v'}}{\partial y}+\frac{\partial\overline{w'}}{\partial z}=0 \qquad (2.102)$$

可以得到

$$\frac{\partial\bar{u}}{\partial x}+\frac{\partial\bar{v}}{\partial y}+\frac{\partial\bar{w}}{\partial z}=0 \qquad (2.103)$$

即

$$\mathrm{div}\,\bar{V}=0 \qquad (2.104)$$

式（2.103）、式（2.104）表明，湍流速度的时均值仍满足连续性方程。

2. 动量方程

以 x 方向动量方程为例：

$$\frac{\partial u}{\partial t}+\mathrm{div}(uV)=-\frac{1}{\rho}\frac{\partial p}{\partial x}+\frac{\mu}{\rho}\mathrm{div}(\mathbf{grad}u) \qquad (2.105)$$

在直角坐标系下，速度矢量 V 有 x 方向的速度分量 u，y 方向的速度分量 v，z 方向的速度分量 w。将 x 方向的瞬时速度 u 表示成时均值与脉动值之和并代入式（2.105）中，得到

$$\frac{\overline{\partial(\bar{u}+u')}}{\partial t}+\frac{\overline{\partial(\bar{u}+u')^2}}{\partial x}+\frac{\overline{\partial(\bar{u}+u')\partial(\bar{v}+v')}}{\partial y}+\frac{\overline{\partial(\bar{u}+u')\partial(\bar{w}+w')}}{\partial z}$$
$$=-\frac{1}{\rho}\frac{\overline{\partial(\bar{p}+p')}}{\partial x}+\frac{\mu}{\rho}\left[\frac{\overline{\partial^2(\bar{u}+u')}}{\partial^2 x}+\frac{\overline{\partial^2(\bar{u}+u')}}{\partial^2 y}+\frac{\overline{\partial^2(\bar{u}+u')}}{\partial^2 z}\right] \qquad (2.106)$$

利用上述给出的关系式做类似处理，有

$$\frac{\partial\bar{u}}{\partial t}+\frac{\partial(\bar{u}^2)}{\partial x}+\frac{\partial(\bar{u}\bar{v})}{\partial y}+\frac{\partial(\bar{u}\bar{w})}{\partial z}+\frac{\partial\overline{(u')^2}}{\partial x}+\frac{\partial\overline{(u'v')}}{\partial y}+\frac{\partial\overline{(u'w')}}{\partial z}$$
$$=-\frac{1}{\rho}\frac{\partial\bar{p}}{\partial x}+\frac{\mu}{\rho}\left(\frac{\partial^2\bar{u}}{\partial x^2}+\frac{\partial^2\bar{u}}{\partial y^2}+\frac{\partial^2\bar{u}}{\partial z^2}\right) \qquad (2.107)$$

即

$$\frac{\partial(\bar{u})}{\partial t}+\mathrm{div}(\bar{u}V)+\mathrm{div}\,\overline{(u'V')}=-\frac{1}{\rho}\frac{\partial p}{\partial x}+\frac{\mu}{\rho}\mathrm{div}(\mathbf{grad}\bar{u}) \qquad (2.108)$$

把式（2.107）左端脉动分量乘积的时均值项移到等号右端，得

$$\frac{\partial \overline{u}}{\partial t} + \frac{\partial(\overline{u^2})}{\partial x} + \frac{\partial(\overline{u}\,\overline{v})}{\partial y} + \frac{\partial(\overline{u}\,\overline{w})}{\partial z} =$$

$$= -\frac{1}{\rho}\frac{\partial \overline{p}}{\partial x} + \frac{\partial}{\partial x}\left(\frac{\mu}{\rho}\frac{\partial \overline{u}}{\partial x} - \overline{(u')^2}\right) + \frac{\partial}{\partial y}\left(\frac{\mu}{\rho}\frac{\partial \overline{u}}{\partial y} - \overline{u'v'}\right) + \frac{\partial}{\partial z}\left(\frac{\mu}{\rho}\frac{\partial \overline{u}}{\partial z} - \overline{u'w'}\right) \tag{2.109}$$

即

$$\frac{\partial(\overline{u})}{\partial t} + \mathrm{div}(\overline{u}\,\boldsymbol{V}) = -\frac{1}{\rho}\frac{\partial p}{\partial x} + \frac{\mu}{\rho}\mathrm{div}(\mathbf{grad}\,\overline{u}) + \left[-\frac{\partial(\overline{u'^2})}{\partial x} - \frac{\partial(\overline{u'v'})}{\partial y} - \frac{\partial(\overline{u'w'})}{\partial z}\right] \tag{2.110}$$

对其他两个方向也可进行类似的推导有

$$\frac{\partial(\overline{v})}{\partial t} + \mathrm{div}(\overline{v}\,\boldsymbol{V}) = -\frac{1}{\rho}\frac{\partial p}{\partial y} + \frac{\mu}{\rho}\mathrm{div}(\mathbf{grad}\,\overline{v}) + \left[-\frac{\partial(\overline{u'v'})}{\partial x} - \frac{\partial(\overline{v'^2})}{\partial y} - \frac{\partial(\overline{v'w'})}{\partial z}\right] \tag{2.111}$$

$$\frac{\partial(\overline{w})}{\partial t} + \mathrm{div}(\overline{w}\,\boldsymbol{V}) = -\frac{1}{\rho}\frac{\partial p}{\partial z} + \frac{\mu}{\rho}\mathrm{div}(\mathbf{grad}\,\overline{w}) + \left[-\frac{\partial(\overline{u'w'})}{\partial x} - \frac{\partial(\overline{v'w'})}{\partial y} - \frac{\partial(\overline{w'^2})}{\partial z}\right]$$

$$\tag{2.112}$$

式（2.110）~式（2.112）称为雷诺方程。上述时均方程一次项在时均前后形式保持不变，二次项在时均处理后则产生包含脉动值的附加项，应力附加项表达式如下：

$$\tau_{xx} = -\rho\,\overline{u'^2} \qquad \tau_{yy} = -\rho\,\overline{v'^2} \qquad \tau_{zz} = -\rho\,\overline{w'^2}$$

$$\tau_{xy} = \tau_{yx} = -\rho\,\overline{u'v'} \qquad \tau_{xz} = \tau_{zx} = -\rho\,\overline{u'w'} \qquad \tau_{yz} = \tau_{zy} = -\rho\,\overline{w'v'}$$

上述应力称为雷诺应力。其中正应力 $-\rho\,\overline{u'^2}$、$-\rho\,\overline{v'^2}$、$-\rho\,\overline{w'^2}$ 总是非零项，因为它们包含速度脉动值的平方，切应力与不同方向上的速度分量有关。

将式（2.110）~ 式（2.112）写成张量符号形式，可得下列时均形式的 N-S 方程，即 Reynolds 时均方程：

$$\frac{\partial(\rho\overline{u_i})}{\partial t} + \frac{\partial(\rho\overline{u_i}\,\overline{u_j})}{\partial x_j} = -\frac{\partial \overline{p}}{\partial x_i} + \frac{\partial}{\partial x_j}\left(\mu\frac{\partial \overline{u_i}}{\partial x_j} - \rho\overline{u_i'u_j'}\right) \quad (i,\ j = 1,\ 2,\ 3) \tag{2.113}$$

对其他变量 ϕ 做类似的处理，可得

$$\frac{\partial(\rho\overline{\phi})}{\partial t} + \frac{\partial(\rho\overline{u_j}\,\overline{\phi})}{\partial x_j} = \frac{\partial}{\partial x_j}\left(\varGamma\frac{\partial \overline{u_i}}{\partial x_j} - \rho\overline{u_j'\phi'} + S\right) \tag{2.114}$$

其中，$\varGamma$ 为通用黏性系数，S 为源项。

湍流流动的时均值控制方程汇总见表 2.2。

表 2.2　湍流流动的时均值控制方程汇总

方程名称	方程表达式
连续性方程	$\dfrac{\partial \rho}{\partial t} + \mathrm{div}(\rho\overline{\boldsymbol{V}}) = 0$
雷诺方程	$\dfrac{\partial(\rho\overline{u})}{\partial t} + \mathrm{div}(\rho\overline{u}\,\overline{\boldsymbol{V}}) = -\dfrac{1}{\rho}\dfrac{\partial p}{\partial x} + \mu\,\mathrm{div}(\mathbf{grad}\,\overline{u}) + \left[-\dfrac{\partial(\rho\overline{u'^2})}{\partial x} - \dfrac{\partial(\rho\overline{u'v'})}{\partial y} - \dfrac{\partial(\rho\overline{u'w'})}{\partial z}\right] + S_{Mx}$ $\dfrac{\partial(\rho\overline{v})}{\partial t} + \mathrm{div}(\rho\overline{v}\,\overline{\boldsymbol{V}}) = -\dfrac{\partial p}{\partial y} + \mu\,\mathrm{div}(\mathbf{grad}\,\overline{v}) + \left[-\dfrac{\partial(\rho\overline{u'v'})}{\partial x} - \dfrac{\partial(\rho\overline{v'^2})}{\partial y} - \dfrac{\partial(\rho\overline{v'w'})}{\partial z}\right] + S_{My}$ $\dfrac{\partial(\rho\overline{w})}{\partial t} + \mathrm{div}(\rho\overline{w}\,\overline{\boldsymbol{V}}) = -\dfrac{\partial p}{\partial z} + \mu\,\mathrm{div}(\mathbf{grad}\,\overline{w}) + \left[-\dfrac{\partial(\rho\overline{u'w'})}{\partial x} - \dfrac{\partial(\rho\overline{v'w'})}{\partial y} - \dfrac{\partial(\rho\overline{w'^2})}{\partial z}\right] + S_{Mz}$

（续）

方程名称	方程表达式
通用形式输运方程	$\dfrac{\partial(\rho\varPhi)}{\partial t} + \mathrm{div}(\rho\varPhi\overline{\boldsymbol{V}}) = \mathrm{div}(\varGamma_\varPhi\,\mathbf{grad}\varPhi) + \left[-\dfrac{\partial(\overline{\rho u'\varphi'})}{\partial x} - \dfrac{\partial(\overline{\rho v'\varphi'})}{\partial y} - \dfrac{\partial(\overline{\rho w'\varphi'})}{\partial z} \right] + S_\varPhi$

注：S_{Mx}、S_{My}、S_{Mz} 为动量方程中不包含压力梯度项的其他源项内容。

2.4.5 关于脉动值乘积的时均值的讨论

1. 湍流模型

由上述时均方程推导可看出，一次项在时均过程中保持形式不变，二次项产生了包含脉动值乘积的附加项，该项代表了由湍流脉动而引起的能量转移（应力、热流密度等），其中 $(-\rho u_i' u_j')$ 称为 Reynolds 应力或湍流应力。

在式（2.103）、式（2.113）、式（2.114）这三个方程中有 14 个变量：5 个时均量（$\overline{u}$、$\overline{v}$、$\overline{w}$、$\overline{p}$、$\overline{\phi}$），9 个脉动值乘积的时均项（$\overline{u_i' u_j'}$、$\overline{u_i' \phi'}$，i，$j=1$，2，3）。要使上述方程组封闭必须补充用以确定这 9 个附加量的关系，但在导出过程中又引进了更高阶的附加量，需要进一步导出确定更高阶附加量的控制方程，最终必须终止在近似的模型上才能使方程组封闭。

所谓湍流模型就是把湍流的脉动值附加项与时均值联系起来的一些特定关系式，目的是方程组封闭，又称为封闭模型（closure model）。目前，已经导出了多达 20 余个偏微分方程模型，其中对时均过程形成的两个脉动量乘积的时均值（$\overline{u_i' u_j'}$、$\overline{u_i' T_j'}$）进行直接求解，而对三个脉动量乘积的时均值（$\overline{u_i' u_j' u_k'}$）采用模拟方法进行计算的方法称为二阶矩 Reynolds 模型（second moment Reynolds stress model）。它已经得到工程应用。

2. 湍流黏性系数法

将湍流应力表示成湍流黏性系数的函数，这就叫作湍流黏性系数法，又称为涡黏模型。整个方法的关键就在于确定这种湍流黏性系数。

根据 Boussines（1877 年）假设，与层流运动应力类似，湍流脉动所造成的附加应力也可以与时均的应变率关联起来。层流时联系流体的应力与应变率的本构方程为

$$\tau_{ij} = -p\delta_{ij} + \mu\left(\frac{\partial u_i}{\partial x_j} + \frac{\partial u_j}{\partial x_i}\right) - \frac{2}{3}\mu\delta_{ij}\mathrm{div}\boldsymbol{V} \tag{2.115}$$

模拟层流的本构方程，湍流脉动所造成的附加应力可以表示为

$$-\rho\overline{u_i' u_j'} = (\tau_{ij})_\mathrm{t} = -p_\mathrm{t}\delta_{ij} + \mu_\mathrm{t}\left(\frac{\partial u_i}{\partial x_j} + \frac{\partial u_j}{\partial x_i}\right) - \frac{2}{3}\mu_\mathrm{t}\delta_{ij}\mathrm{div}\boldsymbol{V} \tag{2.116}$$

上述方程式中 μ_t 为湍流黏性系数，u_i 为时均速度，δ_{ij} 是 Kronecker 符号，当 $i=j$ 时，$\delta_{ij}=1$，当 $i \neq j$ 时，$\delta_{ij}=0$。

为了使方程组更具有封闭性，必须模化雷诺应力，引入模型使方程组封闭，一个重要的方法是湍流黏性系数法。

定义 p_t 是脉动速度所造成的压力，表达式为

$$p_\mathrm{t} = \frac{1}{3}\rho(\overline{u'^2} + \overline{v'^2} + \overline{w'^2}) = \frac{2}{3}\rho k \tag{2.117}$$

k 为单位质量流体湍流动能，表达式为

$$k = \frac{u_i u_i}{2} = \frac{1}{2}(\overline{u'^2} + \overline{v'^2} + \overline{w'^2}) \tag{2.118}$$

按照 Boussinesq 的涡黏假设湍流黏性系数法，湍流应力表达式为

$$- \rho \overline{u_i' u_j'} = \mu_t \left(\frac{\partial u_i}{\partial x_j} + \frac{\partial u_j}{\partial x_i} \right) - \frac{2}{3} \left(\rho k + \mu_t \frac{\partial u_i}{\partial x_i} \right) \delta_{ij} \tag{2.119}$$

式中，确定湍流黏性系数 μ_t 是整个湍流模型的关键，它是空间坐标的函数，取决于流动状态而不是物性参数，而分子黏性系数 μ 则是物性参数。

为了方便表述，除脉动值的时均值外，其他时均值的符号均予略去；凡由流体分子扩散所造成的迁移特性，不加下标，由湍流脉动所造成的量加下标 t。

3. Boussinesq 近似方法与 Reynolds 应力模型的应用范围

Boussinesq 假设被用于 Spalart-Allmaras 单方程模型和双方程模型。Boussinesq 近似方法的优点是与求解湍流黏性系数有关的计算时间比较少，例如在 Spalart-Allmaras 单方程模型中，只需多求解一个表示湍流黏性的输运方程；在两方程模型中，只需多求解湍流动能 k 和耗散率 ε 两个方程。Boussinesq 近似方法的缺点是认为湍流黏性系数是各向同性标量，这对一些复杂流动该条件并不是严格成立，所以具有应用限制性。

Reynolds 应力模型求解雷诺应力各分量的输运方程，需要额外再求解一个标量方程，通常是耗散率 ε 方程。这就意味着对于二维湍流流动问题，需要多求解 4 个输运方程，而三维湍流问题需要多求解 7 个方程，需要比较多的计算时间，对计算机内存也有更高要求。

在许多问题中，Boussinesq 近似方法可以得到比较好的结果，并不一定需要花费很多时间来求解雷诺应力各分量的输运方程。但是，如果湍流场各向异性很明显，如强旋流动以及应力驱动的二次流等流动中，求解雷诺应力分量输运方程无疑可以得到更好的结果。

4. 湍流扩散系数

类似于湍流切应力，其他变量 Φ 的湍流脉动值附加项可以引入相应的湍流扩散系数，均以 Γ_t 表示，则湍流脉动所传递的通量可以通过下列关系式与时均参数联系起来：

$$- \rho \overline{u_i' \phi'} = \Gamma_t \frac{\partial \phi}{\partial x_j} \tag{2.120}$$

$$\sigma_t = \frac{\mu_t}{\Gamma_t} \tag{2.121}$$

式中，σ_t 可近似为一个常数，称为湍流 Pr（普朗特数）（Reynolds 应力模型中对应的 ϕ 为温度）或 Sc（施密特数）（Reynolds 应力模型中 ϕ 为质交换方程的组分）。

将式（2.117）代入式（2.113）后，可以把 p_t 与 p 组合成一个有效压力

$$p_{\text{eff}} = p + p_t = p + \frac{2}{3} \rho k \tag{2.122}$$

湍流强度的定义式表达如下：

$$T_1 = \frac{\sqrt{\frac{2}{3} k}}{U_{\text{ref}}} \tag{2.123}$$

式中，T_1 是湍流强度；k 是湍流动能；U_{ref} 是参考速度值。

湍流状态下，雷诺数 Re_t 的定义式：

$$Re_t = \frac{\rho k^2}{\mu_t \varepsilon} \tag{2.124}$$

式中，ε 是湍流动能耗散率；k 是湍流动能；μ_t 是湍流黏性系数；ρ 是密度。

应该注意到，在旺盛的湍流区，主要考虑湍流脉动所造成的影响，分子扩散的影响可以忽略不计。

2.5 描述湍流流动的模型

从式（2.119）以及式（2.121）可以看出，引入 Boussinesq 假设以后，湍流对流换热问题的研究归结为如何确定 μ_t，确定湍流黏性系数所需微分方程的个数成为湍流问题计算模型的关键。依据确定湍流黏性系数微分方程的数目，湍流模型可以分为零方程模型、一方程模型和二方程模型等。

2.5.1 零方程模型

零方程模型也可称为代数模型，直接建立雷诺应力和时均值的代数关系，从而把湍流黏性系数和时均值联系在一起。

1. 混合长度模式

混合长度模式是基于分子运动的比拟在二维剪切层中导出的。混合长度 l 类比分子运动自由程，在经历混合长度的横向距离上，脉动速度正比于混合长度 l 及流向平均速度梯度 $\dfrac{\partial U}{\partial y}$，即

$$u' \propto l \left| \frac{\partial U}{\partial y} \right| \tag{2.125}$$

而湍流黏性系数应当正比于脉动速度和混合长度之积（分子黏性系数正比于自由程和分子热运动速度之积），从而湍流黏系数 μ_t 有如下的估计式：

$$\mu_t \propto u'l \propto l^2 \left| \frac{\partial U}{\partial y} \right| \tag{2.126}$$

在湍流输运中，湍流黏性系数 μ_t 和湍流扩散系数 Γ_t 之比定义为普朗特数 Pr_t，即

$$Pr_t = \frac{\mu_t}{\Gamma_t} \tag{2.127}$$

工程计算中通常采用 $Pr_t = 0.8 \sim 1.0$。

给定混合长度表达式后，混合长度模式得以封闭。在边界层的近壁区，混合长度和离壁面的距离成正比：

$$l = \kappa y \tag{2.128}$$

$\kappa = 0.4$，即 Karman 常数。利用混合长度模式，可以导出湍流边界层中平均速度的对数律。在自由剪切湍流中，混合长度和剪切层的位移厚度成正比。

由于代数涡黏模式应用方便，在早期简单的混合长度模式以后，各种其他模式的代数涡黏模式相继问世。目前在零方程模式框架下，最为广泛使用的代数模式是 Baldwin-Lomax 模式（B-L 模式）。

2. B-L 湍流模型

1978 年，Baldwin 和 Lomax 提出了代数湍流模型——B-L 湍流模型，这是一个双层流动模型，内层的湍流强度由普朗特混合长度决定，其中普朗特混合长度的应变率采用涡量表示。外层的湍流强度由平均流动和长度尺度决定。

湍流黏性系数如下：

$$\mu_t = \begin{cases} (\mu_t)_{in}, & y \leqslant y_c \\ (\mu_t)_{out}, & y > y_c \end{cases} \tag{2.129}$$

这里 y_c 是 $(\mu_t)_{in} = (\mu_t)_{out}$ 离壁面最小距离的 y 值。

内层湍流黏性系数：

$$(\mu_t)_{in} = l^2 \Omega \tag{2.130}$$

式中，$\Omega = \left| \varepsilon_{ijk} \dfrac{\partial U}{\partial x_j} \right|$ 是当地的平均涡量绝对值；l 是考虑壁面修正的混合长度：

$$l = \kappa y \left(1 - e^{-\frac{y^+}{A^+}} \right) \tag{2.131}$$

$\kappa = 0.4$，即 Karman 常数，模化常数 $A^+ = 26$，无量纲法向距离 y^+ 的表达式为

$$y^+ = u_\tau y / \nu_w \tag{2.132}$$

式中，ν_w 是壁面处的流体运动黏度系数；u_τ 是壁面摩擦速度，$u_\tau = \sqrt{\tau_w / \rho}$。

外层湍流黏性系数：

$$(\mu_t)_{out} = C F_{wake} F_{Kleb}(y) \tag{2.133}$$

式中，F_{wake} 是尾流函数，F_{wake} 是 $y_{max} F_{max}$ 与 $C_{wk} y_{max} \left[\sqrt{(u^2 + v^2 + w^2)_{max}} - \sqrt{(u^2 + v^2 + w^2)_{min}} \right]^2 / F_{max}$ 中的最小值，其中 F_{max} 和 y_{max} 分别是函数 $F(y) = y\Omega[1 - \exp(-y^+/A^+)]$ 的最大值和最大值的坐标；$F_{Kleb}(y)$ 是边界层外层的间歇性修正，称为 Klebaboff 间歇函数，其表达式为

$$F_{Kleb} = \left[1 + 5.5 \left(C_{Kleb} y / y_{max} \right)^6 \right]^{-1} \tag{2.134}$$

$C_{wk} = 1$，$C = 0.02668$，$C_{Kleb} = 0.3$。

代数模式的最大优点是计算量少，只要附加黏性模块项，就可以利用通常的 N-S 数值计算程序，所以它是最受工程师欢迎的方法。代数模式没有普适性，不过它比较容易针对特定的流动状态做各种修正。例如，Baldwin-Lomax 模式主要适用于小曲率的湍流边界层。对于有压强梯度和曲率的湍流边界层，可以在混合长度上加以修正。

代数模式的最大缺点是它的局限性，代数表达式中雷诺应力或标量通量和当地的平均变形率和平均标量梯度有关，它完全忽略湍流统计量之间关系的历史效应，而历史效应很难做局部的修正。

2.5.2　一方程模型

为了弥补混合长度模型的湍流动能未反映湍流发展过程，提出了一方程模型，如 SA 湍流模型。

SA 湍流模型是基于另外一个涡黏性的输运方程，这个方程含有对流项、扩散项和源项。此应用是 Spalart 和 Allmaras 在 1992 年提出的，Ashford 和 Powell（1996 年）对此进行了改进以避免生成项出现负值。

SA 湍流模型对计算复杂的流动有很强的鲁棒性，相比于 B-L 湍流模型，SA 湍流模型中湍流的涡黏度场是连续的；而相比于 k-ε 模型，SA 湍流模型占用的 CPU 和内存更少，并且鲁棒性也不错。

湍流黏度如下：

$$v_t = \tilde{v} f_{v1} \tag{2.135}$$

其中，$\tilde{v}$ 是湍流的脉动速度，f_{v1} 由下式定义：

$$f_{v1} = \frac{\chi^3}{\chi^3 + c_{v1}} \tag{2.136}$$

其中，χ 是湍流的脉动速度 $\tilde{v}$ 与分子黏度 v 的比值，即

$$\chi = \frac{\tilde{v}}{v} \tag{2.137}$$

湍流动能的脉动速度 $\tilde{v}$ 由输运方程获得

$$\frac{\partial v}{\partial t} + \boldsymbol{V} \cdot \nabla \tilde{v} = \frac{1}{\sigma} \{ \nabla \cdot [v + (1 + c_{b2}) \tilde{v} \nabla \tilde{v}] - c_{b2} \tilde{v} \Delta \tilde{v} \} + Q \tag{2.138}$$

式中，$\boldsymbol{V}$ 是平均速度；Q 是源项；σ、c_{b2} 是常数。

源项包括生成项和耗散项，即

$$Q = \tilde{v} P(\tilde{v}) - \tilde{v} D(\tilde{v}) \tag{2.139}$$

其中，

$$\tilde{v} P(\tilde{v}) = c_{b1} S \tilde{v} \tag{2.140}$$

$$\tilde{v} D(\tilde{v}) = c_{w1} f_w \left(\frac{\tilde{v}}{d} \right)^2 \tag{2.141}$$

生成项可由下式获得：

$$\tilde{S} = S f_{v3} + \frac{\tilde{v}}{\kappa^2 d^2} f_{v2} \tag{2.142}$$

$$f_{v2} = \frac{1}{(1 + \chi/c_{v2})^3} ; f_{v3} = \frac{(1 + \chi f_{v1})(1 - f_{v2})}{\chi} \tag{2.143}$$

式中，d 是到壁面的最小距离；S 是涡量的大小。

在生成项中，f_w 由下式获得：

$$f_w = g \left(\frac{1 + c_{w3}^6}{g^6 + c_{w3}^6} \right)^6 \tag{2.144}$$

其中

$$g = r + c_{w2}(r^6 - r) ; r = \frac{\tilde{v}}{\tilde{S} \kappa^2 d^2} \tag{2.145}$$

SA 湍流模型中的常数值如下：
$c_{w1} = c_{b1}/\kappa^2 + (1 + c_{b2})/\sigma$，$c_{w2} = 0.3$，$c_{w3} = 2$，$c_{v1} = 7.1$，$c_{v2} = 5$，$c_{b1} = 0.1355$，$c_{b2} = 0.622$，$\kappa = 0.41$，$\sigma = 2/3$

2.5.3 二方程模型

1. 标准 k-ε 模型

以一方程模型为基础，引入湍流耗散率 ε。该模型是由 Spalding 和 Launder 于 1972 年提出的。湍流耗散率 ε 表达式为

$$\varepsilon = \frac{\mu}{\rho} \overline{\left(\frac{\partial u_i'}{\partial x_k} \right)} \tag{2.146}$$

湍流黏性系数 μ，可表示为 k 和 ε 的函数：

$$\mu_t = \rho c_\mu \frac{k^2}{\varepsilon} \tag{2.147}$$

在标准 k-ε 模型中，增加了两个输运方程即湍流动能 k 和湍流耗散率 ε 的输运方程，分别描述为 k 方程

$$\frac{\partial(\rho k)}{\partial t} + \frac{\partial(\rho k u_i)}{\partial x_i} = \frac{\partial}{\partial x_j}\left[\left(\mu + \frac{\mu_i}{\sigma_k}\right)\frac{\partial k}{\partial x_j}\right] + G_k + G_b - \rho\varepsilon - Y_M + S_k \tag{2.148}$$

ε 方程

$$\frac{\partial(\rho\varepsilon)}{\partial t} + \frac{\partial(\rho\varepsilon u_i)}{\partial x_i} = \frac{\partial}{\partial x_j}\left[\left(\mu + \frac{\mu_i}{\sigma_\varepsilon}\right)\frac{\partial\varepsilon}{\partial x_j}\right] + C_{1\varepsilon}\frac{\varepsilon}{k}(G_k + G_b) - C_{2\varepsilon}\rho\frac{\varepsilon^2}{k} + S_\varepsilon \tag{2.149}$$

式中，G_b 是由浮力引起的生成项，对于不可压缩流体而言，$G_b = 0$。对于可压缩流体，则有：

$$G_b = \beta g \frac{\mu_i}{Pr_i}\frac{\partial T}{\partial x_i} \tag{2.150}$$

式中，Pr_i 是湍流普朗特数，在该模型中湍流普朗特数 $Pr_i = 0.85$；g 是重力加速度；β 是体胀系数：

$$\beta = -\frac{1}{\rho}\frac{\partial\rho}{\partial T} \tag{2.151}$$

G_k 是湍流动能 k 的产生项，是由平均速度梯度引起的：

$$G_k = \mu_i\left(\frac{\partial u_i}{\partial x_j} + \frac{\partial u_j}{\partial x_i}\right)\frac{\partial u_i}{\partial x_j} \tag{2.152}$$

针对不可压缩流体而言，$Y_M = 0$。对于可压缩流体来说，则有：

$$Y_M = 2\rho a M_t^2 \tag{2.153}$$

式中，a 是声速，$a = \sqrt{\gamma R T}$；M_t 是湍动马赫数，$M_t = \sqrt{k/a^2}$。

在标准 k-ε 模型中：$C_\mu = 0.09$，$\sigma_\varepsilon = 1.3$，$C_{1\varepsilon} = 1.44$，$C_{2\varepsilon} = 1.92$，$\sigma_k = 1.0$。

标准 k-ε 模型是最简单的完整两方程湍流模型，具有适用范围广，比较经济和相对合理的精度等优点，应用广泛。

标准 k-ε 模型的主要缺点是：①标准 k-ε 模型假设雷诺应力和当时当地的平均切变率成正比，所以它不能反映雷诺应力沿流向的松弛效应；②标准 k-ε 模型是各向同性的，不能反映雷诺应力的各向异性，尤其是近壁湍流，雷诺应力具有明显的各向异性；③标准 k-ε 模型不能反映平均涡量的影响，而平均涡量对雷诺应力的分布确实有影响，特别是在湍流分离流中，这种影响是十分重要的。

标准 k-ε 方程也可以写成类似于连续控制方程的统一形式。实际上，无论是直角坐标下还是圆柱坐标系下，所有变量（u，v，w，T，k，ε）控制方程式都可以表示成以下通用形式：

$$\frac{\partial(\rho\phi)}{\partial t} + \mathrm{div}(\rho V \phi) = \mathrm{div}(\Gamma\,\mathbf{grad}\phi) + S \tag{2.154}$$

这种统一形式为发展大型通用计算程序提供了条件。首先，控制方程的离散化及求解方法可以求得统一，所讨论的有关内容对各类变量都适用；其次，以式（2.154）为出发点所编制的程序可以适用于各种变量，不同变量间的区别仅在于广义扩散系数、广义源项及初值、边界条件这三方面。

为方便读者查阅，把三维直角坐标系及三维圆柱坐标系中的湍流动量方程及标准 k-ε 方程列出于表 2-3、表 2-4 中。表中 Γ 及 S 的下标 ϕ 均已省去。在二维坐标系中标准 k-ε 模型的控制方程可由相应的三维控制方程删去与第 3 个坐标有关的项而得。例如二维轴对称坐标系中的控制方程可据表 2-4 所列方程删去与 θ 坐标有关的项（包括对流项、扩散项与源项中所包括的与 θ 有关的项）而得出。

表 2-3　三维直角坐标中 $k\text{-}\varepsilon$ 模型的控制方程

控制方程	$\dfrac{\partial(\rho u\phi)}{\partial x} + \dfrac{\partial(\rho v\phi)}{\partial y} + \dfrac{\partial(\rho w\phi)}{\partial z} = \dfrac{\partial}{\partial x}\left(\Gamma\dfrac{\partial\phi}{\partial x}\right) + \dfrac{\partial}{\partial y}\left(\Gamma\dfrac{\partial\phi}{\partial y}\right) + \dfrac{\partial}{\partial z}\left(\Gamma\dfrac{\partial\phi}{\partial z}\right) + S$ 对 u, v, w, k, ε, T 广义扩散系数 Γ 为 u, v, w: $\Gamma = \eta_{\text{eff}} = \eta + \eta_t$ k: $\Gamma = \eta + \dfrac{\eta_t}{\sigma_k}$ ε: $\Gamma = \eta + \dfrac{\eta_t}{\sigma_\varepsilon}$ T: $\Gamma = \dfrac{\eta}{Pr} + \dfrac{\eta_t}{\sigma_T}$
源项	u: $S = -\dfrac{\partial p}{\partial x} + \dfrac{\partial}{\partial x}\left(\eta_{\text{eff}}\dfrac{\partial u}{\partial x}\right) + \dfrac{\partial}{\partial y}\left(\eta_{\text{eff}}\dfrac{\partial v}{\partial x}\right) + \dfrac{\partial}{\partial z}\left(\eta_{\text{eff}}\dfrac{\partial w}{\partial x}\right)$ v: $S = -\dfrac{\partial p}{\partial y} + \dfrac{\partial}{\partial x}\left(\eta_{\text{eff}}\dfrac{\partial u}{\partial y}\right) + \dfrac{\partial}{\partial y}\left(\eta_{\text{eff}}\dfrac{\partial v}{\partial y}\right) + \dfrac{\partial}{\partial z}\left(\eta_{\text{eff}}\dfrac{\partial w}{\partial y}\right)$ w: $S = -\dfrac{\partial p}{\partial z} + \dfrac{\partial}{\partial x}\left(\eta_{\text{eff}}\dfrac{\partial u}{\partial z}\right) + \dfrac{\partial}{\partial y}\left(\eta_{\text{eff}}\dfrac{\partial v}{\partial z}\right) + \dfrac{\partial}{\partial z}\left(\eta_{\text{eff}}\dfrac{\partial w}{\partial z}\right)$ k: $S = \rho G_k - \rho\varepsilon$ ε: $S = \dfrac{\varepsilon}{k}(c_1\rho G_k - c_2\rho\varepsilon)$ $G_k = \dfrac{\eta_t}{\rho}\left\{2\left[\left(\dfrac{\partial u}{\partial x}\right)^2 + \left(\dfrac{\partial v}{\partial y}\right)^2 + \left(\dfrac{\partial w}{\partial z}\right)^2\right] + \left(\dfrac{\partial u}{\partial y} + \dfrac{\partial v}{\partial x}\right)^2 + \left(\dfrac{\partial u}{\partial z} + \dfrac{\partial w}{\partial x}\right)^2 + \left(\dfrac{\partial v}{\partial z} + \dfrac{\partial w}{\partial y}\right)^2\right\}$ T: S 按实际问题而定

表 2.4　三维圆柱坐标中标准 $k\text{-}\varepsilon$ 模型的控制方程（修改 η 为 μ）

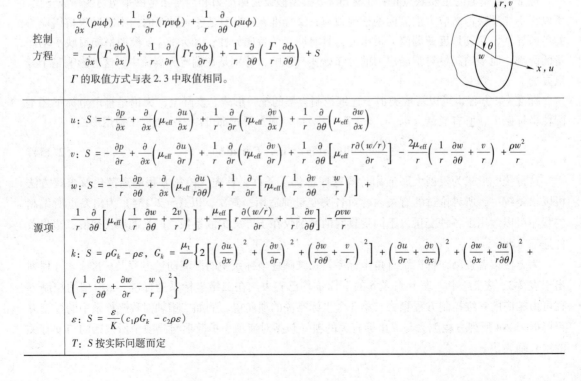

控制方程	$\dfrac{\partial}{\partial x}(\rho u\phi) + \dfrac{1}{r}\dfrac{\partial}{\partial r}(r\rho v\phi) + \dfrac{1}{r}\dfrac{\partial}{\partial\theta}(\rho u\phi)$ $= \dfrac{\partial}{\partial x}\left(\Gamma\dfrac{\partial\phi}{\partial x}\right) + \dfrac{1}{r}\dfrac{\partial}{\partial r}\left(\Gamma r\dfrac{\partial\phi}{\partial r}\right) + \dfrac{1}{r}\dfrac{\partial}{\partial\theta}\left(\dfrac{\Gamma}{r}\dfrac{\partial\phi}{\partial\theta}\right) + S$ Γ 的取值方式与表 2.3 中取值相同。
源项	u: $S = -\dfrac{\partial p}{\partial x} + \dfrac{\partial}{\partial x}\left(\mu_{\text{eff}}\dfrac{\partial u}{\partial x}\right) + \dfrac{1}{r}\dfrac{\partial}{\partial r}\left(r\mu_{\text{eff}}\dfrac{\partial v}{\partial x}\right) + \dfrac{1}{r}\dfrac{\partial}{\partial\theta}\left(\mu_{\text{eff}}\dfrac{\partial w}{\partial x}\right)$ v: $S = -\dfrac{\partial p}{\partial r} + \dfrac{\partial}{\partial x}\left(\mu_{\text{eff}}\dfrac{\partial u}{\partial r}\right) + \dfrac{1}{r}\dfrac{\partial}{\partial r}\left(r\mu_{\text{eff}}\dfrac{\partial v}{\partial r}\right) + \dfrac{1}{r}\dfrac{\partial}{\partial\theta}\left[\mu_{\text{eff}}\dfrac{r\partial(w/r)}{\partial r}\right] - \dfrac{2\mu_{\text{eff}}}{r}\left(\dfrac{1}{r}\dfrac{\partial w}{\partial\theta} + \dfrac{v}{r}\right) + \dfrac{\rho w^2}{r}$ w: $S = -\dfrac{1}{r}\dfrac{\partial p}{\partial\theta} + \dfrac{\partial}{\partial x}\left(\mu_{\text{eff}}\dfrac{\partial u}{r\partial\theta}\right) + \dfrac{1}{r}\dfrac{\partial}{\partial r}\left[r\mu_{\text{eff}}\left(\dfrac{1}{r}\dfrac{\partial v}{\partial\theta} - \dfrac{w}{r}\right)\right] +$ $\dfrac{1}{r}\dfrac{\partial}{\partial\theta}\left[\mu_{\text{eff}}\left(\dfrac{1}{r}\dfrac{\partial w}{\partial\theta} + \dfrac{2v}{r}\right)\right] + \dfrac{\mu_{\text{eff}}}{r}\left[r\dfrac{\partial(w/r)}{\partial r} + \dfrac{1}{r}\dfrac{\partial v}{\partial\theta}\right] - \dfrac{\rho vw}{r}$ k: $S = \rho G_k - \rho\varepsilon$, $G_k = \dfrac{\mu_t}{\rho}\left\{2\left[\left(\dfrac{\partial u}{\partial x}\right)^2 + \left(\dfrac{\partial v}{\partial r}\right)^2 + \left(\dfrac{\partial w}{r\partial\theta} + \dfrac{v}{r}\right)^2\right] + \left(\dfrac{\partial u}{\partial r} + \dfrac{\partial v}{\partial x}\right)^2 + \left(\dfrac{\partial w}{\partial x} + \dfrac{\partial u}{r\partial\theta}\right)^2 +\right.$ $\left.\left(\dfrac{1}{r}\dfrac{\partial v}{\partial\theta} + \dfrac{\partial w}{\partial r} - \dfrac{w}{r}\right)^2\right\}$ ε: $S = \dfrac{\varepsilon}{K}(c_1\rho G_k - c_2\rho\varepsilon)$ T: S 按实际问题而定

表 2-5 中的常数主要是根据一些特殊条件下的试验结果而确定的，它们针对的是表 2-3 和表 2-4 中标准 k-ε 表达式。经验表明，对计算结果影响最大的是 c_1、c_2。例如 c_1 或 c_2 变化 5% 时，对射流喷射率的影响可达 20%。不言而喻，这一套常数的数值对于 k-ε 模型的适应性与准确性有重要影响。

需要说明的是，表 2-5 所给出的常数值并不是普遍适用。首先是因为每一种模型的本身有一定的局限性，其次每一种模型所包括的经验常数也有一定的适用范围。例如常数 c_μ 是按那些边界层中脉动动能的产生项与耗散项相平衡的试验结果整理而得的，对产生项与耗散项偏离平衡状态较远的流动，c_μ 值就会与 0.99 相差较远。许多有关 CFD 的文献中会针对研究的流动问题的特征进行常数取值调整。

表 2-5　标准 k-ε 模型中的系数

c_μ	c_1	c_2	σ_k	σ_ε	σ_T
0.99	1.44	1.92	1.0	1.3	0.9~1.0

2. 线性 k-ε 模型

在线性模型中，湍流的雷诺应力张量与平均应力张量呈线性关系。

$$(-\rho\vec{w}''\vec{w}'')_{ij} = 2\mu_t\left[S_{ij} - \frac{2}{3}(\nabla\vec{w})\delta_{ij}\right] - \frac{2}{3}\rho k\delta_{ij} \tag{2.155}$$

$$S_{ij} = \frac{1}{2}\left(\frac{\partial\tilde{w}_i}{\partial x_j} + \frac{\partial\tilde{w}_j}{\partial x_i}\right)$$

已经应用的线性模型包括 Chien 提出的低雷诺数 k-ε 模型（1982 年），Hakimi 提出的扩展壁面函数（1997 年），Launder 和 Sharma 提出的另外一种低雷诺数 k-ε 模型（1974 年），以及 Yang 和 Shih 提出的一种低雷诺数 k-ε 模型。读者可以查阅相关文献对四种模型的详细情况进行了解。

3. 低雷诺数 k-ε 模型

标准 k-ε 模式适用于高雷诺数情形。但是对于近壁区，湍流雷诺数很低，对湍流动力学而言，黏性效应非常重要，此时湍流雷诺数的效应必须加以考虑。研究摩阻的计算关注的恰恰是近壁区，因此低雷诺数 k-ε 模型的研究是十分重要的。

低雷诺数下的涡黏性和 k-ε 模式方程为

$$\mu_t = c_\mu f_\mu \rho k \frac{(k+\sqrt{v\varepsilon})}{\varepsilon} \tag{2.156}$$

$$\frac{\partial(\rho k)}{\partial t} + \frac{\partial(\rho U_{ij}k)}{\partial x_j} = \frac{\partial}{\partial x_j}\left[\left(\mu + \frac{\mu_t}{\sigma_k}\right)\frac{\partial k}{\partial x_j}\right] - \rho(\overline{u_i u_j})U_{ij} - \rho\varepsilon \tag{2.157}$$

$$\frac{\partial(\rho\varepsilon)}{\partial t} + \frac{\partial(\rho U_{ij}\varepsilon)}{\partial x_j} = \frac{\partial}{\partial x_j}\left[\left(\mu + \frac{\mu_T}{\sigma_\varepsilon}\right)\frac{\partial\varepsilon}{\partial x_j}\right] + C_1 f_1 \rho S\varepsilon - C_2 f_2\frac{\varepsilon^2}{k+\sqrt{v\varepsilon}} + C_3\frac{\mu_T}{\rho}\frac{\partial S}{\partial x_j}\frac{\partial S}{\partial x_i} \tag{2.158}$$

式（2.158）中

$$S = \sqrt{(2S_{ij}S_{ij'})}, \quad S_{ij} = \frac{1}{2}(U_{ij} + U_{ji})$$

$$-\rho(u_i u_j) = -\frac{2}{3}\rho k\delta_{ij} + \mu_T\left(U_{ij} + U_{ji} - \frac{2}{3}U_{kk}\delta_{ij}\right)$$

所有模化常数如下：

$$c_\mu = \frac{1}{4 + A_S U^* \dfrac{k}{\varepsilon}}$$

$$C_1 = \max\left\{0.43, \frac{\eta}{(5+\eta)}\right\}$$

$$C_2 = 1.9, \quad C_3 = 1.0$$

$$\sigma_k = 1.0, \quad \sigma_\varepsilon = 1.2$$

$$U^* = \sqrt{S_{ij}^* S_{ij}^* + \Omega_{ij}\Omega_{ij}}, \quad \eta = \frac{Sk}{\varepsilon} \tag{2.159}$$

$$S_{ij}^* = S_{ij} - \frac{1}{3}U_{kk}\delta_{ij}$$

$$f_\mu = 1 - \exp[-(a_1 R + a_2 R^2 + a_3 R^3 + a_4 R^4 + a_5 R^5)]$$

$$f_1 = 1 - \exp[-(a_1' R + a_2' R^2 + a_3' R^3 + a_4' R^4 + a_5' R^5)]$$

$$f_2 = 1 - 0.22\exp\left(\frac{-R_t^2}{36}\right)$$

其中

$$R = \frac{k^{1/2}(k+\sqrt{v\varepsilon})^{3/2}}{v\varepsilon}, \quad R_t = \frac{k^2}{v\varepsilon} \tag{2.160}$$

此处 f_μ 和 f_1、f_2 称为阻尼函数,是用来反映近壁区低雷诺数效应的一个经验公式,系数 a_i、a_i' 列表见表 2-6。

表 2-6　低雷诺数 k-ε 模型中系数 a_i、a_i' 列表

序号	1	2	3	4	5
a_i	3.3×10^{-3}	-6.0×10^{-5}	6.6×10^{-7}	-3.6×10^{-9}	8.4×10^{-12}
a_i'	2.53×10^{-3}	-5.7×10^{-5}	6.55×10^{-7}	-3.6×10^{-9}	8.3×10^{-12}

4. 可实现型（realizable）k-ε 两方程模型

标准 k-ε 模型对于高平均切变率流动会出现非物理的结果$\left[\text{如当 } Sk/\varepsilon > 3.7 \text{ 时,其中 } S = \sqrt{2S_{ij}S_{ij}}\right.$ 表示平均速度应变率张量,$\left. S_{ij} = \frac{1}{2}(U_{ij}+U_{ji})\right]$。为了保证模式的可实现性,模型函数 C_μ 不应该是常数,而应当是平均切变率的函数。实验表明,对边界层流动和均匀切变流,C_μ 的值是不同的。为此根据可实现性对模型的约束条件,建议采用以下形式的 C_μ:

$$C_\mu = 1/(A_0 + A_S U^* k/\varepsilon) \tag{2.161}$$

式中

$$U^* = \sqrt{S_{ij}S_{ij} + \Omega_{ij}^* \Omega_{ij}^*}$$

$$\Omega_{ij}^* = \Omega_{ij} - 2\varepsilon_{ijk}\omega_k$$

$$\Omega_{ij} = \overline{\Omega_{ij}} - \varepsilon_{ijk}\omega_k$$

$\overline{\Omega_{ij}}$ 是在以角速度 ω_k 旋转的旋转坐标系中得到的平均旋转速率。

$$A_S = \sqrt{6}\cos\phi, \quad \phi = 1/3\arccos(\sqrt{6}W)$$

$$W = (S_{ij}S_{jk}S_{ki})/\widetilde{S}^3, \quad \widetilde{S} = \sqrt{S_{ij}S_{ij}} \tag{2.162}$$

式（2.161）中唯一未确定的系数是 A_0,为简单起见,可以设其为常数。对边界层流动,可以取 $A_0 = 4.0$。对于其他流动,A_0 的数值可以调整。

5. k-ω 两方程模型

k-ω 两方程模型是最为熟悉和应用最广泛的两方程涡黏性模型，为积分到壁面的不可压缩/可压缩湍流的两方程涡黏性模型。

求解湍流动能 k 和 $\omega = \varepsilon/k$，$\tau = k/\varepsilon$，$l = k^{3/2}/\varepsilon$，$q = \sqrt{k}$ 的对流输运方程。

雷诺应力的涡黏性模型为

$$\tau_{tij} = 2\mu_t(S_{ij} - S_{nn}\delta_{ij}/3) - 2\rho k\delta_{ij}/3 \tag{2.163}$$

式中，μ_t 是湍流黏性系数（eddy viscosity）；S_{ij} 是平均速度应变率张量（mean-velocity strain-rate tensor）；ρ 是流体密度；k 是湍流动能；δ_{ij} 是克罗内克算子（Kronecker delta）。

湍流黏性系数定义为湍流动能 k 和比耗散率 ω 的函数。

$$\mu_t = \rho k/\omega \tag{2.164}$$

k 和 ω 的输运方程为

$$\frac{\partial \rho k}{\partial t} + \frac{\partial}{\partial x_j}\left(\rho u_j k - (\mu + \sigma^*\mu_t)\frac{\partial k}{\partial x_j}\right) = \tau_{tij}S_{ij} - \beta^*\rho\omega k \tag{2.165}$$

$$\frac{\partial \rho\omega}{\partial t} + \frac{\partial}{\partial x_j}\left(\rho u_j\omega - (\mu + \sigma\mu_t)\frac{\partial \omega}{\partial x_j}\right) = \alpha\frac{\omega}{k}\tau_{tij}S_{ij} - \beta\rho\omega^2 \tag{2.166}$$

模型中各常数的定义如下：

$$\alpha = \frac{5}{9},\ \beta = \frac{3}{40},\ \beta^* = \frac{9}{100}$$

$$\sigma = 0.5,\ \sigma^* = 0.5,\ Pr_t = 0.9$$

对于边界层流动，壁面无滑移边界条件为

$$k = 0$$

$$\omega = 10\frac{6\mu}{\beta\rho(y_1)^2} \tag{2.167}$$

这里 y_1 为离开壁面第一个点的距离，且 $y_1^+ < 1$。

6. RNG k-ε 湍流模型

RNG k-ε 湍流模型是从瞬态 N-S 方程中推出的，使用了一种叫重整化群（renormalization group）的数学方法。解析性是由它直接从标准 k-ε 模型变来，还有其他的一些功能。

$$\frac{\partial}{\partial t}(\rho k) + \frac{\partial}{\partial x_i}(\rho k u_i) = \frac{\partial}{\partial x_j}\left(\alpha_k\mu_{eff}\frac{\partial k}{\partial x_j}\right) + G_k + G_b - \rho\varepsilon - Y_M + S_k \tag{2.168}$$

$$\frac{\partial}{\partial t}(\rho\varepsilon) + \frac{\partial}{\partial x_i}(\rho\varepsilon u_i) = \frac{\partial}{\partial x_j}\left(\alpha_\varepsilon\mu_{eff}\frac{\partial \varepsilon}{\partial x_j}\right) + C_{1\varepsilon}\frac{\varepsilon}{k}(G_k + C_{3\varepsilon}G_b) - C_{2\varepsilon}\rho\frac{\varepsilon^2}{k} - R_\varepsilon + S_\varepsilon \tag{2.169}$$

式中，G_k 是由层流速度梯度而产生的湍流动能；G_b 是由浮力而产生的湍流动能；Y_M 是由于在可压缩湍流中，过渡的扩散产生的波动；$C_{1\varepsilon}$、$C_{2\varepsilon}$、$C_{3\varepsilon}$ 是常数；α_k 和 α_ε 是 k 方程和 ε 方程的湍流普朗特数。

在 RNG 中消除尺度的过程为以下方程：

$$d\left(\frac{\rho^2 k}{\sqrt{\varepsilon\mu}}\right) = 1.72\frac{\hat{v}}{\sqrt{\hat{v}^3 - 1 + C_v}}d\hat{v} \tag{2.170}$$

其中

$$\hat{v} = \mu_{eff}/\mu$$

$$C_v \approx 100$$

上述方程是一个完整的方程，从中可以得到湍流变量对雷诺数的影响，使得模型对低雷诺数和近壁流有更好的表现。

在大雷诺数限制下，上述方程得出

$$\mu_t = \rho c_\mu \frac{k^2}{\varepsilon} \tag{2.171}$$

$c_\mu = 0.0845$ 来自 RNG 理论，这个值和标准 $k\text{-}\varepsilon$ 模型取值 0.09 很接近。

湍流在层流中受到旋涡的影响，通过修改湍流黏度（黏性系数）来修正这些影响。有以下形式：

$$\mu_t = \mu_{t0} f\left(\alpha_s, \ \Omega, \ \frac{k}{\varepsilon}\right) \tag{2.172}$$

这里的 μ_{t0} 是式（2.168）或式（2.169）中没有修正的量。Ω 是考虑旋涡而估计的一个量，α_s 是一个常量，取决于流动主要是旋涡还是适度的旋涡。在选择 RNG 模型时这些修改主要在轴对称、旋涡和三维流动中。对于适度的旋涡流动，$\alpha_s = 0.05$ 而且不能修改。对于强旋涡流动，可以选择更大的值。

普朗特数的反面影响 α_k 和 α_ε 由下式计算：

$$\left|\frac{\alpha - 1.3929}{\alpha_0 - 1.3929}\right|^{0.6321} \left|\frac{\alpha - 2.3929}{\alpha_0 - 2.3929}\right|^{0.3679} = \frac{\mu_{\mathrm{mol}}}{\mu_{\mathrm{eff}}} \tag{2.173}$$

这里 $\alpha_0 = 1.0$，在大雷诺数限制下，$\alpha_k = \alpha_\varepsilon \approx 1.393$。

RNG $k\text{-}\varepsilon$ 模型和标准 $k\text{-}\varepsilon$ 模型的区别在于：

$$R_\varepsilon = \frac{c_\mu \rho \eta^3 (1 - \eta/\eta_0) \varepsilon^2}{1 + \beta \eta^3} \frac{\varepsilon^2}{k} \tag{2.174}$$

这里 $\eta = Sk/\varepsilon$，$\eta_0 = 4.38$，$\beta = 0.012$。

这一项的影响可以通过重新排列方程清楚地看出。利用式（2.174），式（2.169）的三、四项可以合并，方程可以写成：

$$\frac{\partial}{\partial t}(\rho \varepsilon) + \frac{\partial}{\partial x_i}(\rho \varepsilon u_i) = \frac{\partial}{\partial x_j}\left(\alpha_\varepsilon \mu_{\mathrm{eff}} \frac{\partial \varepsilon}{\partial x_j}\right) + C_{1\varepsilon} \frac{\varepsilon}{k}(G_k + C_{3\varepsilon} G_{\mathrm{b}}) - C_{2\varepsilon}^* \rho \frac{\varepsilon^2}{k} + S_\varepsilon \tag{2.175}$$

这里 $C_{2\varepsilon}^*$ 由下式给出：

$$C_{2\varepsilon}^* = C_{2\varepsilon} + \frac{c_\mu \eta^3 (1 - \eta/\eta_0) \varepsilon^2}{1 + \eta \eta^3} \tag{2.176}$$

当 $\eta < \eta_0$，R 项为正，$C_{2\varepsilon}^*$ 要大于 $C_{2\varepsilon}$。按照对数，$\eta \approx 3.0$，给定 $C_{2\varepsilon}^* \approx 2.0$，这和标准 $k\text{-}\varepsilon$ 模型中的 $C_{2\varepsilon}$ 十分接近。结果，对于适度的应力流，RNG $k\text{-}\varepsilon$ 模型算出的结果要大于标准 $k\text{-}\varepsilon$ 模型。当 $\eta > \eta_0$，R 项为负，使 $C_{2\varepsilon}^*$ 要小于 $C_{2\varepsilon}$。和标准 $k\text{-}\varepsilon$ 模型相比较，ε 变大而 k 变小，最终影响到黏性。结果在 rapidly strained 流中，RNG $k\text{-}\varepsilon$ 模型产生的湍流黏度要低于标准 $k\text{-}\varepsilon$ 模型。

因而，RNG $k\text{-}\varepsilon$ 模型相比于标准 $k\text{-}\varepsilon$ 模型对瞬变流和流线弯曲的影响能做出更好的反应，这也可以解释 RNG $k\text{-}\varepsilon$ 模型在某类流动中有很好的表现。

2.5.4 湍流模型的选择

除以上介绍的常用的湍流模型外，还有众多诸如 SST 两方程模式、$k\text{-}\tau$ 模型、$q\text{-}\omega$ 模型、双尺度两方程模型等湍流模型，在此不再一一详细介绍，感兴趣的读者可以查阅相关文献。

在实际求解中，选用什么模型要根据具体问题的特点来决定。选择的一般原则是精度高，应用简单，节省计算时间，同时也要具有通用性。

不同 CFD 软件所包含的湍流模型略有区别，但常用的湍流模型 CFD 软件一般都包含。图 2.11 所示为常用的湍流模型及其计算量的变化趋势。

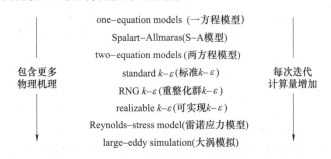

图 2.11　CFD 软件中常用的湍流模型及其计算量的变化趋势

2.5.5　大涡模拟的控制方程

（1）质量守恒方程

$$\frac{\partial \rho}{\partial t} + \nabla \cdot (\rho \boldsymbol{u}) = 0 \tag{2.177}$$

式中，ρ 是密度（kg/m^3）；t 是时间（s）；$\boldsymbol{u}$ 是速度矢量（m/s）。

（2）组分守恒方程

$$\frac{\partial}{\partial t}(\rho Y_i) + \nabla \cdot (\rho Y_i \boldsymbol{u}) = \nabla \cdot (\rho D_i \nabla Y_i) + \dot{m} \tag{2.178}$$

式中，Y_i 是第 i 种组分的质量分数；D_i 是第 i 种组分的扩散系数（m^2/s）；$\dot{m}$ 是第 i 种组分的质量生成率 $[kg/(m^3 \cdot s)]$。

（3）动量守恒方程

$$\rho \left[\frac{\partial u}{\partial t} + (\boldsymbol{u} \cdot \nabla) u \right] + \nabla \cdot \boldsymbol{p} = \rho g + f + \nabla \cdot \boldsymbol{\tau} \tag{2.179}$$

式中，$\boldsymbol{p}$ 是压力（Pa）；g 是自由落体加速度（m/s^2）；f 是作用在流体上的外力（除重力外）（N）；$\boldsymbol{\tau}$ 是黏性力张量（N）。

（4）能量守恒方程

$$\frac{\partial}{\partial t}(\rho h) + \nabla \cdot (\rho h \boldsymbol{u}) = \frac{\partial \rho}{\partial t} + \boldsymbol{u} \cdot \nabla p - \nabla \cdot \boldsymbol{q}_r + \nabla \cdot (k \cdot \nabla T) + \sum_i \nabla \cdot (h_i \rho D_i \nabla Y_i) \tag{2.180}$$

式中，h 是比焓（J/kg）；k 是导热系数 $[W/(m \cdot K)]$；T 是热力学温度（K）；$\boldsymbol{q}_r$ 是辐射热流密度（W/m^2）。

（5）状态方程

$$p_0 = \rho T R \sum_i \frac{Y_i}{M_i} \tag{2.181}$$

式中，p_0 是环境压力（Pa）；R 是气体常数 $[J/(mol \cdot K)]$；M_i 是 i 种组分的摩尔质量（kg/mol）。

（6）湍流模型　当采用大涡模拟时，大尺度的涡流可以直接计算得到，因此只需要对随机小涡流建立湍流模型，采用 Smagorinsky 亚格子模型，流体的黏度 μ_1 可以表示为

$$\mu_1 = \rho (C_S \Delta)^2 \left[2 \mathrm{def} \boldsymbol{u} \cdot \mathrm{def} \boldsymbol{u} - \frac{2}{3} (\nabla \cdot \boldsymbol{u})^2 \right]^{\frac{1}{2}} \tag{2.182}$$

式中，C_s 是 Smagorinsky 常数，在该模型中，C_s 值的范围是 $0.1 \sim 0.25$，对于强羽流，有学者建议取 0.18；Δ 是滤波宽度（m）；def$\boldsymbol{u}$ 是速度矢量的变形张量，由下式表示：

$$\text{def}\boldsymbol{u} = \begin{bmatrix} \dfrac{\partial u}{\partial x} & \dfrac{1}{2}\left(\dfrac{\partial u}{\partial y} + \dfrac{\partial v}{\partial x}\right) & \dfrac{1}{2}\left(\dfrac{\partial u}{\partial z} + \dfrac{\partial w}{\partial x}\right) \\[3mm] \dfrac{1}{2}\left(\dfrac{\partial v}{\partial x} + \dfrac{\partial u}{\partial y}\right) & \dfrac{\partial v}{\partial y} & \dfrac{1}{2}\left(\dfrac{\partial u}{\partial z} + \dfrac{\partial w}{\partial x}\right) \\[3mm] \dfrac{1}{2}\left(\dfrac{\partial w}{\partial x} + \dfrac{\partial u}{\partial z}\right) & \dfrac{1}{2}\left(\dfrac{\partial w}{\partial y} + \dfrac{\partial v}{\partial z}\right) & \dfrac{\partial w}{\partial z} \end{bmatrix} \quad (2.183)$$

式中，u、v、w 分别为 $\boldsymbol{u}$ 在 x、y、z 方向上的分量。

LES 方法处理湍流流动需要考虑两个重要因素，即足够小的网格尺度和合适的亚格子模型。采用修正的 Smagorinsky 模型时相应的导热系数 k_L 和扩散系数 D_L 表达式为

$$k_L = \frac{\mu_1 c_p}{Pr} \quad (2.184)$$

$$D_L = \frac{\mu_1}{\rho_L Sc} \quad (2.185)$$

式中，c_p 是比定压热容 $[\text{J}/(\text{kg}\cdot\text{K})]$；$Pr$ 是普朗特数；Sc 是施密特数。

采用大涡模拟模型计算，必须注意时间步长应该是变化的，目的是满足收敛条件，具体在第 3 章进行讲述。

2.6　控制方程的数学分类及其对数值解的影响

2.6.1　偏微分方程数学性质和分类的意义

由本章前面介绍的流动与传热的控制方程可见，最高阶的导数是二阶（扩散项），而且都是线性的。二阶导数项中既没有出现导数的乘积，也没有不等于 1 的指数，它们都与一个系数相乘，后者可能是空间坐标或被求变量的函数。数学上称这一类方程为拟线性偏微分方程（quasi-linear partial differential equation）。对于二阶二元的拟线性偏微分方程，其数学上的一般形式为

$$a\phi_{xx} + b\phi_{xy} + c\phi_{yy} + d\phi_x + e\phi_y + f\phi = g(x, y) \quad (2.186)$$

其中下标 x、y 表示对该自变量的偏导数，系数 a、b、c、d、e、f 可以是因变量 ϕ 及自变量 x、y 的函数。

2.6.2　偏微分方程的 3 种类型

在数学上，偏微分方程一般划分为双曲型、抛物型和椭圆型三种类型。不同类型的方程所描述的流体流动主要特征与物理背景都是不一样的，它们的数学性质、定解条件提法和数值算法也有很大差异。

对由上述偏微分方程所描写的物理过程，系数 a、b、c 之值一般随求解区域中的位置而异。对区域中某点 (x_0, y_0)，视 $(b^2 - 4ac)$ 大于、等于或小于零的情况，可把在该点的微分方程称为

双曲型（hyperbolic），如果 $b^2 - 4ac > 0$，过该点有两条实的特征线。

抛物型（parabolic），如果 $b^2 - 4ac = 0$，过该点有一条实的特征线。

椭圆型（elliptic），如果 $b^2 - 4ac < 0$，过该点没有实的特征线。

如果在整个求解区域中，描写物理问题的偏微分方程都属于同一个类型，则该物理问题就可以用偏微分方程的类型来称谓。例如双曲型问题、抛物型问题或椭圆型问题。在有的物理问题中，同一求解区域内的偏微分方程可能属于不同的类型，称为混合型问题。在传热学问题中很少出现这种情况，本书不予介绍。

不同类型的偏微分方程在特性上的主要区别是它们的依赖区（domain of dependence）与影响区（domain of influence）不同。

2.6.3　椭圆型方程

椭圆型方程描写物理学中一类稳态问题，这种物理问题的变量与时间无关而需要在空间的一个闭区域内来求解。因而这类问题又称为边值问题（boundary value problem）。稳态导热问题、有回流的流动与对流换热都属于椭圆型问题，图 2.12 给出椭圆型问题的依赖区域与影响区，任一点 P 的依赖区是包围该点的求解区域边界的封闭曲线，而 P 点的影响区则是整个求解区域 R（图 2.12b）。其控制方程都是椭圆型的。

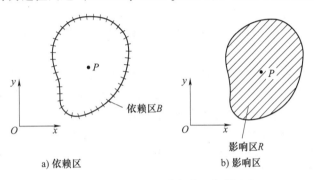

a) 依赖区

b) 影响区

图 2.12　椭圆型问题的依赖区与影响区

椭圆型方程的上述特点决定了其离散方程求解的基本方法。由于求解区中各点上的值是互相影响的，因而各节点上的代数方程必须联立求解，而不能先解得区域中某一部分上的值后再去确定其余区域上的值。

2.6.4　抛物型方程

抛物型方程描写物理学中一类步进问题，这类问题中因变量与时间有关，或问题中有类似于时间的变量，因而又称为初边值问题。在这类问题中，特征线是与步进方向垂直的，其依赖区与影响区以特征线为分界线，如图 2.13 所示。图中的 x 对非稳态问题是时间坐标，对二维边界层类型问题则代表了主流方向。

步进问题的依赖区与影响区以特征线为界而截然分开是有其明确的物理意义的。对非稳态导热，某一瞬时物体中的温度分布取决于该瞬时以前的情况及边界条件，而与该瞬时以后将要发生的情形无关。对于边界层类型的流动与换热问题，因为略去了主流方向的扩散作用，抛物型方程的上述特性是下游的物理量取决于上游，而上游的物理量不会受下游影响的这一物理现象的反映。

步进问题的上述特点对于数值计算十分有利。在这类问题中，不必像平衡问题那样，整个区域内各节点的值要同时求解，而是可以从给定的初值出发，采用层层推进的方法，一直计算到所需时刻或地点为止。

2.6.5　双曲型方程

对于由双曲型方程描写的物理问题，通过计算区域中的任意一点 P 有两条实的特征线，如图 2.14 所示。此时 P 点的依赖区是上游位于特征线间的区域，而其影响区则是下游特征线间的区域。双曲型方程数值求解也是一种步进过程：从 $x=0$ 的 ab 段上的初始条件出发，沿着 x 方向步步推进。P 点上所求解的因变量（例如 u、v）仅受到 ab 段上边界条件的影响，位于 ab 段外的任意一点（例如 c 点）的影响沿着通过 c 的特征线所包围的区域传递，而不会影响到 P 点。

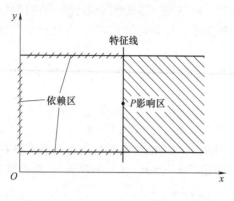
图 2.13　抛物型方程的依赖区与影响区

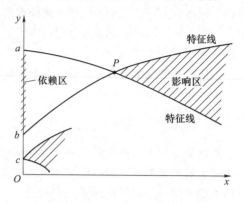
图 2.14　双曲型方程的依赖区与影响区

物理学中的波动方程，空气动力学中的无黏流体稳态超声速流动及无黏流体的非稳态流动，都是双曲型问题。例如不考虑黏性时气体在管道内的一维非稳态流动就用双曲型方程来描写；发生在极短时间内的导热过程（非 Fourier 导热过程），温度场随时间的变化也是一个双曲型方程。对一般的工程导热与对流换热问题进行数值分析时，不采用双曲型方程的数学模型，因此本书今后的讨论将不涉及这类问题。

2.7　流动与传热的物理问题及描述坐标的类型

2.7.1　发展问题和平衡问题

流体力学中流体流动是非常复杂的，存在各种各样的流动问题，在分析流体力学各种流体流动问题后，可以发现流体流动大体上有两大类物理问题：平衡问题和发展问题。

平衡问题是指一类定常态的、和时间无关的流体流动问题。例如，各种黏性和无黏性定常流动和热传导，或其他定常态问题。这类问题的基本方程（组）是椭圆型方程（组），最典型的椭圆型方程是拉普拉斯（Laplace）方程或泊松（Poisson）方程。在这类问题中一般只要给出 $t>0$ 时所有边界上的边界条件，就能求出椭圆型方程的解，而且解是唯一的，因此，也把椭圆型方程（组）所控制的问题称为边值问题。在数值求解椭圆型方程（组）时，某一点的值和求解区域内所有相邻点的值有关。同时即使在边界上有间断，椭圆型方程（组）的解在整个求解区域内总是光滑的。

发展问题是指一类瞬态的、和时间有关的并随时间变化的流体流动问题。例如，瞬态热传导问题，非定常流体流动和波传播问题等。这类问题的基本方程（组）是双曲型方程（组）或抛物型方程（组）。

双曲型方程（组）所控制的问题一般描述和时间有关的且不存在耗散效应的问题。例如，非定常流体流动和波传播问题，在这类问题中必须给出初始条件（$t=0$）和 $t>0$ 时整个边界上的边界条件，因此，也把双曲型方程（组）所控制的问题称为初边值问题。流动内部允许存在间断是双曲型方程（组）最明显的特点。

抛物型方程（组）所控制的问题一般描述和时间有关的且伴随着明显耗散效应的流动问题。例如，非定常黏性流动、非定常热传导和扩散问题，在这类问题中一般必须给出初始条件和 $t>0$

时整个边界上的边界条件，因此，也把抛物型方程（组）所控制的问题称为初边值问题。工程经常遇到的低速流动问题多为抛物型问题。

2.7.2　单向坐标与双向坐标

值得指出的是，上面在提到一维非稳态导热问题时，称为关于时间坐标的步进问题。这是因为对空间坐标而言，它仍具有平衡问题的特性——同一时层上空间不同点的值必须同时求解。这就是说，在描述微分方程的类别时，应当指出是对什么坐标而言的。例如，一个二维稳态的边界层问题，在主流方向上控制方程是抛物型的，是个步进问题；而在垂直于主流方向上，则具有椭圆型方程的性质。这是与在不同的坐标方向上，扰动或影响的传递具有不同的特性有关的。在有的坐标轴上，扰动可以向两个方向传递，同时该坐标上任一点处物理量可受到两侧条件的影响，这种坐标称为"双向坐标"（two-way coordinate）。在另一类坐标中，扰动仅能向一个方向传递，同时该坐标上任一点处的物理量也仅受到来自一侧条件的影响，这种坐标称为"单向坐标"（one-way coordinate）。

由此可见，在流动与换热的数值计算中，区别控制方程或坐标类型具有重要的意义。如果所研究的问题中有一个空间坐标是单向的，就称这种流动或换热问题是边界层型的问题；如果所有的空间坐标都是双向的，就称为回流流动。

抛物型表示了一种单向作用的概念，而椭圆型则具有双向作用的意义。在一个多维的非稳态导热问题中，时间是单向坐标，而所有的空间坐标则均为双向坐标。需要指出，抛物型与椭圆型是从数学的角度来命名的，而边界层型与回流型则是物理意义上的说法。

本 章 小 结

本章首先介绍了一些流体力学的基本概念和基本思想，对一个流动问题提出计算方法之前，必须建立正确的控制方程，这需要深入了解其物理意义后才能实现。本章 2.2 节及 2.3 节首先以层流为研究对象，推导了流动与传热问题的连续性控制方程，包括质量守恒方程、动量守恒方程、N-S 方程以及能量方程。详细介绍了控制方程守恒形式与非守恒形式的转换方法。针对不同物理量给出了流动过程控制方程的通用表达形式。

湍流问题的数值计算方法分为直接模拟（DNS）、大涡模拟（LES）、雷诺时均方程法（RANS）三种方法。在 2.4 节中，详细介绍了如何运用 Reynolds 时均方程法推导湍流流动的关于变量时均值的三大方程。对于推导过程中出现的 Reynolds 应力项即湍流脉动附加项是 Reynolds 时均方程求解湍流问题的核心内容。通常可以用雷诺（Reynolds）应力方程模型以及湍流黏性系数法（涡黏法）两种方法来解决，对于第一种方法，只进行了简要介绍。在 2.4 节对湍流黏性系数法做了详细介绍，在湍流黏性系数法中，把湍流应力表示成湍流黏性系数的表达式，将湍流的脉动附加项与时均值联系起来。整个计算的关键在于确定湍流黏性系数。确定湍流黏性系数的过程中，根据引入方程的个数分为零方程模型、一方程模型、二方程模型等。这些模型在 2.5 节中进行了详细介绍。2.6 节对描述流动与传热问题的偏微分方程的数学性质、方程分类及意义、坐标类型进行了简要的介绍。

习　　题

2-1　二维、稳态、常物性、无内热源的导热方程为

$$\frac{\partial^2 T}{\partial x^2} + \frac{\partial^2 T}{\partial y^2} = 0$$

试证明它是一个椭圆型方程。

2-2　二阶波动方程为

$$\frac{\partial^2 \phi}{\partial t^2} = c^2 \frac{\partial^2 \phi}{\partial x^2}$$

试证明它是一个双曲型方程。

2-3　试写出一维、无内热源、变物性导热问题的控制方程的守恒形式与非守恒形式。非守恒形式是否意味着，即使对无限小的容积，其守恒性也遭到破坏？

2-4　试以下列数据为例，估算湍流有效压力与流体的热力学压力之间的区别：压力为 1bar（1bar = 10^5Pa）的空气流经风洞的工作段，平均流速为 u = 50m/s，空气温度为 20℃，流体的湍流度为（$\sqrt{\overline{u'^2}}/u$）= 5%（这是相当大的值）。假设湍流是各向同性的，即湍流的各种统计值与方向无关，这里表现为 $\overline{u'^2} = \overline{v'^2} = \overline{w'^2}$。

2-5　试对平板上的稳态、二维边界层紊流流动，写出高雷诺数的 $k\text{-}\varepsilon$ 方程。

2-6　在二维的边界层流动中，如果脉动动能的产生与耗散相互平衡，试证此时有：$\sqrt{\tau_w/\rho} = c_\mu^{1/4} k^{1/2}$。

2-7　试对如图 2.15 所示突扩区域中的流动与换热，讨论如何对两个区域中分别应用高雷诺数 $k\text{-}\varepsilon$ 模型（辅以壁面函数法）及低雷诺数 $k\text{-}\varepsilon$ 模型的计算方法。

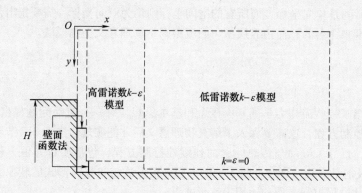

图 2.15　习题 2-7 图

第 3 章
计算域的确定及网格划分

工程上所遇到的流动与传热问题大多发生在复杂的区域内，求解该类问题首先涉及如何确定流动空间区域。确定区域后，在进行数值计算前还需要将区域离散化及网格生成（grid generation），通过对空间上连续的计算区域进行剖分，把它划分成许多个子区域，并确定每个区域中的节点，用节点代表区域。生成网格后才能将流动传热问题控制方程离散化。计算区域内的网格划分是数值求解方法的一个重要研究领域。数值计算结果的精度及效率主要取决于网格划分所采用的算法，它和控制方程的求解是数值模拟中最重要的两个环节。

3.1 外部流动和内部流动的定义

根据流体流动的情况，基本上存在两种类型的流体形状或流动空间区域，即外部流动和内部流动。

3.1.1 外部流动

外部流动是流体流过物体的流动，例如空气动力学中的绕流和建筑外部风环境等问题。

图 3.1 给出了两个外部绕流的案例，其中图 3.1a 是城市建筑群外部风环境案例，图 3.1b 是固体外部绕流案例。在外部流动类型中，围绕着物体的流动区域可以分成三个区域，即远离物体区域、紧邻物体区域以及物体后部尾迹区域。其中远离物体区域的流动本质上是理想状态的流动，因为其中摩擦力并不重要。紧邻物体的流动存在一个剪切层（因为在物体的表面上流体的相对速度必须为零），剪切层中的黏滞力和湍流是必须要考虑的。物体后面的尾迹区域发展出一个高湍流度的低压区，尾迹是由于边界层从物体表面分离出来所形成的。事实上，物体后面的理想流动区域（尾迹以外的区域）和尾迹区域的分界处也会存在一个明显的剪切层。

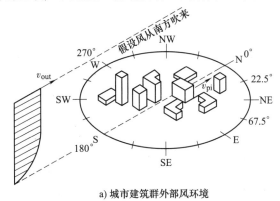

a) 城市建筑群外部风环境

图 3.1　外部流动案例

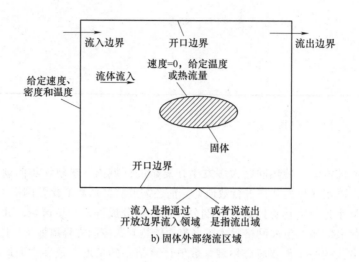

b) 固体外部绕流区域

图 3.1 外部流动案例（续）

在建筑领域，外部流动主要是面向建筑外风环境及建筑群的微气候、建筑（桥梁、超高层、大跨建筑）风载荷、集中排放污染物（烟囱）在大气环境的扩散、外部风环境对室内通风或者火灾排烟的影响等。对于空气动力学领域，绕流是关键的研究内容。由于本书主要进行建筑环境和安全的模拟研究，关于空气动力学相关研究内容读者可以查阅相关的文献。

3.1.2 内部流动

内部流动是指在管道或者在渠道中的流动以及在类似受限空间结构中的流动。在管道、渠道、喷管等受限空间，以及在流体机械中、建筑结构中，流体流动会受到壁面的限制。图 3.2 给出两个内部流动案例。对于气体而言，内部流动在通道内的主要部分可以近似地认为是理想流体。但是，在管壁上由于流体黏性的作用会发展出边界层（通常是湍流的）。在既是黏性又是湍流的流动中，边界层厚度随着流动向下游增加，最后扩展到渠道、管道或者通道的整个横截面上。

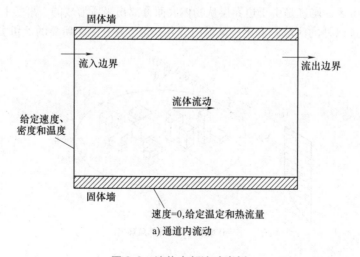

a) 通道内流动

图 3.2 流体内部流动案例

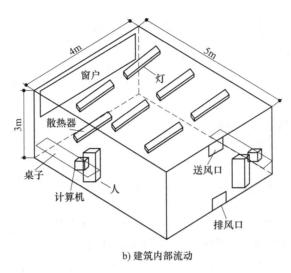

b) 建筑内部流动

图 3.2　流体内部流动案例（续）

3.1.3　混合流动

应该注意的是，有些情况下需要同时考虑内部流动和外部流动，即混合流动。混合流动计算既要包括外部区域也要包括内部区域。例如考虑外部风环境对建筑内部自然通风效果的研究，如图 3.3 所示。图 3.3a 所示为建筑模型，图 3.3b 所示为用矢量图表示的建筑内部气流速度分布。此外，考虑喷嘴内部以及喷出后外部区域的流动也属于混合流动问题。

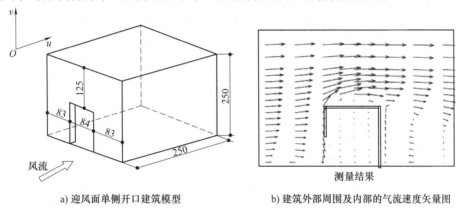

a) 迎风面单侧开口建筑模型　　　　　　　　b) 建筑外部周围及内部的气流速度矢量图

图 3.3　单侧开口建筑的自然通风效果

3.2　依据物理模型确立计算域

计算域是流体计算所要考虑的区域，包含时间域和空间域。空间域就是所要求解计算的区域的长、宽、高等几何尺寸。而时间域则是指求解器需要考虑的时间范围。例如对于管道内部流体流动，空间域指的是管道内部流体所能够到达的空间范围，而时间域则取决于所要考虑的流动时间段，是 1s 还是 1min。

应该注意的是，流体计算域表征的是流体流经的区域，与实际物体的几何尺寸是有差异的。

例如管道的特征参数一般包括管道的内径、外径以及管道长度，然而计算管道内部流体的流动所要创建计算域模型中，只需要管道内径及长度这两个参数，因为流体不可能进入管道壁面内，因此管道外径这一参数就不需要了。在创建流体计算域时，常常需要采用特殊的方法将计算区域从实体几何中抽取出来。对于外部流动，则要考虑模型外部流场的情况，需要建立外部流体计算域。

目前所用的 CFD 求解器除了能够解决流动问题之外，还能够解决传热问题。虽然流体无法在固体中流动，但热量可以在固体中传导。所以流体计算域中除了流体域之外，还可能包含有固体区域。同时，在流体计算过程中，一些特殊的模型还可能包含一些特殊的区域，例如模拟多孔隙结构的多孔区域、模拟发热源的区域等，这些其实都是流体域，只不过是简化了几何模型而已。

利用 CFD 软件进行模拟时，常采用专业计算机辅助设计 CAD（computer aided design）来创建计算域几何模型，有时也用工程设计中的计算机辅助工程 CAE（computer aided engineering）前处理软件来创建，利用布尔操作可以很方便地创建流体域。

3.3 计算域边界的合理设置

对于求解流动和传热问题，除了使用第 2 章介绍的三大守恒方程以外，还要指定边界条件，对于非定常问题还要指定初始条件。

对流与换热问题一般可以分为边界层与非边界层（有回流）两大类型。从数学描述角度，边界层问题的控制方程至少有一个空间坐标是抛物型的，而后一情形下各空间坐标都是椭圆型的。工程中所遇到的流动与传热问题一般多为有回流的情形。

从流动角度来看，工程中常见的问题多是开口系统问题，开口系统是指有流体流入和流出的计算系统。极少情况会遇到闭口系统问题，如方形腔体中的自然对流问题以及顶盖驱动空穴流动问题。

3.3.1 边界条件的概念

边界条件就是控制方程在流体运动边界上应该满足的条件，一般会对数值计算产生重要的影响。即使对同一个流场求解，求解方法不同，边界条件和初始条件的处理方法也不同。在 CFD 模拟计算时，基本的边界类型包括以下几种：

计算域的边界一般分成四种类型：出口、入口、对称和固定壁面四种边界条件。除此之外，还有两种基本边界条件：压力边界和周期性（循环）边界。对于非定常问题，还要考虑时间的初始条件。

以图 3.4 所示的室内气流有回流的流动为例，来讨论边界条件的合理设置。下面分别予以叙述。

1. 入口边界条件

入口边界条件就是指定入口处流动变量的值。常见的入口边界条件有速度入口边界条件、压力入口边界条件和质量流量

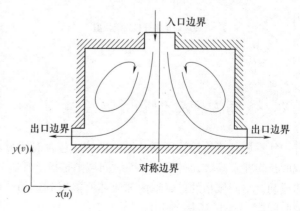

图 3.4 室内计算区域边界类型

入口边界条件。

速度入口边界条件：用于定义流动速度和流动入口的流动属性相关的标量。这一边界条件适用于不可压缩流动。应注意速度入口不应靠近固体障碍物，因为这会导致流动入口驻点属性具有较高的非一致性。

压力入口边界条件：用于定义流动入口的压力以及其他标量属性。它既适用于可压缩流动，也可适用于不可压缩流动。压力入口边界条件可用于压力已知但是流动速度和速率未知的情况。这一情况可用于很多实际工程问题，如浮力驱动的流动。压力入口边界条件也可用来定义外部或无约束流动的自由边界。

质量流量入口边界条件：用于已知入口质量流量的可压缩流动。在不可压缩流动中不必指定入口的质量流量，因为密度为常数时，速度入口边界条件就确定了质量流量入口边界条件。当要求的是质量流速而不是流入的总压时，通常就会使用质量流量入口边界条件。

需要说明的是，当压力入口边界条件和质量入口条件都可以接受时，应选择压力入口边界条件，原因是 CFD 模拟经验表明调节入口总压可能会导致求解的收敛速度较慢。

2. 出口边界条件

压力出口边界条件：在出口边界处给出相对压力（相对于大气压的差值）。相对压力的指定只用于亚声速流动。如果当地流动变为超声速，就不再使用指定相对压力，此时压力要从内部流动中求出，包括其他的流动属性也是如此。在求解过程中，如果压力出口边界处的流动是反向的，回流条件也需要指定。

质量出口边界条件：当流动出口的速度和压力在解决流动问题之前未知时，可以使用质量出口边界条件来模拟流动。需要注意的是，如果模拟可压缩流动或者包含压力出口时，不能使用质量出口边界条件。

出口边界条件是最难处理的边界条件。按微分方程理论，应当给定出口截面上的条件，除非能用试验的方法测定，否则我们对出口截面上的信息一无所知。目前广泛采用的一种处理方法是局部单向化方法，即假定出口截面上的节点对第一个内节点已无影响，因而可以令边界节点对内节点的影响系数为零。这样出口截面上的信息对内部节点的计算就不起作用，也就不需要知道出口边界的值了。

3. 固体壁面边界条件

对于黏性流动问题，可设置壁面为无滑移边界条件，当固体壁面为非渗透性时，壁面上 $u = v = w = 0$。也可指定壁面切向速度分量（壁面平移或者旋转运动时），给出壁面切应力，从而模拟壁面滑移。

壁面热边界条件包括：固定热通量、固定温度、传热系数、外部辐射换热、对流换热等。

壁面边值问题中边界条件的形式多种多样，在边界点处可以写成如下形式：

$$Ay + B\frac{\partial y}{\partial n} = C \tag{3.1}$$

式中，A、B、C 是常数；y 是变量；$\frac{\partial y}{\partial n}$ 是变量在边界法向 n 方向的导数。

若 $B = 0$，$A \neq 0$，则称为第一类边界条件或狄里克雷（Dirichlet）条件，给出未知函数在边界上的数值，如传热学第一类边界条件给定壁面边界的温度值。

若 $B \neq 0$，$A = 0$，称为第二类边界条件或诺依曼（Neumann）条件，给出未知函数在边界外法线的方向导数，如传热学第二类边界条件给定壁面边界的热流密度值。

若 $A \neq 0$，$B \neq 0$，则称为第三类边界条件或洛平（Robin）条件，给出未知函数在边界上的函数值和外法向导数的线性组合。当计算区域中的流体与分隔壁面外的流体有热交换，且壁面很薄时就属于这一类型，给定第三类边界条件，即规定了边界上的 ϕ 值与 $\frac{\partial\phi}{\partial n}$（$n$ 为法线）之间的关系。如传热学第三类边界条件，以物体被冷却为例，有

$$-\lambda\left(\frac{\partial t}{\partial n}\right)_{w} = \alpha(t_{w} - t_{f}) \tag{3.2}$$

式中，t 是温度，下标 w 表示壁面，下标 f 表示流体；n 是壁面的法线方向；λ 是固体壁面的导热系数；α 为对流换热系数。

4. 对称边界条件

对称边界条件应用于计算的物理区域是对称的情况，如图 3.4 所示。在对称轴或者对称平面上，没有对流通量，因此垂直于对称轴或者对称平面的速度分量为 0。因此在对称边界上，垂直边界的速度分量为 0，任何量的梯度为 0。中心线（对称轴）这里有：

$$v = 0, \quad \frac{\partial u}{\partial y} = 0, \quad \frac{\partial\phi}{\partial y} = 0 \tag{3.3}$$

5. 周期性边界条件

周期性边界条件（Periodic Boundary Conditions，PBC）是边界条件的一种，反映的是如何利用边界条件替代所选部分（系统）受到周边（环境）的影响。如果流动的几何边界、流动和换热是周期性重复的，则可以采用周期性边界条件。可以看作是如果去掉周边环境的影响，保持该系统不变应该附加的条件，也可以看作是由部分的性质来推广表达全局的性质。图 3.5 给出了周期性案例，环状分布的喷嘴就可以采用周期性边界条件。此外，换热器的管束间以及旋转机械内叶片阵列间的流动问题经常用到周期性边界条件设置问题。

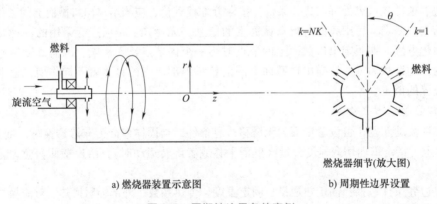

a) 燃烧器装置示意图　　　　b) 周期性边界设置

图 3.5　周期性边界条件案例

3.3.2　计算域的确定和出口截面位置的选择

一般情况下，认为出口截面不能设置在有回流的区域，否则得到的解是没有意义的。但不少情况下，无法把出口边界设置在没有回流的区域。为了在数值计算中应用这一简化处理方法而又不致引起过大误差，应做到：在出口截面上无回流；出口截面应距离计算区域比较远。在实际计算中可以通过改变出口截面的位置并检查主要的计算结果是否受到影响，从而判断所取的出口位置是否合适。

出口截面局部单向化假定思路：对于椭圆型的流动，数学上要求在每一坐标方向上都有两

个边界条件。对于出口截面处，如果可以通过试验测定给出该处被求量的分布，那就给出了被求变量的第一类边界条件。

充分发展的假定（fully developed assumption）是假设在出口截面的法线方向上，被求变量已充分发展，则数学的表达式为

$$\frac{\partial \phi}{\partial n} = 0 \tag{3.4}$$

图 3.6 给出了两种类型流动的出口区域边界设置。为了保证出口边界处于自由流动状态，图 3.6a 是外掠台阶突扩区域示意图，出口边界选在 bc 断面（图中没有表示），而图 3.6b 的出口边界可以选在 C 断面，而不能选在 D 断面上。

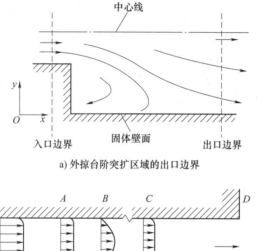

a) 外掠台阶突扩区域的出口边界

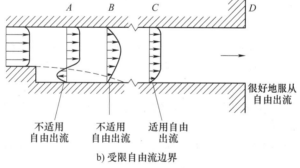

b) 受限自由流边界

图 3.6 有回流问题的区域出口边界设置

边界条件实施方式主要采用边界值更新法（boundary value updated method）。图 3.7 给出了该方法示意图，设出口截面与 x 轴平行，y 方向最后一个节点为 $(i, M1)$，倒数第二点为 $(i, M2)$，则式（3.4）可近似表示为

$$\frac{\phi_{i, M1} - \phi_{i, M2}}{(\delta y)_B} = 0 \tag{3.5}$$

由此得

$$\phi_{i, M1} = \phi_{i, M2}^{*} \tag{3.6}$$

即把本层次计算得到的 $\phi_{i, M2}$ 作为下一层次迭代计算的第一类边界条件。

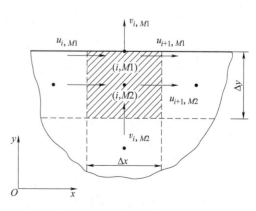

图 3.7 出口边界处理

3.3.3 计算域的扩展与出口自由边界条件

对于内部流动，如果物理出口边界存在两个方向的气流运动，如建筑物发生火灾时窗口上方是热烟气流出房间，下部区域是外界冷空气流入房间。数值模拟时必须扩展计算区域，保证区域出口边界满足自由边界条件（CFD 软件设置为"open"，相对压力为 0），对于物理出口边界流动状态参数通过内部流场求解得到。特殊情况下，计算域入口边界也可能需要对实际物理入口边界进行扩展，保证界面参数的一致性。

3.4 计算域网格划分及网格生成技术

3.4.1 空间区域的离散化

所谓区域离散化（domain discretization）实质上就是用一组有限个离散的点来代替原来的连续空间。实施过程是把所计算的区域划分成许多个互不重叠的子区域（sub-domain），确定每个子区域中的节点位置及该节点所代表的控制容积（control volume）。区域离散化过程结束后，可以得到以下 4 种几何要素：

1）节点：需要求解的未知物理量的几何位置。

2）控制容积：应用控制方程或守恒定律的最小几何单位。

3）界面：它规定了与各节点相对应的控制容积的分界面位置。

4）网格线：沿坐标轴方向连接相邻两节点而形成的曲线簇。

在计算流体动力学过程中，把按照一定规律分布于流场中离散点（代替原来的连续空间）的集合称为网格，产生这些节点的过程就称为网格生成。网格生成是连接几何模型和数值算法的纽带，几何模型只有被划分成一定标准的网格时才能对其进行数值求解。网格生成技术的关键指标包括几何外形的适应性以及生成网格所用的时间、费用。对于复杂的 CFD 问题，网格生成极为耗时，且容易出错，生成网格所需时间常常大于实际 CFD 计算的时间。因此，有必要对网格生成方式予以足够的重视。

网格生成的实质是物理求解域与计算求解域的转换。一般而言，物理求解域与计算求解域之间的转换应满足下述基本条件：

1）生成的网格使物理求解域上的计算节点与计算求解域上的计算节点一一对应，不会出现物理对应关系不确定的多重映射节点。

2）生成的网格能够准确反映求解域的复杂几何边界形状变化，能够便于边界条件的处理。

3）物理求解域上的网格应连续光滑求导，保证控制方程离散过程中一阶甚至多阶偏导数的存在性、连续性。网格中出现的尖点、突跃点都将会导致算法发散。

4）网格的疏密易于控制，以便在气动参数变化剧烈的位置，如激波面、壁面等处加密网格，而在流动参数变化平缓的位置网格可以稀疏。

计算机技术的发展推动了 CFD 技术步入工程实用阶段。如何有效地处理复杂的物面边界，生成高质量的计算网格，是目前计算流体动力学一个重要的研究课题。

3.4.2 网格分类

现有的网格生成方法主要分为结构化网格、非结构化网格和混合网格三大类。无论是结构化网格还是非结构化网格，均需按下列过程生成网格：

1）建立几何模型。几何模型是网格和边界的载体。对于二维问题，几何模型是二维面；对于三维问题，几何模型是三维实体。

2）划分网格。在所生成的几何模型上，应用特定的网格类型、网格单元和网格密度对面或体进行划分，获得网格。

3）指定边界区域，为模型的各个区域指定名称或类型，为后续给定模型的物理属性、边界条件和初始条件做好准备。

1. 结构化网格

结构化网格的优点是节点与相邻点关系可以依据网格编号的规律而自动得出，很容易地实现区域的边界拟合。例如，网格中的所有网格点能够通过索引方便地查找和确定（在二维中通过两个索引确定，三维中则是通过三个索引确定）。每个网格点的邻接点能够方便地通过索引计算出来，而不是去一一查找，例如，二维网格点 (i, j) 的邻接点就是 $(i+1, j)$，$(i-1, j)$ 等。在规则的矩形区域上的网格生成虽然简单，但其价值不大，规则的网格生成技术主要专注于对不规则的边界区域进行网格化。

结构化网格的优点包括：

1）它可以很容易地实现区域的边界拟合，适于流体和表面应力集中等方面的计算。

2）网格生成的速度快。

3）网格生成的质量好。

4）数据结构简单。

5）对曲面或空间的拟合大多数采用参数化或样条插值的方法得到，区域光滑，与实际的模型更容易接近。

结构化网格最典型的缺点是适用的范围比较窄，只适用于形状规则的图形。随着近几年计算机和数值方法的快速发展，人们对求解区域的复杂性的要求越来越高，在这种情况下，结构化网格生成技术就无法有效使用。

2. 结构化网格的区域离散化方法

在区域离散化过程开始时，由一系列与坐标轴相应的直线或曲线簇所划分出来的小区域称为子区域。通过节点在子区域中位置的不同，将有限差分法（Finite Difference Method，FDM）及有限体积法（Finite Volume Method，FVM）中的区域离散化方法分成两大类：外节点法与内节点法。

（1）外节点法　节点位于子区域的角顶上，但子区域不是控制容积，划分子区域的曲线簇就是网格线，为了确定各节点的控制容积，需要在相邻两节点的中间位置上作界面线，由这些界面线构成各节点的控制容积。从计算过程的先后来看，应先确定节点的坐标再计算相应的界面，因而外节点法也可称为先节点后界面的方法。

（2）内节点法　节点位于子区域的中心，这时子区域就是控制容积，划分子区域的曲线簇就是控制体的界面线。就实施过程而言，先规定界面位置后确定节点。

本书中网格的图示法做以下的规定：实线表示网格线，虚线表示界面线，黑点表示节点。二维的三种坐标系中上述两种离散化方法示于图 3.8 中。

为建立节点的离散方程并进行特性分析，还需对节点及有关的几何要素的命名方法做出规定，如图 3.9 所示。为便于讨论，采用两种命名方法。当要对离散方程进行特性分析时，采用 i-j-n 表示法，即所研究的二维问题的节点位置记为 (i, j)，与该节点相邻的界面则分别为 $i+1/2$、$i-1/2$、$j+1/2$、及 $j-1/2$，n 表示非稳态问题的时层。另一种命名方法时采用 P、N、E、W、S 表示所研究的节点及相邻的 4 个节点，用 n、e、w、s 表示相应的界面，而用上标 0 表示非稳态问

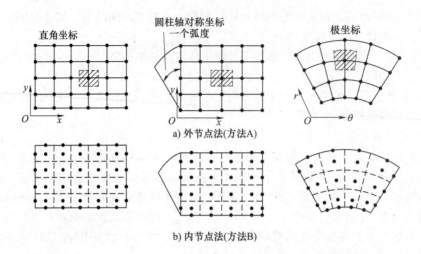

图 3.8　三种坐标系中的两种区域离散化方法

题中上一时层的值。相邻两节点间的距离，以 x 方向为例，以 δx 表示，而 Δx 则表示相邻两界面间的距离。对于一维区域，这种表示方式如图 3.9 所示。在均分的网格系统中或在不强调 δx 与 Δx 间区别的情况下，节点间的距离也可用 Δx 表示。

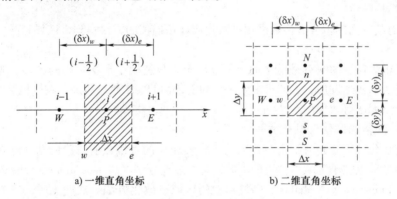

图 3.9　网格命名方法

（3）两类节点设置方法的比较　当网格划分均匀时，两种方法所形成的节点在区域内部的分布趋于一致，仅在坐标轴方向上的节点有半个控制容积厚度的错位。两种方法的主要区别表现在以下方面：

1）边界节点所代表的控制容积不同，如图 3.10 所示。在外节点法中，位于非角顶上的边界节点代表了半个控制容积（图 3.10a）；而在内节点法中，则应看成是厚度为零的控制容积的代表。图 3.10b 中的阴影线部分是节点 P 的控制容积，即相当于外节点法中边界节点的控制容积在 $\Delta x \rightarrow 0$ 时的极限。

图 3.10　两种方法边界节点的比较

2）当网格不均分时，内节点法中节点永远位处控制容积的中心（图 3.11b），而由外节点法形成的节点则不然（图 3.11a）。从节点是控制容积的代表这一角度看内节点法更合理。

3）当网格不均匀时，外节点法中界面永远位处两邻点的中间位置（图3.11c），而内节点法则不然（图3.11d）。如果界面上的导数采用下列计算式来表示：

$$\left(\frac{\partial \phi}{\partial x}\right)_e \cong \frac{\phi_E - \phi_P}{(\delta x)_e} \tag{3.7}$$

则对于内节点法，计算的精度比式（3.7）名义上的截断误差要低一些，但对外节点法则没有这一问题。

有研究表明，在一维问题中，当节点不均匀布置时外节点法的离散误差比较小，但在二维流动问题中，用四边形网格来计算时，发现两种布置方法几乎得出完全相同的结果。内节点法由于取子区域（单元）为控制容积，界面自然生成，编制程序与计算都相对较容易。

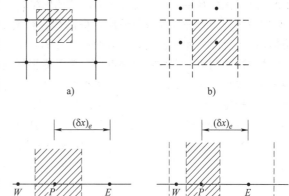

3.4.3 复杂区域多化分块结构化网格思想

多部件组合体所在流场空间一般很难用单一的单域网格（单一计算空间）进行离散，其绕流场的数值模拟造成了较大的困难。为了绕开这个问题，要把区域分成若干个子区域，对每个区域再进行网格划分。在子区域与子区域的结合处，网格的

图 3.11　两种方法的不均匀网格节点位置对比

连接必须是连续的。这就是多化分块网格的主要思想。对于区域的分解，一般都通过 CAD 等工具手动完成。

生成区域边界固定网格的最常用方法是需要产生一个连续的、并在边界上完全符合的网格。把一组连续毗邻的矩形可计算区域通过曲线边界映射到一个实际的物理区域，如图3.12所示。

结构化网格划分方法包括分块网格和 Chimera 网格。分块网格可进一步分为对接的分块网格和搭接的分块网格两种。在对接的分块网格中，穿过公共交界面的网格线在交界面是相接的，要求相邻块之间无空隙和重叠。搭接的分块网格允许穿过公共边界面的网格线不相接，这为不同块采用不同的网格密度提供了方便。分块网格中的不同块还可以采

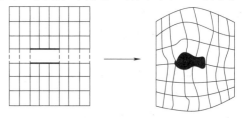

图 3.12　两块区域合并的边界限定型网格

用不同的网格拓扑，这有助于增加网格生成的灵活性，使网格质量易于保证。

Chimera 网格是在各部件独立生成各自网格、彼此有公共覆盖区，在区域的内部用规则的矩形网格，在边界区域上用固定边界的网格生成法，在两种网格交叉的区域，通过插值方法来使网格点相匹配。由于各部件独立生成各自网格，使网格生成变得容易，也使网格质量能得到较好的保证。Chimera 网格对于移动的边界（例如，在直升机机翼叶片中）或多条边界混合（流动中的粒子）非常有用。因为这样网格中的绝大部分网格单元始终都是固定的，而只有边界上通过插值的网格单元是随着边界的变化而变化的。

Chimera 网格在流场求解时各独立网格之间的数据传递要通过在公共重叠区进行复杂的插值来实现，而且插值方法对求解的稳定性、收敛性及精度也有影响。分块网格中对流场进行分区求解时，无须像 Chimera 网格那样，采用复杂的插值格式传递数据。

3.4.4 非结构化网格

在非结构化网格中，单元与节点的编号无固定规则可遵循，而且每一个节点的相邻点个数也不是固定不变的。因此，非结构化网格中节点和单元的分布可控性好，能够较好地处理边界，适用于流体机械中复杂结构模型网格的生成。非结构化网格生成方法在其生成过程中采用一定的准则进行优化判断，因而能生成高质量的网格，很容易控制网格大小和节点密度，它采用的随机数据结构有利于进行网格自适应，提高计算精度。非结构化网格技术主要弥补了结构化网格不能解决任意形状和任意连通区域网格划分的缺陷。

非结构化网格方法有两个缺点：一是不能很好地处理黏性问题；二是对于相同的物理空间，网格填充效率不高。在满足同样流场计算条件下，它产生的网格数量比结构化网格大得多。

非结构化网格生成技术可以根据应用的领域分为应用于差分法的网格生成技术（grid generation technology）和应用于有限元方法中的网格生成技术。应用于差分计算领域的网格除了要满足区域的几何形状要求以外，还要满足某些特殊的性质（如垂直正交、与流线平行正交等），因而技术实现更困难一些。基于有限元方法的网格生成技术相对非常自由，对生成的网格只要满足一些形状上的要求就可以了。

非结构化网格生成方法主要有阵面推进法、Delaunay 三角划分法、四叉树（2D）/八叉树（3D）方法、阵面推进法和 Delaunay 三角划分结合算法。

非结构化网格生成技术从 20 世纪 60 年代开始得到了发展，主要是弥补结构化网格不能够解决任意形状和任意连通区域的网格划分的缺陷问题。到了 20 世纪 90 年代时，非结构化网格的文献数量达到了高峰时期。由于非结构化网格的生成技术比较复杂，随着人们对求解区域复杂性的不断提高，对非结构化网格生成技术的要求越来越高。从现在的文献调查情况来看，非结构化网格生成技术中只有平面三角形的自动生成技术比较成熟（边界的恢复问题仍然是一个难题，现在正在广泛讨论），平面四边形网格的生成技术正在走向成熟。

近年来，混合网格技术受到 CFD 工作者的普遍重视。混合网格结合了结构化网格和非结构化网格的优势，具有划分灵活、易于实现网格自适应等优点，适于处理边界复杂问题，被广泛地应用。针对多部件或多体复杂外形的混合网格是矩形/非结构化混合的网格。

3.5 关于网格生成问题的进一步说明

3.5.1 网格独立性研究

网格质量的好坏直接影响到计算的收敛特性及结果的精度。这是因为当前的主流偏微分方程数值离散方法都是先计算节点上的物理量，然后通过插值方法求得节点间的值。一般而言，网格划分越密，得到的结果就越精确，但耗时也越多。另外，一旦作为获得数值解的网格足够细密，再进一步加密网格对数值计算结果基本上没有影响。这种情况的数值解称为网格独立的解（grid independent solution）。作为数值计算的正式结果，原则上都应是网格独立的解。至于网格加密到什么程度才能得出网格独立的解，是与具体问题有关的。

在进行实际问题的数值计算时，网格的生成也往往不是一蹴而就的，而要经过反复的调试与比较，才能获得适合于所计算的具体问题的网格。首先，划分相对粗糙的网格进行初步计算，对于试算的结果进行评估，在流场趋势基本正确的情况下逐步加密网格，将多次计算结果进行对比，如果其中有试验数据作为参考效果更好。其次，对于模型的敏感位置，可能需要更加精确的网格控制。在实际计算中，考虑采用 2 倍加密的方式，在 2D 几何中，每次设置全局网格尺寸为加密前的 1.4 倍，而 3D 几何则设置为 1.26 倍。

在对特定问题采取合理的数值模拟方法时，数值模拟的准确度还受网格质量、网格数量、时间步长等因素影响。一般情况下，网格质量必须得到保证，否则会影响计算收敛过程，甚至导致错误的计算结果。在保证网格质量的前提下，根据计算资源来考虑网格数量，网格独立性并非表示数值计算结果与计算网格数量无关，而只是在计算精度与计算网格数量之间的一个折中。

对于非均匀网格划分，在预期所求解的变量变化比较剧烈的区域，网格分布应该稠密一些。而在远离关注区域的地方可以稀疏一些。但是要注意两方面的问题。一是对每个控制容积在不同方向的宽度应该保持一个合适的比例，对椭圆型问题，不同方向的宽度之比应接近于 1；只有对于抛物型问题或某个方向的变化率明显大于另一个方向的椭圆型问题，才适宜采用狭长的控制容积，此时变化剧烈的方向应取较小的宽度。二是在同一坐标方向上相邻两子区域（或控制容积）宽度的变化应保持在一个合适的范围之内。这一比值保持在 0.8 ~ 1.2 之内不会对计算结果的数值误差产生明显的影响。

此外，在划分网格的时候，常常需要根据计算机配置估计能处理问题的规模，通常是估计计算网格的数量，正常情况下，1G 的内存大概能求解 100 万网格。

3.5.2　非稳态问题时间步长独立性分析

非稳态计算中的时间步长选取是有讲究的，太大的时间步长会导致计算发散，而时间步长过小又会大大地增加计算时间，因此需要选择一个合理的时间步长。这样既能保证计算结果的精确性，又能减少计算时间。

很多 CFD 软件对时间步长划分与空间网格尺寸提出综合性要求，有些文献利用网格傅里叶数的要求综合考虑时间和空间的步长要求，网格傅里叶数定义式为

$$F_{o, \Delta} = a \frac{\Delta t}{\Delta x^2} \tag{3.8}$$

当 $F_{o, \Delta}$ 大于一定值后，会出现物理意义上不真实的解。

当选择 LES 方法时，如应用 Fluent 以及 FDS 模拟软件求解流动问题，需采用 Courant-Friedrichs-Lewy（CFL）数确定时间步长和判断方程是否收敛。该收敛控制方法中计算时间步长是变化的，以控制数值模拟计算的 CFL 数小于某临界值。

$$\mathrm{CFL} = \delta_t \cdot \max\left(\frac{u_{ijk}}{\delta_x}, \frac{v_{ijk}}{\delta_y}, \frac{w_{ijk}}{\delta_z}\right) < 1 \tag{3.9}$$

式中，t 是时间（s）；δ_t 是最大时间步长；u_{ijk}、v_{ijk}、w_{ijk} 分别是 x、y、z 方向上的速度（m/s）；δ_x、δ_y、δ_z 分别是 x、y、z 方向上的最小网格尺寸（m）；max 函数表示取括号中三者的最大值。

3.5.3　湍流近壁面区域网格设置方案及壁面函数法

1. 湍流边界层结构

当边界层内流体及管内流体均处于层流流动状态时，流体受到壁面的限制仅仅表现在受到了黏性切应力的作用，进行黏性旋涡的扩散；而当处于湍流流动状态时，流体受到壁面的限制则是在黏性切应力和湍流附加切应力的共同作用下，进行旋涡的扩散。由于湍动旋涡的扩散速度

65

远大于黏性旋涡的扩散速度，因此，在相同条件下，湍流速度边界层的厚度要高于层流速度边界层。但在高 Re 数的条件下，湍流速度边界层仍是贴近壁面的薄层，因此，建立湍流边界层方程的前提条件与层流时相同。但是，由于两种切应力的作用，湍流速度边界层的结构要比层流速度边界层复杂得多。因此，一定要先了解壁面湍流的分层结构和时均速度分布规律。

图 3.13 为平板壁面附近湍流流动不同特征区域的示意图。在湍流中，随着壁面距离的变化，黏性切应力和湍流附加切应力各自对流动的影响也发生变化。以 y 表示离开壁面的垂直距离，随着 y 的增加，黏性切应力的影响逐渐减小，而湍流附加切应力的影响开始不断增大，而后逐渐减小。这就形成了具有不同流动特征的区域。壁面湍流速度边界层可以分为内层（壁面区），包括黏性底层、过渡层（重叠层）和对数律层（完全湍流层）；外层，包括尾迹律层和黏性顶层（间歇湍流层）。定义切应力速度为

$$v^* = v^*(x) = \sqrt{\frac{\tau_w}{\rho}} \tag{3.10}$$

式中，v^* 是切应力速度；τ_w 是黏性切应力；ρ 是密度。

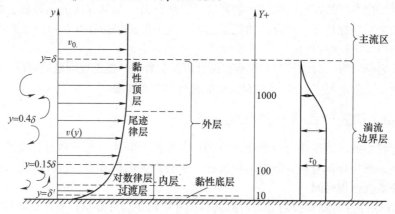

图 3.13　平板壁面附近湍流流动不同特征区域的示意图

因为 v^* 具有速度的量纲，故称为壁面切应力速度，它在湍流中是一个重要的特征速度。以下对各层的划分做详细说明。

1）黏性底层：所在区域厚度为 $0 \leqslant y \leqslant 5\dfrac{v}{v^*}$，其黏性切应力起主要作用，湍流附加切应力可以忽略，流动接近于层流状态，因此在早期研究中称为层流底层。由于近期的试验研究，观察到该层内也有微小旋涡及湍流猝发起源的现象，因此称为黏性底层。

2）过渡层：所在厚度为 $5\dfrac{v}{v^*} \leqslant y \leqslant 30\dfrac{v}{v^*}$，其黏性切应力和湍流附加切应力为同一数量级，流动状态极为复杂。由于其厚度不大，在工程计算中，可以将其并入对数律层的区域中。

3）对数律层：所在厚度为 $30\dfrac{v}{v^*} \leqslant y \leqslant 10^3\dfrac{v}{v^*}$ （$\approx 0.2\delta$），δ 为湍流边界层厚度。该层内流体受到的湍流附加切应力大于黏性切应力，因而流动处于完全湍流状态。

由这三层组成的内层，称为三层结构模式，若将过渡层归入对数律层，则称为两层结构模式。

外层中的尾迹律层和黏性顶层所在厚度分别为 $10^3\dfrac{v}{v^*} \leqslant y \leqslant 0.4\delta$ 和 $0.4\delta \leqslant y \leqslant \delta$。对于尾迹律

层，层内流体受到的湍流附加切应力远远大于黏性切应力，流动处于完全湍流状态，但与对数律层相比，湍流强度已明显减弱；对于黏性底层，由于湍流的随机性和不稳定性，外部非湍流流体不断进入边界层内而发生相互掺混，使湍流强度显著减弱，同时，边界层内的湍流流体也不断进入邻近的非湍流区，因此，湍流和非湍流的界面是具有波浪形状且瞬息变化的。因此，所谓湍流速度边界层厚度 δ 是平均意义上的厚度。实际上，湍流峰可能伸到 δ 之外，而外流的势流也可以深入到 δ 之内。这就是导致黏性顶层内的流动呈现间歇性的湍流，即在空间固定点上的流动有时是湍流，有时是非湍流。

在固体壁面附近的黏性底层中，流动与换热的计算可以采用低雷诺数 $k\text{-}\varepsilon$ 模型或壁面函数（wall function）法。采用低雷诺数 $k\text{-}\varepsilon$ 模型时，要在黏性底层内布置比较多的节点（图 3.14a）。采用高雷诺数 $k\text{-}\varepsilon$ 模型时，在湍流的流核中应用高雷诺数 $k\text{-}\varepsilon$ 模型，而在黏性底层内不布置任何节点，把与壁面相邻的第一个节点布置在旺盛湍流区域内（图 3.14b）。

此时壁面上的切应力与热流密度仍然按第一个内节点与壁面上的速度

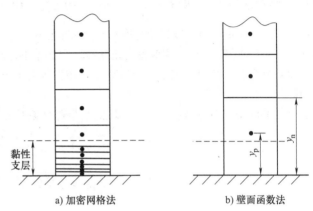

a) 加密网格法　　　　b) 壁面函数法

图 3.14　壁面附近区域的处理方法

及温度之差来计算，其关键是如何确定此处的有效扩散系数以及 k、ε 的边界条件，以使计算所得的切应力与热流密度能与实际情形基本相符。采用壁面函数方法能节省内存与计算时间，在工程湍流计算中应用较广。

2. 壁面函数法的基本思想

壁面函数法的基本思想可归纳如下：

1）假设在所计算问题的壁面附近黏性底层以外的地区，无量纲速度与温度分布服从对数分布律。由流体力学理论可知，对数分布律为

$$u^{+} = \frac{u}{v^{*}} = \frac{1}{\kappa}\ln\left(\frac{yv^{*}}{v}\right) + B = \frac{1}{\kappa}\ln y^{+} + B \qquad (3.11)$$

式中，$v^{*} = \sqrt{\tau_{w}/\rho}$，称为切应力速度；常数 $\kappa = 0.4 \sim 0.42$，$B = 5.0 \sim 5.5$。在这一定义中只有时均值 u 而无湍流参数。为了反映湍流脉动的影响需要把 u^{+}、y^{+} 的定义进行扩展：

$$y^{+} = \frac{y(c_{\mu}^{1/4}k^{1/2})}{v} \qquad (3.12a)$$

$$u^{+} = \frac{y(c_{\mu}^{1/4}k^{1/2})}{\tau_{w}/\rho} \qquad (3.12b)$$

同时引入无量纲的温度：

$$T^{+} = \frac{(T - T_{w})(c_{\mu}^{1/4}k^{1/2})}{(q_{w}/\rho c_{p})} \qquad (3.12c)$$

注意，在这些定义式中，既引入了湍流参数 k，同时又保留壁面切应力 τ_{w} 及热流密度 q_{w}。后面这两个量是工程计算中主要的求解对象。上述关于 y^{+}、u^{+} 的定义是常规定义的一种推广。当边界层流动中脉动动能的产生与耗散相平衡时，上述定义就与常规定义一致。采用上述定义

后，速度与温度的对数分布律就表示为

$$u^+ = \frac{1}{\kappa}\ln(Ey^+) \tag{3.13a}$$

$$T^+ = \frac{\sigma_T}{\kappa}\ln(Ey^+) + \sigma_T\left(\frac{\pi/4}{\sin\pi/4}\right)\left(\frac{A}{\kappa}\right)^{1/2}\left(\frac{\sigma_L}{\sigma_T} - 1\right)\left(\frac{\sigma_L}{\sigma_T}\right)^{-1/4} \tag{3.13b}$$

式中，$\ln(E)/\kappa = B$；σ_T 及 σ_L 分别是分子普朗特数 Pr 及湍流普朗特数 Pr；A 为 van-Driest 常数，对于光滑圆管取为 26，κ 及 B 是对数分布律中的常数。如果取 $\kappa = 0.4$，则 $\left(\frac{\pi/4}{\sin\pi/4}\right)\left(\frac{A}{\kappa}\right)^{1/2} = 8.955$ ≈ 9。式（3.13b）中等号右端的第二部分是根据试验结果整理出来的，它考虑了 Pr 的影响。当 $\sigma_L = \sigma_T = 1$ 时，$T^+ = u^+$，这就是雷诺比拟成立的情形。

2）在划分网格时，把第一个内节点 P 布置到对数分布律成立的范围内，即配置到旺盛湍流区域。

3）第一个内节点与壁面之间区域的当量黏性系数 μ_t 及当量导热系数 λ_t，按下列各式确定：

$$\tau_w = \mu_t \frac{u_P - u_w}{y_P} \tag{3.14}$$

$$q_w = \lambda_t \frac{T_P - T_w}{y_P} \tag{3.15}$$

这里 q_w、τ_w 由对数分布律所规定。u_w、T_w 为壁面上的速度与温度。据式（3.14）、式（3.15），可导得第一个内节点上的 μ_t 与 λ_t 的计算式。在第一个内节点上与壁面相平行的流速及温度应满足对数分布律，即

$$\frac{u_P(c_\mu^{1/4}k_P^{1/2})}{\tau_w/\rho} = \frac{1}{\kappa}\ln\left[E\frac{y_P(c_\mu^{1/2}k_P)^{1/2}}{v}\right] \tag{3.16}$$

$$\frac{(T_P - T_w)(c_\mu^{1/4}k_P^{1/2})}{q_w/\rho c_p} = \frac{\sigma_T}{\kappa}\ln\left[E\frac{y_P(c_\mu^{1/2}k_P)^{1/2}}{v}\right] + \sigma_T P \tag{3.17}$$

其中

$$P = 9\left(\frac{\sigma_L}{\sigma_T} - 1\right)\left(\frac{\sigma_L}{\sigma_T}\right)^{-1/4} \tag{3.18}$$

将式（3.16）与式（3.17）相结合，得节点 P 与壁面间的当量黏性系数 μ_t 为

$$\mu_t = \left[\frac{y_P(c_\mu^{1/4}k_P^{1/2})}{v}\right]\frac{\mu}{\ln(Ey_P^+)/\kappa} = \frac{y_P^+}{u_P^+}\mu \tag{3.19}$$

其中 μ 为分子黏性系数。类似地，将式（3.15）与式（3.17）相结合，得

$$\lambda_t = \frac{y_P^+\mu c_p}{\frac{\sigma_T}{\kappa}\ln(Ey_P^+) + P\sigma_T} = \frac{y_P^+\mu c_p}{\sigma_T[\ln(Ey_P^+)/\kappa + P]} = \frac{y_P^+}{T_P^+}Pr\lambda \tag{3.20}$$

式（3.19）、式（3.20）所得出的 μ_t 与 λ_t，就用来计算壁面上的切应力［式（3.14）］及热流密度［式（3.15）］。可以看出，从计算上看，壁面函数法的一个主要内容就在于确定壁面上温度的当量导热系数 λ_t 及流速 u 的当量黏性系数 μ_t。

4）对第一个内节点 P 上 k_P 及 ε_P 的确定方法做出选择。k_P 之值仍可按 k 方程计算，其边界条件取为 $\left(\frac{\partial k}{\partial y}\right)_w = 0$（$y$ 为垂直于壁面的坐标）。值得指出，如果第一个内节点设置在黏性底层内且

离开壁面足够近，自然可以取 $k_w = 0$ 作为边界条件。但是在壁面函数法中，P 点置于黏性底层以外，在这一个控制容积中，k 的产生与耗散都较向壁面的扩散要大得多，因而可以取 $\left(\dfrac{\partial k}{\partial y}\right)_w \approx 0$。

至于壁面上的 ε 值，按定义式 $\varepsilon = c_D \dfrac{k^{3/2}}{l}$ 很难确定，因为在壁面附近 k 及 l 同时趋近于零。为避免给壁面的 ε 赋值困难，P 点的 ε 值不通过求解离散方程得到，而是根据代数方程来计算。常用的一种方法是按混合长度理论计算，取

$$\varepsilon_P = \frac{c_\mu^{3/4} k_P^{3/2}}{\kappa y_P} \tag{3.21}$$

在使用通用程序求解时，对 ε 求解区域仍可为整个区域，所谓壁面函数就是指式（3.16）~式（3.20）这一类代数关系式。

3. 高雷诺数 $k\text{-}\varepsilon$ 模型中壁面函数法边界条件的处理

下面以图 3.15 所示突扩区域内湍流流动为例，来说明采用高雷诺数的 $k\text{-}\varepsilon$ 模型及壁面函数法时边界条件的确定方法。

（1）入口边界 这里 k 值在无实测值可依据的情况下，可取来流的平均动能的一个百分数。如当入口处为圆管的充分发展的湍流时，可取为 $0.5\% \sim 1.5\%$。入口截面上可按式（3.21）确定，其中分母可按混合长度理论确定。入口截面上的 ε 也可按 $\eta_t = \dfrac{c_\mu \rho k^2}{\varepsilon}$ 计算，其中 η_t 按 $\rho u L / \eta_t = 100 \sim 1000$ 来确定，这里 u 为入口平均流速，L 为特性尺度。当计算区域内湍流运动很强烈时，入口截面上 k、ε 的取值对计算结果的影响并不大。

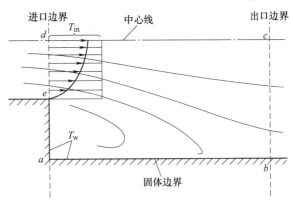

图 3.15　突扩区域内湍流流动

（2）出口边界　k、ε 的边界条件可按坐标局部单向化方式处理。

（3）中心线　k 及 ε 的法向导数为零。

（4）固体壁面　在固体壁面上边界条件的设置也是壁面函数法中具有特色之处，对 u、v、k、ε 及 T 分别说明如下：

1）与壁面平行的流速 u。在壁面上 $u_w = 0$，但其黏性系数按式（3.19）计算。在计算过程中若 P 点落在黏性底层范围内，则仍暂取分子黏性系数的值。

2）与壁面垂直的速度 v。由于在壁面附近 $\dfrac{\partial u}{\partial x} \cong 0$，根据连续性方程，有 $\dfrac{\partial v}{\partial y} \cong 0$。这样可以把固体壁面看成是"绝热型"的，即令壁面上与之相应的扩散系数为零。但作为对流项中的流速 v 仍取固体表面上 $v_w = 0$。

3）湍流脉动动能。按上面所述，取 $\left(\dfrac{\partial k}{\partial y}\right)_w = 0$，因而取壁面上 k 的扩散系数为零。

4）脉动动能的耗散。可规定第一个内节点上的 ε 值按式（3.21）计算。

5）温度。边界上温度条件的处理与导热问题中一样，但壁面上的当量导热系数则按式（3.20）计算。

3.5.4　动网格技术

在实际工程中大量流动问题中的边界是运动或变形的，例如隧道里面行驶的汽车或者列车外部区域的流场计算问题，车辆交汇过程的气流流动问题、旋转机构周围流动问题、运动物体的强制对流换热问题。在求解这些物体的运动（几何位置变化）问题时，需要采用动网格技术。

动网格模型可以用来模拟流场由于边界网格随时间改变的问题。边界的运动形式可以是计算前指定其速度或角速度；也可以是预先未做定义的运动，即边界的运动要由前一时刻的计算结果决定。

动网格计算中网格的动态变化过程可以用三种模型进行计算，即弹簧近似光滑模型（spring-based smoothing）、动态分层模型（dynamic layering）和局部网格重构模型（local remeshing）。以下分别进行介绍：

（1）弹簧近似光滑模型　原则上弹簧光滑模型可以用于任何一种网格体系，但是在非四面体网格区域（二维非三角形），最好在满足下列条件时使用弹簧近似光滑模型：

1）移动为单方向。

2）移动方向垂直于边界。

如果两个条件不满足，可能使网格畸变率增大。另外，在系统默认设置中，只有四面体网格（三维）和三角形网格（二维）可以使用弹簧近似光滑模型。

（2）动态分层模型　动态分层模型的应用有如下限制：

1）与运动边界相邻的网格必须为楔形或者六面体（二维四边形）网格。

2）在滑动网格交界面以外的区域，网格必须被单面网格区域包围。

3）如果网格周围区域中有双侧壁面区域，则必须首先将壁面和阴影区分割开，再用滑动交界面将两者耦合起来。

（3）局部网格重构模型　需要注意的是，局部网格重构模型仅能用于四面体网格和三角形网格。在定义了动边界面以后，如果在动边界面附近同时定义了局部网格重构模型，则动边界上的表面网格必须满足下列条件：

1）需要进行局部调整的表面网格是三角形（三维）或直线（二维）。

2）将被重新划分的面网格单元必须紧邻动网格节点。

3）表面网格单元必须处于同一个面上并构成一个循环。

4）被调整单元不能是对称面（线）或周期性边界的一部分。

在 Fluent 软件中，网格的更新过程由 Fluent 根据每个迭代步中边界的变化情况自动完成。在使用动网格模型时，必须首先定义初始网格、边界运动的方式并指定参与运动的区域。可以用边界型函数或者 UDF 定义边界的运动方式。Fluent 要求将运动的描述定义在网格面或网格区域上。如果流场中包含运动与不运动两种区域，则需要将它们组合在初始网格中以对它们进行识别。

那些由于周围区域运动而发生变形的区域必须被组合到各自的初始网格区域中，不同区域之间的网格不必是正则的，可以在模型设置中用 Fluent 软件提供的非正则或者滑动界面功能将各区域连接起来。

本 章 小 结

本章主要叙述了 CFD 软件运用过程中关于网格创建的相关问题，包括流体类型的划分，根据流体流动状况将流体分为内部流动和外部流动；物理模型中计算域的确定，按照模拟的实际情况设定空间域和时间域；由于控制方程在流体运动边界上应该满足一定条件，这些条件构成了模拟计算的边界条件，计算过程要根据实际情况去确定边界条件的类型及如何选择合适的出口截面位置；介绍了网格的种类、不同种类网格的特点和适用范围以及计算区域的离散方法；还重点介绍了湍流近壁面区域网格设置，高雷诺数 $k\text{-}\varepsilon$ 模型壁面附近区域流动处理的壁面函数法；对于边界运动或者变形的工程问题采用动网格技术是十分必要的，本章介绍了商业 CFD 软件中关于动网格技术的相关内容。

习 题

3-1 对于公路双洞隧道，一侧隧道进口和另一侧隧道出口会产生隧道循环风相互影响，对隧道内污染物排出造成影响，可以设置中隔墙避免循环风，分析图 3.16 所示计算域设置的合理性。

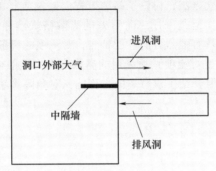

图 3.16 具有中隔墙的隧道洞口示意图

3-2 图 3.17 给出了城市环境的模拟案例，试分析其计算区域和边界条件的合理性。

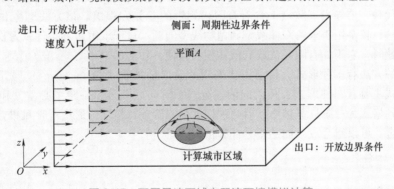

图 3.17 不同风速下城市羽流环境模拟计算

3-3 查阅 1~2 篇建筑室内空气质量领域的 CFD 研究文献，分析文献中关于计算域确定和网格划分的合理性。

第 4 章
控制方程的离散化及离散格式

区域离散化实质是用一组有限的离散点（节点）来代替原来连续的空间，节点是需要求解的未知物理量的几何位置、控制体积、应用控制方程或守恒定律的最小几何单位。而控制方程的离散化就是将描述流动与传热的偏微分方程转化为各个节点的代数方程组。本章介绍了数值模拟的离散方法，离散方程的建立方法，讨论了离散方程误差及方程的相容性、收敛性及稳定性，控制方程的扩散项虽然是二阶，但是采用二阶截差的离散格式已经可以满足要求，而对流项虽然只有一阶，但由于对流作用具有强烈方向性的特点，对流项的离散要求更高，介绍了有限体积法建立离散方程中各项（重点是对流项）所采用的离散格式（插值格式）。对离散方程的边界条件和源项处理进行讨论，还简要介绍了求解离散方程的三对角阵算法。

4.1 数值模拟常用的离散方法

4.1.1 有限差分法

有限差分法（Finite Difference Method，FDM）是数值解法中经典的方法。它是将求解区域划分为差分网格，用有限的网格节点代替连续的求解域，然后将偏微分方程（控制方程）的导数用差分表达式代替，推导出离散点上含有有限未知数的差分方程组。该方法产生和发展得比较早，也比较成熟，较多用于求解双曲线型和抛物线型问题。对于求解边界条件较为复杂，尤其是求解椭圆型问题时，它不如有限元法或有限体积法方便。

构造差分的方法有多种形式，目前主要采用的是泰勒级数（Taylor series）展开方法。其基本的差分表达式主要有四种形式：一阶向前差分、一阶向后差分、一阶中心差分和二阶中心差分，其中前两种格式为一阶计算精度，后两种格式为二阶计算精度。通过对时间和空间几种不同差分格式的组合，可以组合成不同的差分计算格式。

4.1.2 有限元法

有限元法（Finite Element Method，FEM）是将一个连续的求解域任意分成适当形状的许多微小单元，并于各小单元分片构造插值函数，然后根据极值原理（变分或加权余量法）将问题的控制方程转化为所有单元上的有限元方程，把总体的极值作为各单元极值之和，即将局部单元总体合成，形成嵌入了指定边界条件的代数方程组，求解该方程组就得到各节点上待求的函数值。

有限元法适用于处理复杂区域，精度可选。缺点是内存和计算量巨大，并行不如有限差分法和有限体积法直观。

4.1.3 有限体积法

有限体积法又称为控制体积法（Finite Volume Method，FVM），是将计算区域划分为网格，并使每个网格点周围有一个互不重复的控制体积，将待解的微分方程对每个控制体积积分，从而得到一组离散方程。其中的未知数是网格节点上的因变量。离散方程的物理意义是因变量在有限大小的控制体积中所遵循的守恒原理，如同微分方程表示因变量在无限小的控制体积中的守恒原理一样。有限体积法得出的离散方程要求因变量的积分守恒对任意一组控制体积都能得到满足，因此，对整个计算区域自然也得到满足。有限体积法的基本思路易于理解，并能得出直接的物理解释。

4.1.4　三种离散方法的比较

就离散方法而言，有限体积法可视作有限元法和有限差分法的中间产物。三者各有所长。有限差分法较直观，理论成熟，精度可选，但对于不规则区域的处理较为烦琐，虽然网格生成可以使有限差分法应用于不规则区域，但对于区域的连续性等要求较严。有限体积法适用于流体计算，可以应用于不规则网格，适用于并行，但精度基本上只能是二阶。

使用有限差分法的好处在于易于编程，易于并行。有限差分法仅当网格极其细密时，离散方程才满足积分守恒；而有限体积法即使在粗网格情况下，也显示出准确的积分守恒。

有限元求解的速度比有限差分法和有限体积法慢，因此，在商业 CFD 软件中应用并不广泛。有限元法对椭圆型问题有更好的适应性。有限元法在应力应变、高频电磁场方面的特殊优点正在被逐步重视。

4.2　建立离散方程的数学物理方法

4.2.1　一维模型方程的离散方程建立

在有限差分法中，通过把控制方程中的各阶导数用相应的差分表达式来代替，从而形成离散方程（又称为差分方程）。由于各阶导数的差分表达式可由 Taylor 级数展开而得，故常把这种建立离散方程的方法称为 Taylor 展开法。

为了不使问题复杂化，同时又能充分表达不同离散方法的特点，选择一维非稳态有源项的对流-扩散方程为例：

非守恒型

$$\rho\,\frac{\partial\phi}{\partial t} + \rho u\,\frac{\partial\phi}{\partial x} = \frac{\partial}{\partial x}\left(\Gamma\,\frac{\partial\phi}{\partial x}\right) + S \tag{4.1a}$$

守恒型

$$\frac{\partial(\rho\phi)}{\partial t} + \frac{\partial(\rho u\phi)}{\partial x} = \frac{\partial}{\partial x}\left(\Gamma\,\frac{\partial\phi}{\partial x}\right) + S \tag{4.1b}$$

其中 ϕ 是广义变量（如速度、温度、浓度等），Γ 为相应于 ϕ 的广义扩散系数，S 为广义源。源项中包括了不能归入非稳态项、对流项及扩散项中的一切其他项。假定物性参数为 ρ、Γ 均为已知的常数。

图 4.1 为一维均匀网格的控制容积示意图，控制容积用 P 点代表，相邻点为 W、E。控制容积边界用 w 和 e 表示。控制容积厚度用 Δx 表示，相邻点之间的距离用 δx 表示。

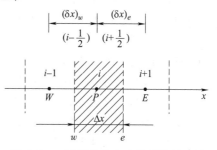

图 4.1　一维网格命名方法及控制容积

将函数在图 4.1 所示的均匀网络中某点 $(i+1,n)$ 对点 (i,n) 作 Taylor 展开，有

$$\phi(i+1,n) = \phi(i,n) + \frac{\partial \phi}{\partial x}\bigg|_{i,u} \Delta x + \frac{\partial^2 \phi}{\partial x^2}\bigg|_{i,n} \frac{\Delta x^2}{2!} + \cdots$$

由此得

$$\frac{\partial \phi}{\partial x}\bigg|_{i,n} = \frac{\phi(i+1,n) - \phi(i,n)}{\Delta x} - \frac{\Delta x}{2}\left(\frac{\partial^2 \phi}{\partial x^2}\right)_{i,n} + \cdots$$

$$= \frac{\phi(i+1,n) - \phi(i,n)}{\Delta x} + O(\Delta x) \tag{4.2}$$

式 (4.2) 右端 $O(\Delta x)$ 代替了二阶及更高阶导数项之和，称为截断误差（truncation error），符号 $O(\Delta x)$ 表示随 Δx 趋近于零，用 $\dfrac{\phi(i+1,n) - \phi(i,n)}{\Delta x}$ 来代替 $\dfrac{\partial \phi}{\partial x}\bigg|_{i,n}$ 的截断误差小于等于 $K|\Delta x|$，这里 K 是与 Δx 无关的正实数。

需要说明的是，在节点 (i,n) 处，函数 $\phi(x,t)$ 的精确值用 $\phi(i,n)$ 表示。在进行有限差分数值计算时，只能用其近似值（记为 ϕ_i^n）来代替，因为这一精确值是未知的。因此 $\dfrac{\partial \phi}{\partial x}\bigg|_{i,n}$ 就可以用下列具有一阶精度的差分表达式来近似代替：

$$\frac{\partial \phi}{\partial x}\bigg|_{i,n} \cong \frac{\phi_{i+1}^n - \phi_i^n}{\Delta x}, O(\Delta x) \tag{4.3}$$

式 (4.3) 称为 $\dfrac{\partial \phi}{\partial x}\bigg|_{i,n}$ 的向前差分（forward difference）。

类似地，向后差分（backward difference）为

$$\frac{\partial \phi}{\partial x}\bigg|_{i,n} \cong \frac{\phi_i^n - \phi_{i-1}^n}{\Delta x}, O(\Delta x) \tag{4.4}$$

如果把函数 $\phi(x,t)$ 在节点 $(i+1,n)$，$(i-1,n)$ 上对点 (i,n) 作 Taylor 展开，然后相减，可得具有二阶精度的中心差分（central difference）表达式：

$$\frac{\partial \phi}{\partial x}\bigg|_{i,n} \cong \frac{\phi_{i+1}^n - \phi_{i-1}^n}{2\Delta x}, O(\Delta x^2) \tag{4.5}$$

符号 $O(\Delta x)$ 表示一阶截差，$O(\Delta x^2)$ 表示二阶截差。当 Δx 足够小时，二阶截差表达式比一阶截差的表达式更为准确。

表 4.1 中列出了一阶、二阶导数常用的几种差分格式及相应的截差等级。表中还画出了构成一个离散表达式所需的节点集合的格式图案（stencil）。图中用空心圆点 "○" 表示的节点是建立差分表达式的节点，而实心圆点 "·" 表示的是该表达式所用到的邻点位置。

为了对求解区域中的每个节点建立起整个控制方程的差分表达式，必须将方程中的每一项导数对同一节点作 Taylor 展开；这样每一项的截差才能相加，从而得出整个差分方程的截断误差。

分析表 4-1 中的各个差分表达式，可以得出以下几点结论：

1）差分表达式分子各项系数的代数和必须为零。

2）各阶导数差分表达式的量纲必须与导数的量纲一致，因而一阶导数各个差分表达式的分母均为 Δx，而二阶导数的各种差分表达式分母都是 Δx^2。

3）当给出一个差分表达式时必须指明是针对哪一点建的，同样的节点数不同的建格式的点会导致不同的截断误差。如表中的第 9 式，对 i 点只有一阶截差，但如用于 $(i+1)$ 点则是二阶

导数，具有二阶截差的表达式 。

需要说明，对于非稳态项 $\dfrac{\partial \phi}{\partial t}$，也有向前差分、向后差分及中心差分等几种格式，其表达式与表 4-1 所列类似，只是应维持下标不变，使上标做相应的变化，且空间步长 Δx 用时间步长 Δt 来代替。

表 4.1　一阶、二阶导数的差分表达式

导数	差分表达式	格式图案	截差
$\left.\dfrac{\partial \phi}{\partial x}\right\|_{i,n}$	$\dfrac{\phi_{i+1}^n - \phi_i^n}{\Delta x}$		$O\,(\Delta x)$
	$\dfrac{\phi_i^n - \phi_{i-1}^n}{\Delta x}$		$O\,(\Delta x)$
	$\dfrac{\phi_{i+1}^n - \phi_{i-1}^n}{2\Delta x}$		$O\,(\Delta x^2)$
	$\dfrac{-3\phi_i^n + 4\phi_{i+1}^n - \phi_{i+2}^n}{2\Delta x}$		$O\,(\Delta x^2)$
	$\dfrac{3\phi_i^n + 4\phi_{i-1}^n + \phi_{i-2}^n}{2\Delta x}$		$O\,(\Delta x^2)$
	$\dfrac{4\phi_{i+1}^n + 6\phi_i^n - 12\phi_{i-1}^n + 2\phi_{i-2}^n}{12\Delta x}$		$O\,(\Delta x^3)$
	$\dfrac{-2\phi_{i+2}^n + 12\phi_{i+1}^n - 6\phi_i^n - 4\phi_{i-1}^n}{12\Delta x}$		$O\,(\Delta x^3)$
	$\dfrac{\phi_{i-2}^n - 8\phi_{i-1}^n + 8\phi_{i+1}^n - \phi_{i+2}^n}{12\Delta x}$		$O\,(\Delta x^4)$
$\left.\dfrac{\partial^2 \phi}{\partial x^2}\right\|_{i,n}$	$\dfrac{\phi_i^n - 2\phi_{i+1}^n + \phi_{i+2}^n}{\Delta x^2}$		$O\,(\Delta x)$
	$\dfrac{\phi_i^n - 2\phi_{i-1}^n + \phi_{i-2}^n}{\Delta x^2}$		$O\,(\Delta x)$
	$\dfrac{\phi_{i+1}^n - 2\phi_i^n + \phi_{i-1}^n}{\Delta x^2}$		$O\,(\Delta x^2)$
	$\left(-\phi_{i-2}^n + 16\phi_{i-1}^n - 30\phi_i^n + 16\phi_{i+1}^n - \phi_{i+2}^n\right)/12\Delta x^2$		$O\,(\Delta x^4)$

4.2.2　一维非稳态问题控制方程差分表达式及特性

对于非稳态问题，当从初始时层出发步步向前推进时，还必须规定每一时层上空间导数的差分按哪一个时刻值来计算。如果按每一时层的初始时刻值来计算，所形成的离散方程称为显式格式；如果按每一时层的终了时刻值计算，就得到隐式格式。也可以按每一时层的中间时刻值计算，就构成 Crank-Nicolson 格式（C-N 格式）。图 4.2 给出了非稳态问题离散在时间坐标方面的三种常用格式。

将一维模型方程式（4.1）在节点 $(i, n+1)$，$(i+1, n)$ 上对节点 (i, n) 作 Taylor 展开，时间项取向前差分、空间项取中心差分（显式，取前一时刻），可得

$$\rho \frac{\phi(i, n+1) - \phi(i, n)}{\Delta t} + \rho u \frac{\phi(i+1, n) - \phi(i-1, n)}{2\Delta x}$$

$$= \Gamma \frac{\phi(i+1, n) - 2\phi(i, n) + \phi(i-1, n)}{\Delta x^2} + S(i, n) + \text{HOT} \tag{4.6a}$$

式中，HOT 代表所有未写出的更高阶导数项之和。

为了得出未知函数 ϕ 在各节点上近似值之间的代数关系式，显然式（4.6a）中 HOT 所代表的部分必须略去，同时用近似值 ϕ_i^n 代替精确解 $\phi(i, n)$。于是得

$$\rho \frac{\phi_i^{n+1} - \phi_i^n}{\Delta t} + \rho u \frac{\phi_{i+1}^n - \phi_{i-1}^n}{2\Delta x}$$

$$= \Gamma \frac{\phi_{i+1}^n - 2\phi_i^n + \phi_{i-1}^n}{\Delta x^2} + S_i^n \tag{4.6b}$$

式（4.6b）是按 Taylor 展开法导出的一维模型方程的一种显式离散格式。

如果在式（4.6a）中两项空间导数的展开都是对每一 Δt 的终了时刻来进行，则得隐式的离散方程。而如果 Taylor 展开是对 $\Delta t/2$ 的时刻来进行就得出 C-N 格式。显然，如果把式（4.1a）中的各项导数直接用相应的差分表达式来代替，也能得出式（4.6b）。

a) 显式　　　　b) 隐式　　　　c) C-N格式

图 4.2　非稳态问题的三种格式的图示

●—已知 ϕ 值的节点　×—待求 ϕ 值的节点

○—Taylor 级数展开点

例如，在直角坐标系中，网格均分时（图 4.1），无内热源、常物性导热问题的三种离散格式分别为

显式
$$\frac{T_P - T_P^0}{\Delta t} = a \frac{T_E^0 - 2T_P^0 + T_W^0}{\Delta x^2} \tag{4.7}$$

隐式
$$\frac{T_P - T_P^0}{\Delta t} = a \frac{T_E - 2T_P + T_W}{\Delta x^2} \tag{4.8}$$

C-N 格式
$$\frac{T_P - T_P^0}{\Delta t} = \frac{a}{2}\left(\frac{T_E - 2T_P + T_W}{\Delta x^2} + \frac{T_E^0 - 2T_P^0 + T_W^0}{\Delta x^2} \right) \tag{4.9}$$

式（4.7）~式（4.9）中上标 0 表示当前时刻。

注意每一个差分方程中的增量 Δx 和 Δt。对于显式方法，一旦 Δx 取定，那么 Δt 就不是独立的，不能任意取值而是要受到稳定性条件的限制，其取值必须小于等于某个值。如果 Δt 的取值超过了稳定性条件的限制，时间推进的过程很快就变成不稳定的，计算程序也会因为数字趋于无穷大或对负数开平方等原因中止运行。在许多情况下，Δt 必须取得很小，才能保持稳定性。要将推进算法计算到时间变量的给定值，程序就需要很长的计算机运行时间。

对许多隐式方法而言，采用比显式方法大得多的 Δt 仍能保持稳定性。事实上，有些隐式方法是无条件稳定的。也就是说，对任何 Δt 值，无论多大，都能得到稳定的结果。于是，要将推进算法计算到时间变量的给定值，隐式方法所用的时间步数比显式方法少得多。对某些应用来说，虽然隐式方法一个时间步的计算会由于计算复杂而消耗更长的运行时间，但由于时间步很

少，总的运行时间反而比显式方法要少。

显式方法和隐式方法的优缺点对比如下：

（1）显式方法

优点：方法的建立及编程相对简单。

缺点：根据上面的例子，对取定的 Δx，Δt 必须小于稳定性条件对它提出的限制。在某些情形，Δt 必须很小，才能保持稳定性。要将时间推进计算到时间变量的给定值，就需要较长的计算机运行时间。

（2）隐式方法

优点：用大得多的 Δt 值也能保持稳定性。要将时间推进计算到时间变量的给定值，只需要少得多的时间步，这将使计算机运行时间更短。

缺点：方法的建立和编程较复杂。而且，由于每一时间步的计算通常需要大量的矩阵运算，每一时间步的计算机运行时间要比显式方法长得多。另外，Δt 取大的值，截断误差就大，隐式方法在跟踪严格的非稳态变化（未知函数随时间的变化）时可能不如显式方法精确。然而，对于以定常态为最终目标的时间相关算法，时间上够不够精确并不重要。

本节的讨论虽然是围绕有限差分方法展开的，但并不是仅适用于有限差分方法。有限体积法同样也有显式和隐式两类方法，它们之间的区别和优缺点与本节所讨论的完全一样。

4.2.3　建立离散方程的控制容积积分法及平衡法

控制容积积分法（control volume integration）是有限体积法中建立离散方程的主要方法，而直接对控制容积应用守恒定律建立离散方程的方法叫平衡法（balance method），它可以看成是控制容积积分法的一种变形与补充。

1. 控制容积积分法的实施步骤及常用的型线

应用控制容积积分法导出离散方程的主要步骤如下：

1）将守恒型的控制方程在控制容积及时间间隔内对空间与时间进行积分。

2）选定未知函数及其导数对时间及空间的局部分布曲线，即型线（profile），也就是如何从相邻节点的函数值来确定控制容积界面上被求函数值的插值方式。

3）对各个项按选定的型线做出积分，并整理成关于节点上未知值的代数方程。

在实施控制容积积分法时常用的型线有两种，即分段线性（piecewise-linear）分布及阶梯式（stepwise）分布。图 4.3a 所示为函数 ϕ 随空间坐标而变化的这两种型线，而图 4.3b 所示为 ϕ 随时间而变化的几种情形。

2. 用控制容积积分法离散一维模型方程

将一维模型方程的守恒形式（4.1b）对图 4.1 所示的控制容积 P 在 Δt 时间间隔内做积分，把可积的部分进行积分后可得

$$\rho \int_w^e (\phi^{t+\Delta t} - \phi^t)\,\mathrm{d}x + \rho \int_t^{t+\Delta t} [(u\phi)_e - (u\phi)_w]\,\mathrm{d}t$$

$$= \Gamma \int_t^{t+\Delta t} \left[\left(\frac{\partial \phi}{\partial x}\right)_e - \left(\frac{\partial \phi}{\partial x}\right)_w \right] \mathrm{d}t + \int_w^e S\mathrm{d}x\mathrm{d}t \tag{4.10}$$

为了最终完成各项积分以获得节点上未知值间的代数方程，需要对各项中变量 ϕ 的型线做出选择。

（1）非稳态项　需要选定 ϕ 随 x 而变化的型线，这里取为阶梯式（图 4.3b），即同一控制容积中各处的 ϕ 值相同，等于节点上之值 ϕ_P，于是有

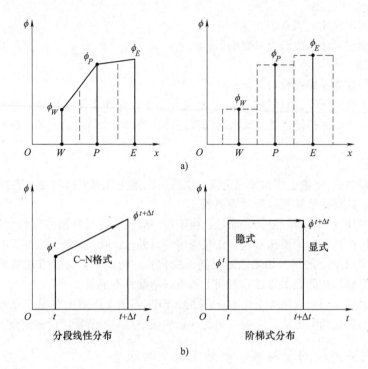

图 4.3 常用的两种型线

$$\int_w^e (\phi^{t+\Delta t} - \phi^t) \, dx = (\phi_P^{t+\Delta t} - \phi_P^t) \Delta x \qquad (4.11)$$

（2）对流项 针对 ϕ 随 t 而变化的规律，采用阶梯显式，即在整个 Δt 间隔内取 t 时刻之值，仅当 $(t + \Delta t)$ 时刻才跃升成为 $\phi^{t+\Delta t}$（图 4.3b）。据此得

$$\int_t^{t+\Delta t} [(u\phi)_e - (u\phi)_w] \, dt = [(u\phi)_e^t - (u\phi)_w^t] \Delta t \qquad (4.12)$$

（3）扩散项 选取一阶导数随时间做出显式的阶跃式变化，得

$$\int_t^{t+\Delta t} \left[\left(\frac{\partial \phi}{\partial x} \right)_e - \left(\frac{\partial \phi}{\partial x} \right)_w \right] dt = \left[\left(\frac{\partial \phi}{\partial x} \right)_e^t - \left(\frac{\partial \phi}{\partial x} \right)_w^t \right] \Delta t \qquad (4.13)$$

进一步，取 ϕ 随 x 呈分段线性的变化，则式（4.12）、式（4.13）中界面上的对流项 $(u\phi)$ 及扩散项 $\left(\frac{\partial \phi}{\partial x} \right)$ 可以表示为

$$(u\phi)_e = \frac{(u\phi)_P + (u\phi)_E}{2} \qquad (4.14)$$

$$(u\phi)_w = \frac{(u\phi)_w + (u\phi)_P}{2} \qquad$$

$$\left(\frac{\partial \phi}{\partial x} \right)_e = \frac{\phi_E - \phi_P}{(\delta x)_e}, \quad \left(\frac{\partial \phi}{\partial x} \right)_w = \frac{\phi_P - \phi_W}{(\delta x)_w} \qquad (4.15)$$

需要指出的是式（4.14）对区域离散方法 A（外节点法）无论网格是否均分都是成立的，而对区域离散方法 B（内节点法）则仅适用于均分网格的内部控制容积。

（4）源项 假设 S 对 t 及 x 均呈阶梯式变化，则有

$$\int_t^{t+\Delta t} \int_w^e S \, dx \, dt = \overline{S}^t \Delta x \Delta t \qquad (4.16)$$

其中 $\bar{S}^t$ 为源项在 t 时刻控制容积中的平均值。这里为简便起见，取源项的控制容积的平均值来完成积分。对于源项是被求解变量的函数的情形，更合理的处理方法是进行线性化处理，本章后面将进行介绍。

将式（4.11）~式（4.16）代入式（4.10），整理得

$$\rho \frac{\phi_P^{t+\Delta t} - \phi_P^t}{\Delta t} + \rho \frac{(u\phi)_E^t - (u\phi)_W^t}{2\Delta x} = \Gamma \frac{\phi_E^t - 2\phi_P^t + \phi_W^t}{\Delta x^2} + \bar{S}^t \tag{4.17}$$

这就是采用控制容积积分法得出的一维模型方程的离散形式，这里应用了均分网络的特性：$(\delta x)_e = (\delta x)_w = \Delta x$。显然式（4.17）与式（4.6b）完全一致。

3. 关于型线假设的进一步讨论

在控制容积积分法中，控制容积界面上被求函数插值方式，即型线的选取是离散过程中极为重要的一步。应该注意，在有限体积法中选取型线仅是为了导出离散方程，一旦离散方程建立起来，型线就完成了使命而不再具有任何意义。

1）在选取型线时主要考虑的是实施的方便及所形成的离散方程具有满意的数值特性，而不必追求一致性。同一控制方程中不同的物理量可以有不同的分布曲线（型线）；同一物理量对不同的坐标可以有不同的分布曲线；例如在上述推导中，非稳态项的 ϕ 对 x 做阶梯式变化，但在对流扩散项中则取分段线性分布。显然如果扩散项中也取为阶梯式变化，则根本就推导不出离散方程。

2）在控制容积积分法中，型线不同会导致不同的差分格式。非稳态问题中变量对时间型线的不同导致显式、隐式等格式（图4.2b），而对流问题中界面上型线的不同就形成对流项的各种差分格式。

3）有限体积法区别于有限元法的一个重要方面是型线选择的可变性，在有限元法中型线一旦选定就始终认定为被求量的函数形式。

4.2.4　由控制容积平衡法导出离散方程

把物理上的守恒定律直接应用于所研究的控制容积，并把节点看成是控制容积的代表，可以导出节点上未知量之间的代数关系式，这就是控制容积平衡法。

例如，对于有源项的一维对流-扩散问题，参照图4.1的坐标系，守恒定律就表现为：在 Δt 时间间隔内控制容积 P 中变量 ϕ 的增量，等于在同一时间间隔内由对流及扩散作用进入该控制容积的 ϕ 的净值及源项所产生之值的总和。于是有

$$\rho(\phi_P^{t+\Delta t} - \phi_P^t)\Delta x = \rho[(u\phi)_w - (u\phi)_e]\Delta t +$$

$$\Gamma\left[\left(\frac{\partial \phi}{\partial x}\right)_e - \left(\frac{\partial \phi}{\partial x}\right)_w\right]\Delta t + \bar{S}\Delta x\Delta t \tag{4.18}$$

为把式（4.18）变成关于 ϕ_P、ϕ_E、ϕ_W 的代数关系式，需进一步规定：

1）式（4.18）右端各项取在 t 时刻之值（即显式）。

2）界面上未知函数取为相邻两点间的平均值（即分段线性）。

3）界面上的导数也按分段线性计算。

做了以上三点规定后，式（4.18）就化为式（4.17）。

应当指出，在均匀的网格系统的内部控制容积中，对一维模型方程采用不同方法（Taylor 展开法、控制容积积分法、控制容积平衡法）得出了相同的离散形式，但这不能认为是普遍的情形。在不少场合下，用控制容积积分法导出的离散方程，与用 Taylor 展开法导出的不同，计算结果的准确度也不一样。

4.2.5 不同控制方程离散方法的比较

Taylor 展开法偏重于从数学角度进行推导，把控制方程式中的各阶导数用相应的差分表达式来代替，而控制容积积分法与平衡法则着重于从物理观点来分析，每一个离散方程都是有限大小容积上某种物理量守恒的表达式。

Taylor 展开法的优点是易于对离散方程进行数学特性的分析，缺点是变步长网格的离散方程形式比较复杂，导出过程的物理概念也不清晰，而且不能保证所得差分方程具有守恒特性。而控制容积积分法及平衡法则正好相反，两种方法的推导过程物理概念清晰，离散方程的系数具有一定的物理意义，并可以保证离散方程具有守恒特性。缺点是不便对方程进行数学特性的分析。

本节给出三种离散方程的建立方法，分别从数学角度、物理角度展示了有限差分法与有限体积法这两种数值解法的基本特点。综合起来考虑，有限体积法更具有吸引力。目前国际上著名的流动与传热问题的商用软件（PHOENICS，Fluent，STAR-CD，CFX，FLOW-3D 等）都是以有限体积法为基础而发展起来的。

4.3 基于有限体积法的通用控制方程离散

无论是连续性方程、动量方程，还是能量方程，都可写成如下的通用形式：

$$\frac{\partial(\rho u\phi)}{\partial t} + \mathrm{div}(\rho \boldsymbol{u}\phi) = \mathrm{div}(\varGamma\,\mathbf{grad}\phi) + S \tag{4.19}$$

4.3.1 一维稳态问题

对于一维稳态问题，其控制方程如下式：

$$\frac{\mathrm{d}(\rho u\phi)}{\mathrm{d}x} = \frac{\mathrm{d}}{\mathrm{d}x}\left(\varGamma\frac{\mathrm{d}\phi}{\mathrm{d}x}\right) + S \tag{4.20}$$

式（4.20）中，左侧为对流项，右侧分别是扩散项和源项。方程中的 ϕ 是广义变量，可以是速度、温度或浓度等一些待求的物理量。$\varGamma$ 是相应于 ϕ 的广义扩散系数，S 是广义源项。

有限体积法的关键一步是在控制体积上积分控制方程，在控制体积节点上产生离散的方程。对一维模型方程式（4.20），在图 4-1 所示的控制体积 P 上进行积分，有

$$\int_{\Delta V}\frac{\mathrm{d}(\rho u\phi)}{\mathrm{d}x}\mathrm{d}V = \int_{\Delta V}\frac{\mathrm{d}}{\mathrm{d}x}\left(\varGamma\frac{\mathrm{d}\phi}{\mathrm{d}x}\right)\mathrm{d}V + \int_{\Delta V}S\mathrm{d}V \tag{4.21}$$

式（4.21）中，ΔV 是控制体积的体积值。当控制体积很微小时，ΔV 可以表示为 $\Delta V \cdot A$，这里 A 是控制体积界面的面积。从而有

$$(\rho u\phi A)_e - (\rho u\phi A)_w = \left(\varGamma A\frac{\mathrm{d}\phi}{\mathrm{d}x}\right)_e - \left(\varGamma A\frac{\mathrm{d}\phi}{\mathrm{d}x}\right)_w + S\Delta V \tag{4.22}$$

从式（4.22）可以看到，对流项和扩散项均已转化为控制体积界面上的值。有限体积法最显著的特点之一就是离散方程中具有明确的物理插值，即界面的物理量要通过插值的方式由节点的物理量来表示。

有限体积法中规定，ρ、μ、$\varGamma$、ϕ 和 $\frac{\mathrm{d}\phi}{\mathrm{d}x}$ 等物理量均是在节点处定义和计算的。为了建立所需形式的离散方程，需要找出如何表示式（4.22）中界面 e 和 w 处的 ρ、μ、$\varGamma$、和 $\frac{\mathrm{d}\phi}{\mathrm{d}x}$。

因此，为了计算界面上的这些物理参数（包括其导数），需要一个物理参数在节点间的近似分布。线性近似是可以用来计算界面物性值最直接、最简单的方式。这种分布叫作中心差分。如果网格是均匀的，则单个物理参数（以扩散系数 Γ 为例）的线性插值结果是

$$
\begin{cases}
\Gamma_e = \dfrac{\Gamma_P + \Gamma_E}{2} \\[3mm]
\Gamma_w = \dfrac{\Gamma_W + \Gamma_P}{2}
\end{cases}
\tag{4.23}
$$

$(\rho u \phi A)$ 的线性插值结果是

$$
\begin{cases}
(\rho u \phi A)_e = (\rho u)_e A_e \dfrac{\phi_P + \phi_E}{2} \\[3mm]
(\rho u \phi A)_w = (\rho u)_w A_w \dfrac{\phi_W + \phi_P}{2}
\end{cases}
\tag{4.24}
$$

与梯度项相关的扩散通量的线性插值结果是

$$
\begin{cases}
\left(\Gamma A \dfrac{\mathrm{d}\phi}{\mathrm{d}x} \right)_e = \Gamma_e A_e \left[\dfrac{\phi_E - \phi_P}{(\delta x)_e} \right] \\[3mm]
\left(\Gamma A \dfrac{\mathrm{d}\phi}{\mathrm{d}x} \right)_w = \Gamma_w A_w \left[\dfrac{\phi_P - \phi_W}{(\delta x)_w} \right]
\end{cases}
\tag{4.25}
$$

对于源项 S，它通常是时间和物理量 ϕ 的函数。为了简化处理，将 S 转化为如下线性方程式：

$$
S = S_C + S_P \phi_P
\tag{4.26}
$$

式（4.26）中，S_C 是常数，S_P 是随时间和物理量 ϕ 变化的项。将式（4.24）~式（4.26）代入式（4.23），有

$$
(\rho u)_e A_e \dfrac{\phi_P + \phi_E}{2} - (\rho u)_w A_w \dfrac{\phi_W + \phi_P}{2}
$$
$$
= \Gamma_e A_e \left[\dfrac{\phi_E - \phi_P}{(\delta x)_e} \right] - \Gamma_w A_w \left[\dfrac{\phi_P - \phi_W}{(\delta x)_w} \right] + (S_C + S_P \phi_P) \Delta V
\tag{4.27}
$$

整理后得到

$$
\left[\dfrac{\Gamma_e}{(\delta x)_e} A_e + \dfrac{\Gamma_w}{(\delta x)_w} A_w - S_P \Delta V \right] \phi_P
$$
$$
= \left[\dfrac{\Gamma_w}{(\delta x)_w} A_w + \dfrac{(\rho u)_w}{2} A_w \right] \phi_W + \left[\dfrac{\Gamma_e}{(\delta x)_e} A_e - \dfrac{(\rho u)_e}{2} A_e \right] \phi_E + S_C \Delta V
\tag{4.28}
$$

记为

$$
a_P \phi_P = a_W \phi_W + a_E \phi_E + b
$$

式（4.28）中

$$
\begin{cases}
a_W = \dfrac{\Gamma_w}{(\delta x)_w} A_w + \dfrac{(\rho u)_w}{2} A_w \\[3mm]
a_E = \dfrac{\Gamma_e}{(\delta x)_e} A_e - \dfrac{(\rho u)_e}{2} A_e \\[3mm]
a_P = \dfrac{\Gamma_e}{(\delta x)_e} A_e + \dfrac{\Gamma_w}{(\delta x)_w} A_w - S_P \Delta V \\[3mm]
\quad = a_E + a_W + \dfrac{(\rho u)_e}{2} A_e - \dfrac{(\rho u)_w}{2} A_w - S_P \Delta V \\[3mm]
b = S_C \Delta V
\end{cases}
\tag{4.29}
$$

对于一维问题，控制体积界面 e 和 w 处的面积 A_e 和 A_w 均为 1，即单位面积。这样 $\Delta V = \Delta x$，式（4.28）的各个系数可转化为

$$
\begin{cases}
a_W = \dfrac{\Gamma_w}{(\delta x)_w} + \dfrac{(\rho u)_w}{2} \\[3mm]
a_E = \dfrac{\Gamma_e}{(\delta x)_e} - \dfrac{(\rho u)_e}{2} \\[3mm]
a_P = a_E + a_W + \dfrac{(\rho u)_e}{2} - \dfrac{(\rho u)_w}{2} - S_P \Delta x \\[3mm]
b = S_C \Delta x
\end{cases}
\tag{4.30}
$$

根据 $a_P \phi_P = a_W \phi_W + a_E \phi_E + b$，每个节点上都可建立此离散方程，通过求解方程组，就可得到各物理量在各节点处的值。

为了方便，定义两个新的物理量 F 和 D，其中 F 表示通过界面上单位面积的对流质量通量（convective mass flux），简称对流质量流量，D 表示界面的扩散传导性（diffusion conductance）。定义表达式如下：

$$
\begin{cases}
F = \rho u \\[3mm]
D = \dfrac{\Gamma}{\delta x}
\end{cases}
\tag{4.31}
$$

这样，F 和 D 在控制界面上的值分别为

$$
\begin{cases}
F_w = (\rho u)_w, \quad F_e = (\rho u)_e \\[3mm]
D_w = \dfrac{\Gamma_w}{(\delta x)_w}, \quad D_e = \dfrac{\Gamma_e}{(\delta x)_e}
\end{cases}
\tag{4.32}
$$

在此基础上，定义一维单元网格的贝克来数，用 Pe 表示，其表达式为

$$
Pe = \frac{F}{D} = \frac{\rho u}{\Gamma / \delta x}
\tag{4.33}
$$

式（4.33）中，Pe 表示对流与扩散的强度之比。当 Pe 为 0 时，对流-扩散演变为纯扩散问题，即流场中没有流动，只有扩散；当 $Pe > 0$ 时，流体沿 x 方向流动；当 Pe 很大时，对流-扩散问题演变为纯对流问题。一般在中心差分格式中，有 $Pe < 2$ 的要求。

将式（4.31）代入式（4.30）中，有

$$
\begin{cases}
a_W = D_w + \dfrac{F_w}{2} \\[3mm]
a_E = D_e + \dfrac{F_e}{2} \\[3mm]
a_P = a_E + a_W + \dfrac{F_e}{2} - \dfrac{F_w}{2} - S_P \Delta x \\[3mm]
b = S_C \Delta x
\end{cases}
\tag{4.34}
$$

4.3.2 一维非稳态问题

非稳态（瞬态）问题与稳态问题相似，主要是非稳态项的离散。一维非稳态问题的通用控制方程如下：

$$
\frac{\partial(\rho \phi)}{\partial t} + \frac{\partial(\rho u \phi)}{\partial x} = \frac{\partial}{\partial x}\left(\Gamma \frac{\partial \phi}{\partial x}\right) + S
\tag{4.35}
$$

该方程从左到右的各项分别是非稳态项、对流项、扩散项及源项。方程中的 ϕ 是广义变量，如速度分量、温度、浓度等，Γ 为相应于 ϕ 的广义扩散系数，S 是广义源项。

对非稳态问题用有限体积法求解时，在将控制方程对控制体积进行空间积分的同时，还必须对时间间隔进行时间积分。对控制体积所做的空间积分与稳态问题相同，这里仅描述对时间 Δt 的积分。

将式（4.35）在一维计算网格上（图 4.1）对时间及控制体积进行积分，有

$$\int_t^{t+\Delta t}\int_{\Delta V}\frac{\partial(\rho\phi)}{\partial t}\mathrm{d}V\mathrm{d}t + \int_t^{t+\Delta t}\int_{\Delta V}\frac{\partial(\rho u\phi)}{\partial x}\mathrm{d}V\mathrm{d}t$$

$$=\int_t^{t+\Delta t}\int_{\Delta V}\frac{\partial}{\partial x}\left(\Gamma\frac{\partial\phi}{\partial x}\right)\mathrm{d}V\mathrm{d}t + \int_t^{t+\Delta t}\int_{\Delta V}S\mathrm{d}V\mathrm{d}t \tag{4.36}$$

整理后，有

$$\int_{\Delta V}\left[\int_t^{t+\Delta t}\frac{\partial(\rho\phi)}{\partial t}\mathrm{d}t\right]\mathrm{d}V + \int_t^{t+\Delta t}\left[(\rho u\phi A)_e - (\rho u\phi A)_w\right]\mathrm{d}t$$

$$=\int_t^{t+\Delta t}\left[\left(\Gamma\frac{\mathrm{d}\phi}{\mathrm{d}x}\right)_e - \left(\Gamma A\frac{\mathrm{d}\phi}{\mathrm{d}x}\right)_w\right]\mathrm{d}t + \int_t^{t+\Delta t}S\Delta V\mathrm{d}t \tag{4.37}$$

式（4.37）中，A 是图 4.1 中控制体积 P 的界面处的面积。

在处理非稳态项时，假定如下：

1）物理量 ϕ 在整个控制体积 P 上均具有节点处值 ϕ_P，并用线性插值 $(\phi_P - \phi_P^0)/\Delta t$ 来表示 $\partial\phi/\partial t$。

2）源项也分解为线性方程式 $S = S_C + S_P\phi_P$。

3）对流项和扩散项的值按中心差分格式通过节点处的值来表示，则有

$$\rho(\phi_P - \phi_P^0)\Delta V + \int_t^{t+\Delta t}\left[(\rho u)_e A_e\frac{\phi_P + \phi_E}{2} - (\rho u)_w A_w\frac{\phi_W + \phi_P}{2}\right]\mathrm{d}t$$

$$=\int_t^{t+\Delta t}\left\{\Gamma_e A_e\left[\frac{\phi_E - \phi_P}{(\delta x)_e}\right] - \Gamma_w A_w\left[\frac{\phi_P - \phi_W}{(\delta x)_w}\right]\right\}\mathrm{d}t + \int_t^{t+\Delta t}(S_C + S_P\phi_P)\Delta V\mathrm{d}t \tag{4.38}$$

假定变量 ϕ_P 对时间的积分为

$$\int_t^{t+\Delta t}\phi_P\mathrm{d}t = [f\phi_P - (1-f)\phi_P^0]\Delta t \tag{4.39}$$

式（4.41）中，上标 0 代表 t 时刻；ϕ_P 是 $t+\Delta t$ 时刻的值；f 为 0 与 1 之间的加权因子，当 $f=0$ 时，变量取原值进行时间积分，当 $f=1$ 时，变量采用新值进行时间积分。将 ϕ_P、ϕ_E、ϕ_W 及 $S_C + S_P\phi_P$ 进行时间积分，由式（4.38）可得到

$$\rho(\phi_P - \phi_P^0)\frac{\Delta V}{\Delta t} + f\left[(\rho u)_e A_e\frac{\phi_P + \phi_E}{2} - (\rho u)_w A_w\frac{\phi_W + \phi_P}{2}\right] +$$

$$(1-f)\left[(\rho u)_e A_e\frac{\phi_P^0 + \phi_E^0}{2} - (\rho u)_w A_w\frac{\phi_W^0 + \phi_P^0}{2}\right]$$

$$=f\left\{\Gamma_e A_e\left[\frac{\phi_E - \phi_P}{(\delta x)_e}\right] - \Gamma_w A_w\left[\frac{\phi_P - \phi_W}{(\delta x)_w}\right]\right\} +$$

$$(1-f)\left\{\Gamma_e A_e\left[\frac{\phi_E^0 - \phi_P^0}{(\delta x)_e}\right] - \Gamma_w A_w\left[\frac{\phi_P^0 - \phi_W^0}{(\delta x)_w}\right]\right\} +$$

$$[f(S_C + S_P\phi_P) + (1-f)(S_C + S_P\phi_P^0)]\Delta V \tag{4.40}$$

整理后得

$$
\left\{ \rho \frac{\Delta V}{\Delta t} + f \left[\frac{(\rho u)_e A_e}{2} - \frac{(\rho u)_w A_w}{2} \right] + f \left[\frac{\Gamma_e A_e}{(\delta x)_e} + \frac{\Gamma_w A_w}{(\delta x)_w} \right] - f S_P \Delta V \right\} \phi_P
$$

$$
= \left[\frac{(\rho u)_w A_w}{2} + \frac{\Gamma_w A_w}{(\delta x)_w} \right] \left[f\phi_W + (1-f)\phi_W^0 \right] +
$$

$$
\left[\frac{\Gamma_e A_e}{(\delta x)_e} - \frac{(\rho u)_e A_e}{2} \right] \left[f\phi_E + (1-f)\phi_E^0 \right] +
$$

$$
\left\{ \rho \frac{\Delta V}{\Delta t} - (1-f) \left[\frac{\Gamma_e A_e}{(\delta x)_e} + \frac{(\rho u)_e A_e}{2} \right] - \right.
$$

$$
\left. (1-f) \left[\frac{\Gamma_w A_w}{(\delta x)_w} - \frac{(\rho u)_w A_w}{2} \right] + (1-f) S_P \Delta V \right\} \phi_P^0 + S_C \Delta V \tag{4.41}
$$

扩展 F 和 D 的定义，即乘以面积 A，有

$$
\begin{cases} F_w = (\rho u)_w A_w, \ \ F_e = (\rho u)_e A_e \\ D_w = \dfrac{\Gamma_w A_w}{(\delta x)_w}, \ \ D_e = \dfrac{\Gamma_e A_e}{(\delta x)_e} \end{cases} \tag{4.42}
$$

代入式（4.41），得

$$
\left[\rho \frac{\Delta V}{\Delta t} + f \left(\frac{F_e}{2} - \frac{F_w}{2} \right) + f(D_e + D_w) - f S_P \Delta V \right] \phi_P
$$

$$
= \left(\frac{F_w}{2} + D_w \right) \left[f\phi_W + (1-f)\phi_W^0 \right] + \left(D_e - \frac{F_e}{2} \right) \left[f\phi_E + (1-f)\phi_E^0 \right] +
$$

$$
\left[\rho \frac{\Delta V}{\Delta t} - (1-f) \left(D_e + \frac{F_e}{2} \right) - (1-f) \left(D_w - \frac{F_w}{2} \right) + (1-f) S_P \Delta V \right] \phi_P^0 + S_C \Delta V \tag{4.43}
$$

同样也像稳态问题那样，引入 a_P、a_W、a_E，式（4.43）变为

$$
a_P \phi_P = \left[f\phi_W + (1-f)\phi_W^0 \right] a_W + \left[f\phi_E + (1-f)\phi_E^0 \right] a_E +
$$

$$
\left[\rho \frac{\Delta V}{\Delta t} - (1-f) \left(D_e + \frac{F_e}{2} \right) - (1-f) \left(D_w - \frac{F_w}{2} \right) + (1-f) S_P \Delta V \right] \phi_P^0 + S_C \Delta V \tag{4.44}
$$

式（4.44）中

$$
\begin{cases} a_P = a_P^0 + f(a_E + a_W) + f(F_e - F_w) - f S_P \Delta V \\ \\ a_W = D_w + \dfrac{F_w}{2} \\ \\ a_E = D_e - \dfrac{F_e}{2} \\ \\ a_P^0 = \rho \dfrac{\Delta V}{\Delta t} \end{cases} \tag{4.45}
$$

根据 f 的取值，非稳态问题对时间的积分有以下几种方案：

1）当 $f=0$ 时，变量的初值出现在式（4.44）的右端，从而可直接求出在当前时刻的未知变量值，这种方案称为显式时间积分格式。

2）当 $0 < f < 1$ 时，当前时刻的未知变量出现在方程的两端，需要解由若干方程组成的方程组才能求出现时刻的变量值，这种格式称为隐式时间积分格式。

3）当 $f = 1$ 时，称为全隐式时间积分格式。

4）当 $f = 1/2$ 时，称为 C-N 时间积分格式。

采用 von Neumann 分析方法可以证明，对于源项不随时间变化的问题，当 $\dfrac{1}{2} \leqslant f \leqslant 1$ 时式（4.44）是绝对稳定的，而当 $0 \leqslant f < \dfrac{1}{2}$ 时，稳定的条件则为 $\dfrac{a\Delta t}{\Delta x^2} \leqslant \dfrac{1}{2(1-2f)}$。

4.3.3　数学上稳定的格式未必能导致有物理意义的解

在数值模拟过程中，应该注意到采用数学上是稳定的初值问题的格式但未必能保证在所有的时间步长下均获得具有物理意义的解。下面举例说明这个现象。

例 4-1　设有一块无限大平板，初始温度 $T_0 > 0$，然后被置于温度为 0、表面传热系数为无限大的流体中，因而平板两表面温度可认为立即下降到 0。试在平板内取三个节点，两个在边界上，用式（4.44）来确定板的中间点温度随时间变化的情况。

首先，从物理上来推断，板的中间点温度 T_P 与前一时层温度 T_P^0 之比应永远为正值，并随时间的增长而趋近于零。如果一个差分格式所得出的比值 T_P / T_P^0 随 Δf 变化的情况与上述推断相一致，该格式的解在物理上就是真实的。

由式（4.44），结合本例的条件，可得

$$\frac{T_P}{T_P^0} = \frac{a_P^0 - (1-f)a_E - (1-f)a_W}{a_P}$$

$$= \frac{1 - 2(1-f)Fo_\Delta}{1 + 2fFo_\Delta}, \quad Fo_\Delta = \frac{a\Delta t}{\Delta x^2} \tag{4.46}$$

这里 Fo_Δ 为网格傅里叶数。在不同的 f 下，比值 T_P / T_P^0 随 Fo_Δ 变化的情形画于图 4.4 中。由图 4.4 可见，只有全隐格式（$f=1$）才能满足上述物理上的要求。任何 $f<1$ 的格式，当 Fo_Δ 大于一定值后都会出现物理上不真实的解。

以 C-N 格式为例，当 $Fo_\Delta > 1$ 时，得到的 T_P/T_P^0 出现负值，这在物理意义上是不正确的。C-N 格式按数学上稳定性的要求是绝对稳定的。但当时间步长 Δt 大于一定数值时，由 C-N 格式的解则会出现不合理的情况。

图 4.5 中画出了 $\left.\dfrac{\partial \theta}{\partial y}\right|_{Y=0}$ 随傅里叶数 $\dfrac{at}{L^2}$ 变化的情形，其中 $\theta = \dfrac{T - T_1}{T_0 - T_1}$，$T_1$ 为表面温度，T_0 为初始温度，$Y = y/L$，y 为板厚方向的坐标，L 为板的一半厚度。

可以发现，出现物理上的不真实性的另一种表现就是平板表面上的温度梯度会随时间发生振荡。由此可见，数学上的稳定性只能保证振荡是随时间的增长而衰减的，但不能保证在某一段时间内不出现振荡。所以对于 $0.5 \leqslant f < 1$ 的各种格式，为了获得具有物理意义的解，最大的时间步长仍要受到限制，这是采用非全隐格式时应注意之处。

此类振荡现象可以这样解释。对一维非稳态导热问题，空间导数采用二阶截差格式时，一般地可以把离散方程表示成以下形式：

$$a_P T_P = a_E T_E + a_W T_W + a_t T_P^0 + b \tag{4.47}$$

其中 a_t 表示在时间坐标上邻点的系数。这里 a_E、a_W 及 a_t 都具有影响系数的意义。按照热力学第二定律，空间与时间坐标上的邻点温度对 T_P 都应有正的影响，也就是说，这些系数都必须大于或等于零。当它们中有一个变为负值时，就会出现违反热力学第二定律的解。从这一基本观点出

发，对内热源为零的情形，由式（4.44）可得到采用 C-N 格式时为获得具有物理意义的解应满足的条件为

$$a_P^0 - \frac{a_E + a_W}{2} \geq 0 \tag{4.48}$$

对于常物性的无限大平板，当网格均分时，式（4.48）化为

$$\frac{\rho c \Delta x}{\Delta t} \geq \frac{2\lambda}{2\Delta x}，\text{即要求 } Fo_\Delta = \frac{a\Delta t}{\Delta x^2} \leq 1 \tag{4.49}$$

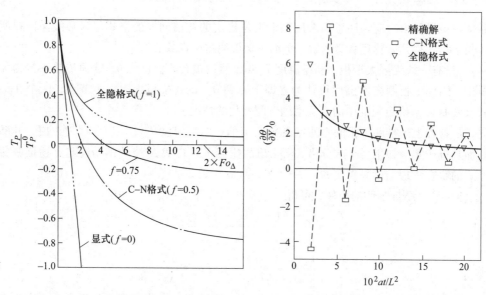

图 4.4　不同 f 下 T_P / T_P^0 的变化　　　　图 4.5　表面温度梯度变化

4.4　多维非稳态离散方程建立

多维导热问题（控制方程没有对流项）的离散方程的简化步骤与一维问题相似。这里采用控制容积积分法来推导三种正交坐标系中二维问题的离散方程，并将对离散方程通用化问题进行讨论。

4.4.1　直角坐标系

在直角坐标系中，二维非稳态导热方程为

$$\rho c \frac{\partial T}{\partial t} = \frac{\partial}{\partial x}\left(\lambda \frac{\partial T}{\partial x}\right) + \frac{\partial}{\partial y}\left(\lambda \frac{\partial T}{\partial y}\right) + S \tag{4.50}$$

图 4.6 给出了二维直角坐标的网格系统。图中采用内节点法，控制容积为 P，相邻点为 W、E、N、S。在时间间隔 $[t, t+\Delta t]$ 内，对图 4.6 中的控制容积 P 做积分，除了采用一维问题中的假设外，还假定在控制容积的界面上热流密度是均匀的。采用全隐格式，于是有

非稳态项的积分：$\int_s^n \int_w^e \int_t^{t+\Delta t} \rho c \frac{\partial T}{\partial t} \mathrm{d}x\mathrm{d}y\mathrm{d}t = (\rho c)_P \times (T_P - T_P^0) \Delta x \Delta y$

扩散项：

$$\int_t^{t+\Delta t} \int_s^n \int_w^e \frac{\partial}{\partial x}\left(\lambda\,\frac{\partial T}{\partial x}\right)\mathrm{d}x\mathrm{d}y\mathrm{d}t + \int_t^{t+\Delta t} \int_w^e \int_s^n \frac{\partial}{\partial y}\left(\lambda\,\frac{\partial T}{\partial y}\right)\mathrm{d}x\mathrm{d}y\mathrm{d}t$$

$$= \left[\lambda_e\,\frac{T_E - T_P}{(\delta x)_e} - \lambda_w\,\frac{T_P - T_W}{(\delta x)_w}\right]\Delta y\Delta t + \left[\lambda_n\,\frac{T_N - T_P}{(\delta y)_n} - \lambda_s\,\frac{T_P - T_S}{(\delta y)_s}\right]\Delta x\Delta t$$

源项：
$$\int_t^{t+\Delta t} \int_s^n \int_w^e S\mathrm{d}x\mathrm{d}y\mathrm{d}t = (S_C + S_P T_P)\Delta x\Delta y\Delta t$$

整理上述结果可得

$$a_P T_P = a_E T_E + a_W T_W + a_N T_N + a_S T_S + b \tag{4.51}$$

其中

$$
\begin{cases}
a_E = \dfrac{\Delta y}{(\delta x)_e/\lambda_e} \\[2mm]
a_W = \dfrac{\Delta y}{(\delta x)_w/\lambda_w} \\[2mm]
a_N = \dfrac{\Delta x}{(\delta y)_n/\lambda_n} \\[2mm]
a_S = \dfrac{\Delta x}{(\delta y)_s/\lambda_s} \\[2mm]
a_P = a_E + a_W + a_N + a_S + a_P^0 - S_P \Delta x \Delta y \\[2mm]
a_P^0 = \dfrac{(\rho c)_P \Delta x \Delta y}{\Delta t} \\[2mm]
b = S_C \Delta x \Delta y + a_P^0 T_P^0
\end{cases}
\tag{4.52}
$$

这里界面上的当量导热系数按调和平均法计算。对二维问题，取垂直于 x-y 平面方向上的厚度为 1，故 $\Delta x\Delta y$ 即可代表控制容积的体积。

进一步将一维问题扩展为二维与三维问题。在二维问题中，计算区域离散如图 4.6 所示。发现只是增加第二坐标 y，控制体积增加的上下界面，分别用 n（north）和 s（south）表示，相应的两个邻点分别记为 N 和 S。在全隐式时间积分方案下的二维非稳态对流-扩散问题的离散方程为

$$a_P \phi_P = a_W \phi_W + a_E \phi_E + a_N \phi_N + a_S \phi_S + b \tag{4.53}$$

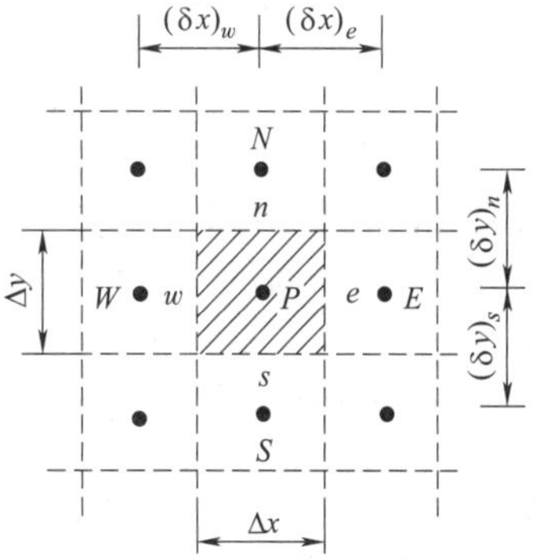

式（4.53）中

图 4.6　二维直角坐标的网格系统

$$
\begin{cases}
a_P = a_P^0 + a_E + a_W + a_S + a_N + (F_e - F_w) + (F_n - F_s) - S_P \Delta V \\[2mm]
a_W = D_w + \max(0,\ F_w) \\[2mm]
a_E = D_e + \max(0,\ -F_e) \\[2mm]
a_S = D_s + \max(0,\ F_s) \\[2mm]
a_N = D_n + \max(0,\ -F_n) \\[2mm]
a_P^0 = \rho_P^0\,\dfrac{\Delta V}{\Delta t} \\[2mm]
b = S_C \Delta V + a_P^0 + \phi_P^0
\end{cases}
\tag{4.54}
$$

4.4.2 圆柱轴对称坐标系

在轴对称的圆柱坐标中，非稳态导热问题的控制方程为

$$\rho c \frac{\partial T}{\partial t} = \frac{\partial}{\partial x}\left(\lambda \frac{\partial T}{\partial x}\right) + \frac{1}{r}\frac{\partial}{\partial r}\left(r\lambda \frac{\partial T}{\partial r}\right) + S \tag{4.55}$$

取一个弧度的中心角所包含的范围作为研究对象（图4.7），采用类似的推导方法可得形式与式（4.51）完全相同的离散方程，其中系数与常数项的计算方式为

$$\begin{cases} a_E = \dfrac{r_p \Delta r}{(\delta x)_e / \lambda_e} \\[2mm] a_W = \dfrac{r_p \Delta r}{(\delta x)_w / \lambda_w} \\[2mm] a_N = \dfrac{r_n \Delta x}{(\delta x)_n / \lambda_n} \\[2mm] a_S = \dfrac{r_s \Delta x}{(\delta r)_s / \lambda_s} \\[2mm] a_P = a_E + a_W + a_N + a_S + a_P^0 - S_P \Delta V \\[2mm] a_P^0 = \dfrac{(\rho c)_p \Delta V}{\Delta t} \\[2mm] b = S_C \Delta V + a_P^0 T_P^0 \end{cases} \tag{4.56}$$

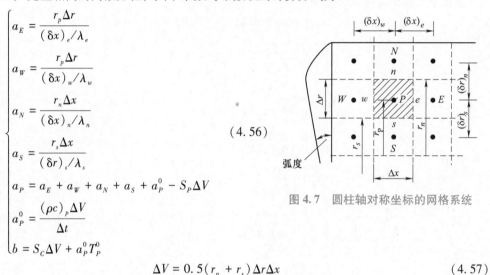

图 4.7　圆柱轴对称坐标的网格系统

$$\Delta V = 0.5(r_n + r_s)\Delta r \Delta x \tag{4.57}$$

4.4.3 三维问题计算区域离散

在三维问题中，计算区域离散如图4.8所示（两个方向的投影）。在二维的基础上增加第三坐标 z，控制体积增加的前后界面分别用 t（top）和 b（bottom）表示，相应的两个邻点记为 T 和 B。在全隐式时间积分方案下的三维非稳态对流-扩散问题的离散方程为

$$a_P \phi_P = a_W \phi_W + a_E \phi_E + a_N \phi_N + a_S \phi_S + a_T \phi_T + a_B \phi_B + b \tag{4.58}$$

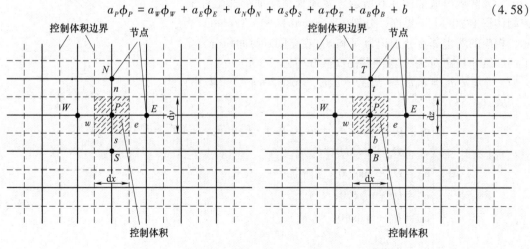

图 4.8　三维计算区域离散网格在两个方向上的投影

式（4.58）中

$$\begin{cases} a_P = a_P^0 + a_E + a_W + a_S + a_N + (F_e - F_w) + (F_n - F_s) + \\ (F_t - F_b) - S_P \Delta V \\ a_W = D_w + \max(0, F_w) \\ a_E = D_e + \max(0, -F_e) \\ a_S = D_s + \max(0, F_s) \\ a_N = D_n + \max(0, -F_n) \\ a_T = D_t + \max(0, -F_t) \\ a_B = D_b + \max(0, F_b) \\ a_P^0 = \rho_P^0 \dfrac{\Delta V}{\Delta t} \\ b = S_C \Delta V + a_P^0 + \phi_P^0 \end{cases} \quad (4.59)$$

4.4.4　不规则计算区域的处理

对于不规则的计算区域，可以采用区域扩充法使之成为规则区域。对位于一般曲线边界上的第二、三类边界条件的节点，也可以采用 Taylor 展开法或控制容积平衡法来获得边界节点的补充方程，下面以稳态二维导热问题为例进行说明。

例 4-2　设有如图 4.9 所示的不规则边界，试采用区域离散方法 A 进行区域离散并列出内节点 (i, j) 及边界节点的离散方程。

解：设边界与网格线交于节点 1、2 及 3。内节点记为 (i, j)。对于常物性无内热源问题，可以用 Taylor 展开法导出具有一阶截差的内节点 (i, j) 的离散方程：

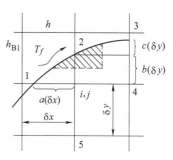

图 4.9　不规则边界的处理

$$\frac{aT_4 + T_1 - (a+1)T_{i,j}}{a(a+1)\delta x^2} + \frac{T_2 + bT_5 - (b+1)T_{i,j}}{b(b+1)\delta y^2} = 0 \quad (4.60\text{a})$$

令 $\delta y / \delta x = \mu$，则有

$$\frac{T_2}{\mu^2 b(b+1)} + \frac{T_5}{\mu^2(b+1)} + \frac{T_4}{a+1} + \frac{T_1}{a(a+1)} = \left(\frac{1}{a} + \frac{1}{\mu^2 b}\right) T_{i,j} \quad (4.60\text{b})$$

边界节点 2 的离散方程可以从能量守恒观点导出：

$$\phi_{CV} + \phi_{1-2} + \phi_{3-2} + \phi_{i,j-2} = 0 \quad (4.61)$$

这里 ϕ 为热流量。其中对流换热量为

$$\phi_{CV} = \frac{1}{2}\left(\sqrt{a^2 + \mu^2 b^2} + \sqrt{1 + c^2\mu^2}\right)(\delta x)h(T_f - T_2)$$

从节点 (i, j) 到节点 2 的导热量为

$$\phi_{i,j-2} = \frac{1}{2}(\delta x + a\delta x)\lambda \frac{T_{i,j} - T_2}{\mu B \delta x} = \frac{1+a}{2\mu b}\lambda(T_{i,j} - T_2) \quad (4.62)$$

为计算节点 1 与 2 及 3 与 2 之间的导热量，近似地取导热面积为 $\dfrac{1}{2}b\delta y = \dfrac{1}{2}\mu b\delta x$，于是得

$$\phi_{1-2} = \frac{\mu b \delta x}{2}\lambda \frac{T_1 - T_2}{(\sqrt{a^2 + \mu^2 b^2})\delta x} = \frac{\mu b \lambda}{2} \frac{T_1 - T_2}{\sqrt{a^2 + \mu^2 b^2}} \quad (4.63)$$

89

$$\phi_{3-2} = \frac{\mu b \lambda}{2} \frac{T_3 - T_2}{\sqrt{1 + \mu^2 c^2}} \tag{4.64}$$

整理后可得

$$\left(\frac{\mu b}{\sqrt{a^2 + \mu^2 b^2}} + \frac{\mu b}{\sqrt{1 + \mu^2 c^2}} + \frac{1 + a}{\mu b} \right) +$$

$$\frac{h \delta x}{\lambda} (\sqrt{a^2 + \mu^2 b^2} + \sqrt{1 + \mu^2 c^2}) T_2 = \frac{\mu b}{\sqrt{a^2 + \mu^2 b^2}} T_1 +$$

$$\frac{\mu b}{\sqrt{1 + \mu^2 c^2}} T_3 + \frac{1 + a}{\mu b} T_{i,j} + \frac{h \delta x}{\lambda} (\sqrt{a^2 + \mu^2 b^2} +$$

$$\sqrt{1 + \mu^2 c^2}) T_f \tag{4.65}$$

由式（4.60b）及式（4.65）可见，$T_{i,j}$ 及 T_2 的系数仍等于邻点系数之和，式（4.65）中 T_f 也是一个邻点温度。

4.5 离散方程的误差及方程的相容性、收敛性及稳定性

4.5.1 离散方程的截断误差

用符号 $L(\phi)_{i,n}$ 表示对函数在点 (i, n) 做微分运算的算子。例如对一维非稳态对流-扩散问题，可以定义微分算子：

$$L(\phi)_{i,n} = \left(\rho \frac{\partial \phi}{\partial t} + \rho u \frac{\partial \phi}{\partial x} - \Gamma \frac{\partial^2 \phi}{\partial x^2} - S \right)_{i,n}$$

而 $L(\phi)_{i,n} = 0$ 就是在节点 (i, n) 处的一维模型方程。

用符号 $L_{\Delta x, \Delta t}(\phi_i^n)$ 表示对 ϕ_i^n 做差分运算的算子，定义：

$$L_{\Delta x, \Delta t}(\phi_i^n) = \rho \frac{\phi_i^{n+1} - \phi_i^n}{\Delta t} + \rho u \frac{\phi_{i+1}^n - \phi_{i-1}^n}{2 \Delta x} - \Gamma \frac{\phi_{i+1}^n - 2\phi_i^n + \phi_{i-1}^n}{\Delta x^2} - S_i^n$$

于是 $L_{\Delta x, \Delta t}(\phi_i^n) = 0$ 就代表了一维模型方程的显式格式。

离散方程的截断误差是指其差分算子与相应的微分算子间的差，记为 TE，即

$$TE = L_{\Delta x, \Delta t}(\phi_i^n) - L(\phi)_{i,n} \tag{4.66}$$

对一维模型方程的显式格式，把 ϕ_i^{n+1}、$\phi_{i\pm1}^n$ 在点 (i, n) 的 Taylor 展开式代入离散方程并整理，为简便起见，设源项中不包括 ϕ 的函数，得

$$\left(\rho \frac{\phi_i^{n+1} - \phi_i^n}{\Delta t} + \rho u \frac{\phi_{i+1}^n - \phi_{i-1}^n}{2 \Delta x} - \Gamma \frac{\phi_{i+1}^n - 2\phi_i^n + \phi_{i-1}^n}{\Delta x^2} - S_i^n \right) -$$

$$\left(\rho \frac{\partial \phi}{\partial t} \Big|_{i,n} + \rho u \frac{\partial \phi}{\partial x} \Big|_{i,n} - \Gamma \frac{\partial^2 \phi}{\partial x^2} \Big|_{i,n} - S \Big|_{i,n} \right) = O(\Delta t) + O(\Delta x^2)$$

对此案例

$$TE = L_{\Delta x, \Delta t}(\phi_i^n) - L(\phi)_{i,n} = O(\Delta t, \Delta x^2) \tag{4.67}$$

注意，式（4.67）即是离散方程的精确解，差分算子为零，但微分算子则不为零。式（4.67）表明存在着两个正的常数 K_1 与 K_2，当 $\Delta t \to 0$ 及 $\Delta x \to 0$ 时，差分算子与微分算子之差小于等于（$K_1 \Delta t + K_2 \Delta x^2$）。

离散方程的相容性（consistency）是指当离散方程的截差呈 $O(\Delta t^m, \Delta x^n)$ 的形式时（m, n

均大于零），该离散方程具有相容性。但当截差表达式中含有 $\Delta t / \Delta x$ 项时，相容性仅在一定的条件下才能满足。

4.5.2　离散误差与收敛性

数值解的离散误差（discretization error）是指在网格节点 (i, n) 上离散方程的精确解 ϕ_i^n 偏离该点上相应的微分方程精确解 $\phi(i, n)$ 的值，称为该点上的离散误差，记为 ρ_i^n，即

$$\rho_i^n = \phi(i, n) - \phi_i^n \tag{4.68}$$

离散方程的收敛性（convergence）是指当时间与空间步长均趋近于零时，如果各个节点上的离散误差都趋近于零，则离散方程收敛。

4.5.3　舍入误差（round-off error）

在离散方程的实际求解过程中，因为计算数值精度以及特殊数值（例如 π）等因素，计算机通常要将数值舍入到某个有效数字，不可避免地会引入舍入误差。设由计算机实际求得的解为 $\widetilde{\phi}_i^n$，则在节点 (i, n) 上的舍入误差 ε_i^n 为

$$\varepsilon_i^n = \phi_i^n - \widetilde{\phi}_i^n \tag{4.69}$$

对于给定的物理问题，其数值解的舍入误差大小取决于所采用的计算方法及所用计算机的字节长度。

数值解总误差的组成如下式：

$$\phi(i, n) - \widetilde{\phi}_i^n = \phi(i, n) - \phi_i^n + \phi_i^n - \widetilde{\phi}_i^n = \rho_i^n + \varepsilon_i^n \tag{4.70}$$

式（4.70）表明：离散方程的数值解偏离相应精确解的总误差，由离散误差与舍入误差两部分所组成。计算实践表明，误差的主要来源是离散误差。

最后，对于各类误差进行简要总结如下：

A＝偏微分方程的精确解

D＝差分方程的精确解

N＝在某个具有有限精度的计算机上实际计算出来的解

则

离散误差（截断误差）：

$$L = A - D \tag{4.71a}$$

舍入误差：

$$\varepsilon = D - N \tag{4.71b}$$

总误差：

$$E = A - N = L + \varepsilon \tag{4.71c}$$

数值解：

$$N = D + \varepsilon \tag{4.71d}$$

这里数值解 N 应该满足差分方程，因为在计算机上编程，解的就是差分方程。

4.5.4　初值问题的稳定性（stability）

离散格式的一个固有属性是稳定或不稳定。von Neumann 分析离散格式的稳定性基本思想是一个初值问题的离散格式可以确保在任意时层计算中所引入的误差都不会在以后各时层的计算

中被不断地放大，以致变得无界。

假定所计算的初值问题的边界值是准确无误的，而在某时层（例如初始时刻）的计算中引入了一个误差矢量，误差就是一个小的扰动。如果这一扰动的强度（或振幅）是随时间的推移而不断增大的，则这一格式就是不稳定的；反之，若扰动的振幅随时间而衰减或保持不变，则格式就是稳定的。

为进行某一离散格式稳定性的分析，可以把误差矢量的一个谐波分量表达式代入离散方程中，以得出相邻两个时层间该谐波分量振幅之比。格式稳定性的条件要求：

$$\left| \frac{\psi(t + \Delta t)}{\psi(t)} \right| = \mu \leqslant 1 \tag{4.72}$$

式（4.72）中比值 μ 称为增长因子（amplified factor）。

下面给出用 von Neumann 方法分析稳定性的实例。

例 4-3 试分析一维非稳态导热方程显式格式的稳定性。

解：将 $\varepsilon(t) = \psi(t) e^{Ii\theta}$ 代入

$$\frac{T_i^{n+1} - T_i^n}{\Delta t} = a \frac{T_{i+1}^n - 2T_i^n + T_{i-1}^n}{\Delta x^2}$$

$$\frac{\psi(t + \Delta t) - \psi(t)}{\Delta t} e^{Ii\theta} = a \frac{\psi(t)}{\Delta x^2} \left[e^{I(i+1)\theta} - 2e^{Ii\theta} + e^{I(i-1)\theta} \right]$$

经整理得

$$\mu = \frac{\psi(t + \Delta t)}{\psi(t)} = 1 - 2 \left(\frac{a\Delta t}{\Delta x^2} \right) (1 - \cos\theta)$$

$$= 1 - 4 \left(\frac{a\Delta t}{\Delta x^2} \right) \sin^2 \frac{\theta}{2}$$

稳定的条件为

$$-1 \leqslant 1 - 4 \left(\frac{a\Delta t}{\Delta x^2} \right) \sin^2 \frac{\theta}{2} \leqslant 1 \tag{4.73}$$

此不等式的右端自动成立。要使左端在任何可能的 θ 值下均成立，应使网格傅里叶数 $a\Delta t/\Delta x^2$ 满足：

$$\frac{a\Delta t}{\Delta x^2} \leqslant \frac{1}{2}$$

讨论：von Neumann 分析法是针对第一类边界条件的问题而发展的，因而上述稳定性条件仅适用于内部节点。

式（4.73）表明：对于显式有限差分格式，稳定性要求对推进变量有所限制。只要 $\frac{\alpha\Delta t}{\Delta x^2} \leqslant \frac{1}{2}$，在 t 方向后面的推进中，误差都不会增大，数值解将呈现稳定的态势。反之，如果 $\frac{\alpha\Delta t}{\Delta x^2} > \frac{1}{2}$，误差将会持续增大，最终导致数值推进的解在计算机上发散。

还可以采用误差形式进行描述初值稳定性，如果定义 D 是差分方程的精确解，对于一阶非稳态导热方程，离散后的方程，可以写为

$$\frac{(D_i^{n+1} + \varepsilon_i^{n+1}) - (D_i^n + \varepsilon_i^n)}{\Delta t} = \alpha \frac{(D_{i+1}^n + \varepsilon_{i+1}^n) - 2(D_i^n + \varepsilon_i^n) + (D_{i-1}^n + \varepsilon_{i-1}^n)}{\Delta x^2} \tag{4.74}$$

而根据定义，D 是差分方程的精确解并满足差分方程，即

$$\frac{D_i^{n+1} - D_i^n}{\Delta t} = \alpha \frac{D_{i+1}^n - 2D_i^n + D_{i-1}^n}{\Delta x^2} \tag{4.75}$$

从式（4.75）中减去式（4.74），得

$$\frac{\varepsilon_i^{n+1} - \varepsilon_i^n}{\Delta t} = \alpha \frac{\varepsilon_{i+1}^n - 2\varepsilon_i^n + \varepsilon_{i-1}^n}{\Delta x^2} \tag{4.76}$$

可以看出，误差 ε 也满足差分方程。

现在考虑差分方程式（4.76）的稳定性。假设在求解这个方程的某个阶段，误差 ε_i 已经存在。当求解过程从第 n 步推进到第 $n+1$ 步时，如果 ε_i 衰减，至少是不增大，那么求解就是稳定的；反之，如果 ε_i 增大，求解就是不稳定的，也就是说，求解要是稳定的，应该有

$$\left| \frac{\varepsilon_i^{n+1}}{\varepsilon_i^n} \right| \leqslant 1 \tag{4.77}$$

例 4-4　设有下列一维非稳态导热问题：

$$\frac{\partial T}{\partial t} = a \frac{\partial^2 T}{\partial x^2}, \ 0 < x < 2\delta$$

$$t = 0, \ T = 100^\circ\text{C}, \ 0 < x \leqslant 2\delta$$

$$t > 0, \ T(0, \ t) = 400^\circ\text{C}, \ T(2\delta, \ t) = 100^\circ\text{C}$$

采用显式格式求解时，稳定条件为 $\frac{a\Delta t}{\Delta x^2} \leqslant 0.5$，试取 $\frac{a\Delta t}{\Delta x^2} = 1$ 做数值计算并分析其结果。

解：由于对称性取半个厚度作为计算区，采用区域离散方法 A（外节点法），等分为 4 个子区域，得 5 个节点。则显式差分方程化为

$$T_i^{n+1} = T_{i+1}^n + T_{i-1}^n - T_i^n \tag{4.78}$$

按式（4.78）对开始的 4 个时层的计算结果列于表 4.2 中。由表 4.2 可见，当计算进入第三时层时，数值结果已呈现出振荡的特性，失去了物理意义。

表 4.2　当 $\frac{a\Delta t}{\Delta x^2} = 1$ 时的计算结果

时刻	节点				
	1	2	3	4	5
0	400	100	100	100	100
Δt	400	400	100	100	100
$2\Delta t$	400	100	400	100	100
$3\Delta t$	400	700	−200	400	100
$4\Delta t$	400	−500	1300	−500	700

讨论：在上述计算中并未引入任何舍入误差，由于稳定性条件不满足，出现了解的振荡。因而初值问题离散方程的稳定性是格式本身的固有属性，凡是不稳定的格式总要引起解的振荡。

例 4-5　考虑一阶波动方程，分析双曲型方程稳定性。方程如下：

$$\frac{\partial u}{\partial t} + c\frac{\partial u}{\partial x} = 0 \tag{4.79}$$

用中心差分代替式中的空间导数,有

$$\frac{\partial u}{\partial x} = \frac{u_{i+1}^n - u_{i-1}^n}{2\Delta x} \tag{4.80}$$

如果再用简单的向前差分代替时间导数,就给出了代表方程式(4.79)的差分方程,形式为

$$\frac{u_i^{n+1} - u_i^n}{\Delta t} = -c\frac{u_{i+1}^n - u_{i-1}^n}{2\Delta x} \tag{4.81}$$

式(4.81)可以认为是从式(4.79)所能得到的最简单的差分方程,有时被称为欧拉显式格式。

然而将 von Neumann 稳定性分析应用于式(4.81),得到的结果却表明,无论 Δt 如何取值,方程总是给出不稳定的解。因此,式(4.82)被称为无条件不稳定的。

如果还是用一阶差分代替时间导数,但这次用两个网格点 $i+1$ 和 $i-1$ 上 u 的平均值来代表 u_i^n,即

$$u_i^n = \frac{1}{2}(u_{i-1}^n + u_{i+1}^n) \tag{4.82}$$

于是

$$\frac{\partial u}{\partial t} = \frac{u_i^{n+1} - \dfrac{1}{2}(u_{i+1}^n + u_{i-1}^n)}{\Delta t} \tag{4.83}$$

将式(4.80)和式(4.82)代入式(4.79),有

$$u_i^{n+1} = \frac{u_{i+1}^n + u_{i-1}^n}{2} - c\frac{\Delta t}{\Delta x}\frac{u_{i+1}^n - u_{i-1}^n}{2} \tag{4.84}$$

式(4.84)中的差分,也就是用式(4.83)表示时间导数,叫作 Lax(拉克斯)方法,数学家 Peter Lax 首先提出了这种方法。如果像前面一样,还假设 $\varepsilon_m(x, t) = e^{at}e^{ik_m x}$,并代入式(4.84),则它的放大因子为

$$e^{at} = \cos(k_m\Delta x) - iC\sin(k_m\Delta x) \tag{4.85}$$

式中,$C = c\dfrac{\Delta t}{\Delta x}$。

稳定性的要求 $|e^{at}| \leq 1$,用在式(4.85)上,给出

$$C = |c|\frac{\Delta t}{\Delta x} \leq 1 \tag{4.86}$$

式(4.86)中的 C 称为柯朗(Courant)数。此式表明,要使式(4.84)的解是稳定的,应该有 $\Delta t \leq \dfrac{\Delta x}{|c|}$。将式(4.86)称为柯朗-弗里德里奇-列维(Courant-Friedrichs-Lewy)条件,简称 CFL 条件,这个条件对双曲型方程来说是一个重要的稳定性准则。

4.5.5　离散方程的守恒性(conservativeness)

离散格式的守恒性是指如果对一个离散方程在定义域的任一有限空间内进行求和的运算(相当于连续问题中对微分方程做积分),所得的表达式满足该区域上物理量守恒的关系。以一维对流-扩散方程简化为纯对流方程为例:

$$\frac{\partial \phi}{\partial t} + \frac{\partial(u\phi)}{\partial x} = 0 \tag{4.87}$$

分析守恒性的一种直接方法是将式（4.87）离散成显式格式，其中对流项采用所要研究的格式来离散，然后将此离散方程在一定大小的范围内求和。

用直接求和法分析对流项中心差分的守恒特性：

$$\frac{\phi_i^{n+1} - \phi_i^n}{\Delta t} = -\left(\frac{\phi_{i+1}u_{i+1} - \phi_{i-1}u_{i-1}}{2\Delta x}\right) \tag{4.88}$$

为了书写方便起见，对流项中的时间标记已经删去。

在图 4.10 所示的均匀网格系统中，任意取出一段有限区间来分析。相应于对式（4.88）在 $[l_1, l_2]$ 的积分

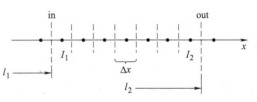

图 4.10　网格体系

$$\int_{l_1}^{l_2} \frac{\partial \phi}{\partial t}\mathrm{d}x = -\int_{l_1}^{l_2} \frac{\partial(u\phi)}{\partial t}\mathrm{d}x$$

有

$$\sum_{i=I_1}^{I_2} \frac{\phi_i^{n+1} - \phi_i^n}{\Delta t} = -\sum_{i=I_1}^{I_2} \frac{(\phi u)_{i+1} - (\phi u)_{i-1}}{2\Delta x}$$

或

$$\sum_{i=I_1}^{I_2} (\phi_i^{n+1} - \phi_i^n)\Delta x = -\left\{\sum_{i=I_1}^{I_2} [(\phi u)_{i-1} - (\phi u)_{i+1}]/2\right\}\Delta t \tag{4.89}$$

将式（4.89）右端的求和项展开，得到

$$\sum_{i=I_1}^{I_2} [(\phi u)_{i-1} - (\phi u)_{i+1}] =$$

$$
\begin{array}{ll}
(\phi u_{I_1-1}) & -(\phi u)_{I_1+1} \\
(\phi u)_{I_1} & -(\phi u)_{I_1+2} \\
(\phi u)_{I_1+1} & -(\phi u)_{I_1+3} \\
\quad\quad\cdots\cdots \\
(\phi u)_{I_2-3} & -(\phi u)_{I_2-1} \\
(\phi u)_{I_2-2} & -(\phi u)_{I_2} \\
(\phi u)_{I_2-1} & -(\phi u)_{I_2+1}
\end{array}
$$

互相抵消

所以

$$\frac{1}{2}\sum_{i=I_1}^{I_2} [(\phi u)_{i-1} - (\phi u)_{i+1}]$$

$$= \frac{1}{2}\{[(\phi u)_{I_1-1} + (\phi u)_{I_1}] - [(\phi u)_{I_2} + (\phi u)_{I_2+1}]\}$$

$$= (\phi u)_{\text{in}} - (\phi u)_{\text{out}}$$

则可以得出守恒表达式

$$\sum_{i=I_1}^{I_2} (\phi_i^{n+1} - \phi_i^n)\Delta x = [(\phi u)_{\text{in}} - (\phi u)_{\text{out}}]\Delta t \tag{4.90}$$

式（4.90）表明在 Δt 时间间隔内流入与流出某一区域中的通量之差等于该时间间隔中该区域内 ϕ 的增量，因而式（4.88）具有守恒特性。

注意，按本格式的定义界面上的值是采用线性插值的，式（4.90）右端方括号内的值分别是进口与出口截面上的流量。如果原来格式不采用线性插值来定义界面上的流量（相当于中心

差分），则式（4.90）右端方括号内的项并不代表 $(\phi u)_{in}$ 及 $(\phi u)_{out}$。

为保证离散方程具有守恒性，应满足以下两个条件：

1）导出离散方程的控制方程是守恒型的。

仍以一维纯对流问题为例，其非守恒型的方程为

$$\frac{\partial \phi}{\partial t} = - u \frac{\partial \phi}{\partial x} \tag{4.91}$$

从该式出发构造的中心差分格式为

$$\frac{\phi_i^{n+1} - \phi_i^n}{\Delta t} = - u_i \frac{\phi_{i+1} - \phi_{i-1}}{\Delta t} \tag{4.92}$$

对它做相应的求和计算得

$$\sum_{i=I_1}^{I_2} (\phi_i^{n+1} - \phi_i^n)\Delta x = - \sum_{i=I_1}^{I_2} \left[u_i(\phi_{i+1} - \phi_{i-1}) \right] \frac{\Delta t}{2} \tag{4.93}$$

对式（4.93）中方括号内部分展开并求和，得到如下结果：

$$u_{I_1}\phi_{I_1-1} \qquad\qquad -u_{I_1}\phi_{I_1+1}$$
$$u_{I_1+1}\phi_{I_1} \qquad\qquad -u_{I_1+1}\phi_{I_1+2}$$
$$u_{I_1+2}\phi_{I_1+1} \qquad\qquad -u_{I_1+2}\phi_{I_1+3}$$
$$u_{I_1+3}\phi_{I_1+2} \qquad\qquad -u_{I_1+3}\phi_{I_1+4}$$
$$\cdots\cdots$$
$$u_{I_2-2}\phi_{I_2-3} \qquad\qquad -u_{I_2-2}\phi_{I_2-1}$$
$$u_{I_2-1}\phi_{I_2-2} \qquad\qquad -u_{I_2-1}\phi_{I_2}$$
$$u_{I_2}\phi_{I_2-1} \qquad\qquad -u_{I_2}\phi_{I_2+1}$$

这里，同一截面上从其两侧的邻点写出的 ϕ 通量不能一一抵消，上述求和的结果就不能转化成区域的进出界面上通量的差，因而离散格式不具有守恒性。

2）在同一界面上各物理量（ϕ 及有关物性）及 ϕ 的一阶导数是连续的。所谓连续，这里指的是从界面两侧的两个控制容积写出的该界面上的值是相等的（图4.11a）。

如果用 F 表示界面上的流量，用 $\frac{\delta \phi}{\delta x}$ 表示一阶导数的离散形式，则上述连续性条件可表示为

$$\left[\left(\frac{\delta \phi}{\delta x} \right)_e \right]_P = \left[\left(\frac{\delta \phi}{\delta x} \right)_\omega \right]_E \tag{4.94}$$

其中 $(\phi_e)_P$ 表示从 P 点写出的 e 界面上的 ϕ 值，其余类推。在上述条件下，可使离开 P 控制容

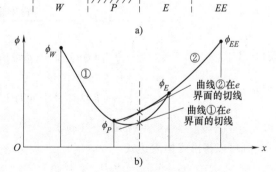

图 4.11　界面连续性的图示说明

积穿过 e 界面的质量流量、对流通量及扩散通量分别与穿过 e 界面进入 E 控制容积的对应量的绝对值相等。对整个计算区域求和时，由于流进与流出具有相反的符号，这些量在计算区域内部就互相抵消，只剩下在计算区域边界上的流进、流出的通量，满足上述守恒的要求。

根据这一分析就很容易证明对流项与扩散项的中心差分格式（相当于界面分段线性的型线

假设）具有守恒特性。为方便起见，假设界面位于两节点的中间，则根据中心差分（或分段线性的型线）有

$$\left[\left(\frac{\delta\phi}{\delta x}\right)_e\right]_P = \frac{\phi_E - \phi_P}{(\delta x)_e} = \left[\left(\frac{\delta\phi}{\delta x}\right)_w\right]_E \tag{4.95}$$

$$(\phi_e)_P = \frac{\phi_P + \phi_E}{2} = (\phi_w)_E \tag{4.96}$$

如果界面上型线选择不当，会达不到上述连续性，从而破坏了守恒性。图 4.11b 中画出了界面上的一种插值型线，规定对于 P 控制容积取 W、P 及 E 三点的值进行拟合获得 e 界面上的值及一阶导数；对于 E 控制容积则取 P、E 及 EE 三点上之值拟合。由图 4.11b 可见，虽然从形式上看这样拟合曲线的阶数比分段线性要高，但却破坏了界面上的连续性，无论函数本身或其一阶导数，从 E 及 P 控制容积来写出的结果均不相同，它使格式失去了守恒性。

具有守恒性的离散格式是一般希望采用的。采用具有守恒性的离散方程计算的结果能与原物理问题在守恒特性上保持一致，也可以使对任意大小体积的计算结果具有对原离散格式所估计的误差。一般来说，具有守恒特性的离散方程能给出比较准确的计算结果。因此，大多数从事工程传热与流动问题数值计算的研究者将具有守恒特性的离散格式视为理想的离散格式而广泛采用。

4.6　构造离散方程对流项常用的离散格式

在使用有限体积法时，将控制体积界面上的物理量及其导数通过节点物理量插值求出是关键。为了建立离散方程必须引入插值方式，插值方式常称为离散格式（discretization scheme）。不同的插值方式对应于不同的离散结果。

对于流动换热的控制方程，微分方程中最高阶导数为二阶（扩散项），扩散项的二阶截差离散格式能很好地反映扩散过程的特点，对于实际有意义的问题，这一离散格式完全能满足需要。关于扩散性的离散方法在本章的 4.3 节和 4.4 节已经进行介绍。

对于非线性方程的对流项，虽然是一阶导数项，但是由于对流作用带有强烈的方向性，离散方式的构造必须满足数值解的准确性、稳定性和经济性。

4.6.1　常用的离散格式

构造对流项常用的离散格式有中心差分格式、一阶迎风格式、混合格式、指数格式、乘方格式、二阶迎风格式、QUICK 格式。

图 4.12 给出了一维网格系统，相邻的点和界面定义。为了方便，定义两个新的物理量 F 和 D，其中 F 表示通过界面上单位面积的对流质量通量（convective mass flux），简称对流质量流量，D 表示界面的扩散传导性（diffusion conductance）。它们的定义表达式如下：

$$\begin{cases} F = \rho u \\ D = \dfrac{\Gamma}{\delta x} \end{cases} \tag{4.97}$$

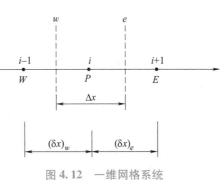

图 4.12　一维网格系统

这样，F 和 D 在控制界面 w、e 上的值分别为

$$\begin{cases} F_w = (\rho u)_w, \ \ F_e = (\rho u)_e \\ D_w = \dfrac{\Gamma_w}{(\delta x)_w}, \ \ D_w = \dfrac{\Gamma_e}{(\delta x)_e} \end{cases}$$

各种离散格式对一维、稳态、无源项的对流-扩散问题的通用控制方程〔式（4.98）〕，均能得到式（4.99）所示的形式，对于高阶情况则得到式（4.100）所示的形式。

$$\frac{\mathrm{d}(\rho u \phi)}{\mathrm{d}x} = \frac{\mathrm{d}}{\mathrm{d}x}\left(\Gamma \frac{\mathrm{d}\phi}{\mathrm{d}x}\right) \tag{4.98}$$

$$a_P \phi_P = a_W \phi_W + a_E \phi_E \tag{4.99}$$

$$a_P \phi_P = a_W \phi_W + a_{WW} \phi_{WW} + a_E \phi_E + a_{EE} \phi_{EE} \tag{4.100}$$

式（4.100）中，对于一阶情况，$a_P = a_W + a_E + (F_e - F_w)$，对于二阶情况，$a_P = a_W + a_E + a_{WW} + (F_e - F_w)$，其中系数 a_W 和 a_E 取决于所使用的离散格式（高阶还有 a_{WW} 和 a_{EE}）。各种离散格式系数 a_W 和 a_E 的计算公式见表4.3。下面分别介绍各种离散格式。

表4.3　不同离散格式下系数 a_W 和 a_E 的计算公式

离散格式	系数 a_W	系数 a_E
中心差分格式	$D_w + \dfrac{F_w}{2}$	$D_e - \dfrac{F_e}{2}$
一阶迎风格式	$D_w + \max(0, \ F_w)$	$D_e + \max(0, \ -F_e)$
混合格式	$\max\left[F_w, \ \left(D_w + \dfrac{F_w}{2}\right), \ 0\right]$	$\max\left[-F_e, \ \left(D_e - \dfrac{F_e}{2}\right), \ 0\right]$
指数格式	$\dfrac{F_w \exp(F_w/D_w)}{\exp(F_w/D_w) - 1}$	$\dfrac{F_e}{\exp(F_e/D_e) - 1}$
乘方格式	$D_w \max[0, \ (1 - 0.1\lvert Pe\rvert)^3]$ $+ \max(0, \ F_w)$	$D_e \max[0, \ (1 - 0.1\lvert Pe\rvert)^3]$ $+ \max(-F_e, \ 0)$
二阶迎风格式	$D_w + \dfrac{3}{2}\alpha F_w + \dfrac{1}{2}\alpha F_e$ $a_{WW} = -\dfrac{1}{2}\alpha F_w$	$D_e - \dfrac{3}{2}(1-\alpha)F_e - \dfrac{1}{2}(1-\alpha)F_w$ $a_{EE} = \dfrac{1}{2}(1-\alpha)F_e$
QUICK 格式	$D_w + \dfrac{6}{8}a_w F_w + \dfrac{1}{8}a_w F_e + \dfrac{3}{8}(1-a_w)F_w$ $a_{WW} = -\dfrac{1}{8}\alpha_w F_w$	$D_e - \dfrac{3}{8}\alpha_e F_e - \dfrac{6}{8}(1-\alpha_e)F_e - \dfrac{1}{8}(1-a_e)F_e$ $a_{EE} = \dfrac{1}{8}(1-\alpha_e)F_e$

1. 中心差分格式（central differencing scheme）

该中心差分格式中，界面上的物理量采用线性插值公式来计算，即取上游和下游节点的算术平均值，它是有条件稳定。定义网格贝克来数 $Pe = \dfrac{F}{D} = \dfrac{\rho u \delta x}{\Gamma}$，其中 δx 是网格的特性尺寸。当网格 Pe 小于等于2时，中心差分格式的计算结果与精确解基本吻合，在不发生振荡的参数范围内，可以获得较准确的结果。如没有特殊声明，扩散项总是采用中心差分格式来进行离散。但中心差分格式因为有限制而不能作为对于一般流动问题的离散格式，必须创建其他更合适的离散格式。

2. 一阶迎风格式 (first order upwind scheme)

若界面上的未知量取上游节点（即迎风侧节点）的值，如图 4.13 所示，这种迎风格式具有一阶截差，因此称为一阶迎风格式。无论在任何计算条件下都不会引起解的振荡，是绝对稳定的。但是当网格 Pe 较大时，假扩散严重，为避免此问题，常需要加密网格。研究表明，在对流项中心差分的数值解不出现振荡的参数范围内，在相同的网格节点数量条件下，采用中心差分的计算结果要比采用一阶迎风格式的结果误差小。因此，随着计算机处理能力的提高，在正式计算时，一阶迎风格式目前常被后续要讨论的二阶迎风格式或其他高阶格式所代替。

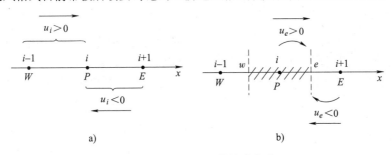

图 4.13 一阶迎风的构造方式

3. 混合格式 (hybrid scheme)

混合格式综合了中心差分和迎风作用两方面的因素，当 $|Pe| < 2$ 时，使用具有二阶精度的中心差分格式；当 $|Pe| \geqslant 2$ 时，采用具有一阶精度但考虑流动方向的一阶迎风格式，如图 4.14 所示。该格式综合了中心差分格式和一阶迎风格式共同的优点，其离散系数总是正的，是无条件稳定的。计算效率高，总能产生物理上比较真实的解，且是高度稳定的。但缺点是只具有一阶精度。

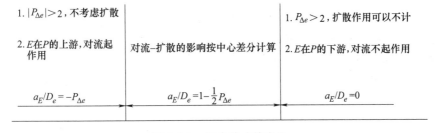

图 4.14 混合格式的定义

4. 指数格式 (exponential scheme)

指数格式将扩散与对流的作用合在一起来考虑，绝对稳定，如图 4.15 所示。在应对于一维的稳态问题时，指数格式保证对任何的贝克来数 Pe 以及任意数量的网络点均可以得到精确解。缺点是指数运算较为费时，对于多维问题以及源项不为零的情况此方案不准确。

5. 乘方格式 (power-law scheme)

Patankar 在 1979 年提出了与指数格式

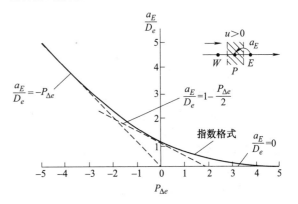

图 4.15 指数格式的 a_E/D_e 随 $P_{\Delta e}$ 变化

十分接近而计算工作量又较小的乘方格式，表达式为

$$\frac{a_E}{D_e} = \begin{cases} 0, & P_{\Delta e} > 10 \\ (1 - 0.1 P_{\Delta e})^5, & 0 \leqslant P_{\Delta e} \leqslant 10 \\ (1 + 0.1 P_{\Delta e})^5 - P_{\Delta e}, & -10 \leqslant P_{\Delta e} \leqslant 0 \\ -P_{\Delta e}, & P_{\Delta e} < -10 \end{cases} \tag{4.101}$$

式（4.101）的紧凑表达式为

$$\frac{a_E}{D_e} = [\,|0,\ (1 - 0.1\,|P_{\Delta e}|)^5\,|\,] + [\,|0,\ -P_{\Delta e}|\,] \tag{4.102}$$

在式（4.101）和式（4.102）中用乘方运算代替了指数格式的指数运算，因而称为乘方格式。

图 4.16 给出乘方格式的表达式图。可以看出该格式绝对稳定，与指数格式的精度较接近，但比指数格式省时。主要适用于无源项的对流-扩散问题。对有非常数源项的场合，当 Pe 较高时有较大误差。

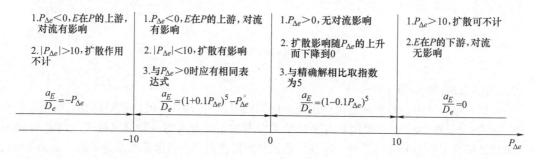

图 4.16　乘方格式定义

6. 二阶迎风格式（second order upwind scheme）

二阶迎风格式与一阶迎风格式的相同点在于，二者都通过上游单元节点的物理量来确定控制体积界面的物理量。但二阶格式不仅要用到上游最近一个节点的值，还要用到另一个上游节点的值，如图 4.17 所示。它可以看作是在一阶迎风格式的基础上，考虑了物理量在节点间分布曲线的曲率影响。在二阶迎风格式中，只有对流项采用了二阶迎风格式，而扩散项仍采用中心差分格式。二阶迎风格式具有二阶精度的截差，但仍有假扩散的问题。

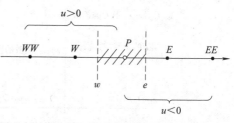

图 4.17　二阶迎风格式示意图

7. QUICK 格式

QUICK（Quadratic Upstream Interpolation for Convective Kinetics）是"对流项二次迎风插值"格式，它是由英国学者 Leonard（1979 年）提出的用于计算控制体界面值的二次插值计算格式。QUICK 格式利用控制体界面两侧的三个点进行插值，包括两个位于界面两侧的相邻节点和一个位于上游侧的远邻点，如图 4.18 所示。

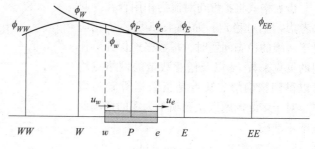

图 4.18　QUICK 格式

对流项的 QUICK 格式具有三阶精度的截差，但扩散项仍采用二阶截差的中心差分格式。对于与流动方向对齐的结构网格而言，QUICK 格式可产生比二阶迎风格式等更精确的计算结果。QUICK 格式常用于六面体（二维中四边形）网格。对于其他类型的网格，一般使用二阶迎风格式。

4.6.2　关于离散格式的讨论

对于任一种离散格式，希望其既具有稳定性，又具有较高的精度，同时又能适应不同的流动形式，而实际上又不存在这样理想的离散格式。根据上述各种离散格式的对比可以归纳出如下几点结论：

1）控制方程的扩散项一般采用中心差分格式离散，因此扩散项总是自动地使用二阶精度的离散格式，而对流项则可采用多种不同的格式进行离散。在对流项中心差分的数值解不出现振荡的参数范围内，在相同的网格节点数下，采用中心差分的计算结果要比采用迎风差分的结果误差更小。

2）一阶迎风格式离散方程系数 a_E 及 a_W 永远大于零，因而无论在任何计算条件下都不会引起解的振荡，永远可以得出在物理上看起来是合理的解。正是由于这一点，使一阶迎风格式在过去半个世纪中得到广泛的采用。由于一阶迎风格式的截差阶数低，除非采用相当细密的网格，否则其计算结果的误差较大。有时，为了加快计算速度，可先在一阶精度格式下计算，然后再转到二阶精度格式下计算。如果使用二阶精度格式遇到难以收敛的情况，则可考虑改换一阶精度格式。

3）当流动方向与网格对齐时，如使用四边形或六面体网格模拟层流流动，使用一阶精度离散格式是可以接受的。但当流动斜穿网格线时，一阶精度格式将产生明显的离散误差（数值扩散）。因此，对于 2D 三角形及 3D 四面体网格，建议使用二阶精度格式，特别是对复杂流动更是如此。对于转动及有旋流的计算，在使用四边形及六面体网格时，具有三阶精度的 QUICK 格式可能产生比二阶精度更好的结果。但是，一般情况下，用二阶精度就已足够，即使使用 QUICK 格式，结果也不一定好。乘方格式一般产生与一阶精度格式相同精度的结果。

总之，在满足稳定性条件的范围内，截差较高的格式求出的解的准确度要高一些，并且准确性往往是与稳定性相矛盾的。由此，在进行实际计算时，应结合具体情况和自身需求选用合适的离散格式。

CFD 软件允许用户为对流项选择不同的离散格式。当使用分离式求解器时，所有方程中的对流项均用一阶迎风格式离散；当使用耦合式求解器时，流动方程可以使用二阶精度格式，其他方程使用一阶精度格式进行离散。

4.6.3　离散格式选择与离散方程的迁移性特征

1. 对流与扩散现象在物理本质上的区别

从物理过程来看，扩散作用与对流作用在传递信息或扰动方面的特性有很大的区别。扩散是由于分子的不规则热运动所致。分子不规则热运动对空间不同方向的概率都是一样的，因而扩散过程可以把发生在某一地点上的扰动的影响向各个方向传递。对流是流体微团宏观的定向运动，带有强烈的方向性。在对流的作用下，发生在某一地点上的扰动只能向其下游方向传递而不会逆向传播。

图 4.19 中给出扩散与对流在传递扰动方面的差别。其中 ε 表示对某一物理量的扰动，t_0 是初始时刻，t_1，t_2，…表示相继时刻，虚线所示图形表示在扩散或对流作用下扰动的传递情形。

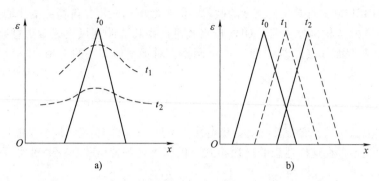

图 4.19 扩散与对流作用在传递扰动性能方面的差别

2. 扩散项的中心差分可以将扰动均匀地向四周传递

首先证明，扩散项的中心差分确实具有把扰动向四周均匀传递的特性。为此，研究一维非稳

态扩散方程 $\rho \dfrac{\partial \phi}{\partial t} = \Gamma \dfrac{\partial^2 \phi}{\partial x^2}$ 的显式格式：

$$\rho \frac{\phi_i^{n+1} - \phi_i^n}{\Delta t} = \Gamma \frac{\phi_{i+1}^n - 2\phi_i^n + \phi_{i-1}^n}{\Delta x^2} \tag{4.103}$$

采用离散扰动分析法（discrete disturbance analysis）来确定式（4.103）传递扰动的特性。离散扰动分析法采用非稳态显式的某种格式来研究该格式传递扰动的特性。

为分析方便，假设开始时物理量的场已经均匀化，即 ϕ 处处相等，且假定其值为零。从某一时刻开始（如第 n 时层），在某一节点 i 上突然有了一个扰动，而其余各点上的扰动均为零，如图 4.20a 所示。随着时间的推移，这一扰动传递的情形可按上述差分方程来确定。将式（4.103）分别应用于（$n+1$）时层的 i、$i+1$ 节点可得

对节点 i：

$$\frac{\rho(\phi_i^{n+1} - \phi_i^n)}{\Delta t} = \Gamma \frac{\phi_{i+1}^n - 2\phi_i^n + \phi_{i-1}^n}{\Delta x^2}$$

其中 $\phi_{i+1}^n = \phi_{i-1}^n = 0$，所以

$$\phi_i^{n+1} = \phi_i^n \left(1 - \frac{2\Delta t}{\Delta x^2} \frac{\Gamma}{\rho} \right) = \varepsilon \left(1 - 2 \frac{\Gamma \Delta t}{\rho \Delta x^2} \right)$$

按稳定性要求，$\dfrac{\Gamma \Delta t}{\rho \Delta x^2} \leqslant 1/2$，所以 $0 \leqslant 1 - 2 \dfrac{\Gamma \Delta t}{\rho \Delta x^2} \leqslant 1$。

对节点 $i+1$：

$$\rho \frac{\phi_{i+1}^{n+1} - \phi_{i+1}^n}{\Delta t} = \Gamma \frac{\phi_{i+2}^n - 2\phi_{i+1}^n + \phi_{i-1}^n}{\Delta x^2}$$

其中 $\phi_{i+1}^n = \phi_{i+2}^n = 0$，所以

$$\phi_{i+1}^{n+1} = \varepsilon \left(\frac{\Gamma \Delta t}{\rho \Delta x^2} \right)$$

类似地，对节点 $i-1$ 有

$$\phi_{i-1}^{n+1} = \varepsilon \left(\frac{\Gamma \Delta t}{\rho \Delta x^2} \right)$$

如果取 $\dfrac{\Gamma \Delta t}{\rho \Delta x^2} = 0.25$，则 n 时层的扰动（图 4.20a）到（$n+1$）时层变成如图 4.20b 所示，显

然 n 时刻发生在节点的扰动已均匀地向两侧传递。从这里看到，扩散项的中心差分（界面分段线性型线）既具有守恒特性，又能使扰动均匀地向四周传递，因而是一个理想的离散格式。

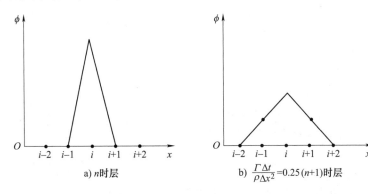

a) n 时层　　　　　　b) $\dfrac{\Gamma \Delta t}{\rho \Delta x^2} = 0.25\,(n+1)$ 时层

图 4.20　在扩散作用下扰动的传递

3. 对流项离散格式的迁移性

如果对流项的某种离散格式仅能使扰动沿着流动方向传递，则称此离散格式具有迁移特性。分析对流项离散格式迁移性的方法也是离散扰动分析法，即把要研究的离散格式用于一维纯对流方程的显式格式，然后应用这一格式来预测扰动向两侧传递的情况。

例 4-6　证明对流项的中心差分不具有迁移特性。

将中心差分应用于一维非稳态纯对流方程的非守恒形式：

$$\frac{\partial \phi}{\partial t} + u \frac{\partial \phi}{\partial x} = 0 \tag{4.104}$$

有

$$\frac{\phi_i^{n+1} - \phi_i^n}{\Delta t} = -\, u\, \frac{\phi_{i+1}^n - \phi_{i-1}^n}{2\Delta x} \tag{4.105}$$

其中流速 u 为常数。

采用类似的分析法，对于节点 $(i+1)$ 在 $(n+1)$ 时层有

$$\frac{\phi_{i+1}^{n+1} - \phi_{i+1}^n}{\Delta t} = -\, u\, \frac{\phi_{i+2}^n - \phi_i^n}{2\Delta x}$$

其中 $\phi_{i+1}^n = \phi_{i+2}^n = 0$，所以

$$\phi_{i+1}^{n+1} = \left(\frac{u\Delta t}{\Delta x} \right) \frac{\varepsilon}{2}$$

而在 $i-1$ 点处则有

$$\frac{\phi_{i-1}^{n+1} - \phi_{i-1}^n}{\Delta t} = -\, u\, \frac{\phi_i^n - \phi_{i-2}^n}{2\Delta x}$$

因为 $\phi_{i-1}^n = \phi_{i-2}^n = 0$，于是有

$$\phi_{i-1}^{n+1} = -\left(\frac{u\Delta t}{\Delta x} \right) \frac{\varepsilon}{2}$$

可见 i 点的扰动同时向相反的两个方向传递，所以对流项的中心差分不具有迁移特性。

4. 对流项的迎风差分具有迁移性

对流项迎风差分的基本思想是迎着来流（即从上游）去获取信息以构造对流项的离散格式。

采用 Taylor 展开法时，从上游获得节点以构造一阶导数的差分表达式；采用控制容积积分法时从上游获得节点来构造界面的插值。本节先介绍 Taylor 展开法中迎风差分的构造方法：

$$\begin{cases} \dfrac{\partial \phi}{\partial x}\bigg|i = \dfrac{\phi_i - \phi_{i-1}}{\Delta x}, \ u > 0 \\[3mm] \dfrac{\phi_{i+1} - \phi_i}{\Delta x}, \ u < 0 \end{cases} \tag{4.106}$$

与式（4.106）相应的格式图案如图 4.21 所示。显然式（4.106）就是 i 点一阶导数的向后或向前差分，因为只有一阶截差所以称为一阶迎风格式。

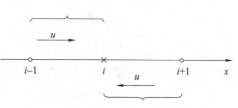

图 4.21　一阶迎风的格式图案

下面以 $u>0$ 的情形来分析一阶迎风格式。对节点 $i+1$，在 n 时层产生在节点 i 的扰动对 $i+1$ 点的影响由下式确定：

$$\frac{\phi_{i+1}^{n+1} - \phi_{i+1}^n}{\Delta t} = -u \frac{\phi_{i+1}^n - \phi_i^n}{\Delta x}, \ (\phi_{i+1}^n = 0) \tag{4.107}$$

由此得

$$\phi_{i+1}^{n+1} = \varepsilon \left(\frac{u\Delta t}{\Delta x} \right)$$

而在 $i-1$ 处则有

$$\frac{\phi_{i-1}^{n+1} - \phi_{i-1}^n}{\Delta t} = -u \frac{\phi_{i-1}^n - \phi_{i-2}^n}{\Delta x}, \ (\phi_{i-1}^n = \phi_{i-2}^n = 0) \tag{4.108}$$

得

$$\phi_{i-1}^{n+1} = 0$$

可见采用一阶迎风时，扰动仅向流动方向传递，故一阶迎风具有迁移性。

关于迁移性及迎风差分的进一步讨论：

1）迁移性是对流项离散格式的一个重要的物理定性，它对于对流-扩散方程离散形式的数值稳定性具有重要影响。凡是由不具有迁移性的对流项离散格式所组成的离散方程，在数值计算中可能会形成振荡的解，因而只是有条件的稳定。

2）对流项中心差分的截差为二阶，而一阶迎风差分仅为一阶（相当于向前或向后差分）。但就它们对物理特性的模拟而言，迎风差分反比中心差分更合理。在数值解不出现振荡的范围内，对流项采用中心差分的计算结果要比采用一阶迎风格式的解的精度更高；但当对流作用十分强烈，而计算的网格数又受到限制时，采用中心差分的计算结果会出现解的振荡，即物理量的空间分布随位置做上下波动。

4.7　离散方程的边界条件和源项的处理

4.7.1　界面上当量导热系数的确定方法

1. 算术平均法（arithmetic mean）

设在图 4.22 所示的 P、E 之间，λ 与 x 呈线性关系，则由 P、E 两点上的 AP、AE 确定 A 的算术平均公式为

$$\lambda_e = \lambda_P \left[\frac{(\delta x)_{e^-}}{(\delta x)_e} \right] + \lambda_E \left[\frac{(\delta x)_{e^-}}{(\delta x)_e} \right] \qquad (4.109)$$

显然，算术平均值相当于线性插值。这种方法在早期的导热问题数值计算中曾广为采用。

2. 调和平均法（harmonic mean）

利用传热学的基本公式可以导出确定界面上当量导热系数的调和平均公式。设在图 4.22 中，控制容积 P、E 的导热系数不相等，则据界面上热流密度连续的原则，由 Fourier 定律可得

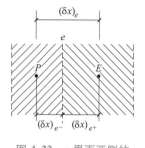

图 4.22　e 界面两侧的几何关系

$$q_e = \frac{T_e - T_P}{\frac{(\delta x)_{e^-}}{\lambda_P}} = \frac{T_E - T_e}{\frac{(\delta x)_{e^+}}{\lambda_E}} = \frac{T_E - T_P}{\frac{(\delta x)_{e^-}}{\lambda_P} + \frac{(\delta x)_{e^+}}{\lambda_E}} \qquad (4.110a)$$

另一方面，按界面上当量导热系数的含义，应有

$$q_e = \frac{T_E - T_P}{\frac{(\delta x)_e}{\lambda_e}} \qquad (4.110b)$$

由式（4.110a）、式（4.110b）得

$$\frac{(\delta x)_e}{\lambda_e} = \frac{(\delta x)_{e^-}}{\lambda_P} + \frac{(\delta x)_{e^+}}{\lambda_E} \qquad (4.111)$$

这就是确定界面上当量导热系数的调和平均公式，它可以看成是串联过程热阻迭加原则的反映。

3. 两种方法的比较

通过对下述情形的分析可以看出上述两种方法的优劣。设在图 4.22 中，$\lambda_P \gg \lambda_E$，则按算术平均方法，当网格均分时有 $\lambda_e = \frac{\lambda_P + \lambda_E}{2} \cong \frac{\lambda_P}{2}$，即 P、E 两点间的导热阻力为 $(\delta x)_e / (\lambda_P/2) = 2(\delta x)_e / \lambda_P$，这表明此时 P、E 间的热阻主要由导热系数大的物体所决定，显然是不符合传热学基本原理的。实际上，此时控制体 E 构成了热阻的主要部分，P、E 间的热阻应为

$$\frac{(\delta x)_{e^-}}{\lambda_P} + \frac{(\delta x)_{e^+}}{\lambda_E} \cong \frac{(\delta x)_{e^+}}{\lambda_E} \qquad (4.112)$$

调和平均方法式（4.111）与这一结果是完全一致的。

上述调和平均的方程式虽然是对于稳态、无内热源、导热系数呈阶梯式变化的情形导出的，但从定性上说，串联热阻叠加原则的适用性不应受上述条件的限制。

大量研究表明，对于表征输运特性的物性参数，如导热系数、动力黏度，调和平均方法都优于算术平均方法。本书中采用调和平均方法，至此，一维稳态导热离散方程中的系数 a_E 及 a_W 可以表示为

$$a_E = \frac{A_e}{\frac{(\delta x)_{e^-}}{\lambda_P} + \frac{(\delta x)_{e^+}}{\lambda_E}}; \quad a_W = \frac{A_w}{\frac{(\delta x)_{w^-}}{\lambda_W} + \frac{(\delta x)_{w^+}}{\lambda_W}} \qquad (4.113)$$

4. 导热系数发生阶跃性变化时，阶跃面的两种处理方式

当计算区域中导热系数发生阶跃性变化时，对阶跃面有两种处理方法：

1）把物性阶跃面作为控制容积的分界面（图 4.23a），采用调和平均计算的结果比采用算术

平均时更准确。

2）把物性的阶跃面设置成一个节点的位置（图4.23b）。数值计算实例表明该布置方式的阶跃面上的热流密度的计算结果要比采用第一种布置方式时更精确。这是因为在这种情况下阶跃面两侧的温度梯度是不同的。而采用第一种方法处理时，对于控制容积界面上分段线性的型线，相当于以某种假想的平均值来代替，而采用第二种方法处理时，物性阶跃面两侧的温度梯度单独计算，有利于提高计算精度。

4.7.2 边界条件的处理

当计算区域的边界为第二、第三类边界条件时，边界节点的温度是未知量。为使内部节点的温度代数方程组能得以封闭，有两类方法可以采用，即补充边界节点代数方程的方法（补充节点法）及附加源项法。本节主要介绍前一种。

边界节点离散方程的建立也可以采用多种方法，现以 Taylor 展开法及控制容积平衡法为例说明。

先讨论区域离散方法 A（外节点法）的情形。对于如图4.24所示无限大平板的第二类边界条件，采用 Taylor 展开法时，只要把边界条件的表达式

$$\lambda \frac{dT}{dx}\bigg|_{x=\delta} = q_B \tag{4.114}$$

中的导数用差分表达式来代替即可，即

$$T_{M_1} = T_{M_1-1} + \frac{\delta x q_B}{k} \tag{4.115}$$

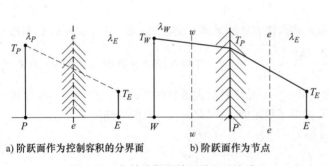

图4.23 物性阶跃面的两种处理方式

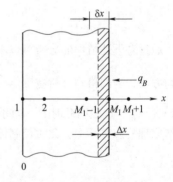

图4.24 边界节点离散方程的建立

注意，在式（4.115）中规定以进入计算区域的热量为正值。以后处理边界条件时，都按照这一规定。式（4.115）的截差为一阶，而内点上如采用中心差分，则截差为二阶。在做物理问题的数值计算时，一般希望内节点与边界节点离散方程截差的等级保持一致，如果不一致，会影响计算结果的准确度。为得出具有二阶截差的公式，可以采用虚拟点法。如图4.24所示，在右边界外虚设一点 M_1+1，这样节点 M_1 就可视为内节点，其一阶导数即可采用中心差分：

$$\lambda \frac{T_{M_1+1} - T_{M_1-1}}{2\delta x} = q_B \tag{4.116}$$

为消去 T_{M_1+1}，由一维、稳态、含内热源的控制方程可得在 M_1 点的离散形式：

$$\lambda \frac{T_{M_1+1} - 2T_{M_1} + T_{M_1-1}}{(\delta x)^2} + S = 0 \tag{4.117}$$

从以上两式消去 T_{M_1+1} 得

$$T_{M_1} = T_{M_1-1} + \frac{\delta x \Delta x S}{\lambda} + \frac{q_B \delta x}{\lambda} \tag{4.118}$$

其中 $\Delta x = \delta x/2$，是节点 M_1 所代表的控制容积的厚度。

对于第三类边界条件，以 $q_B = h(T_f - T_{M_1})$ 代入式（4.115）、式（4.118），并对 T_{M_1} 解出，得相应于一阶与二阶截差的节点离散方程：

$$T_{M_1} = \left[T_{M_1-1} + \left(\frac{h\delta x}{\lambda} \right) T_f \right] \Big/ \left(1 + \frac{h\delta x}{\lambda} \right) \tag{4.119}$$

$$T_{M_1} = \left[T_{M_1-1} + \frac{\delta x \Delta x S}{\lambda} + \left(\frac{h\delta x}{\lambda} \right) T_f \right] \Big/ \left(1 + \frac{h\delta x}{\lambda} \right) \tag{4.120}$$

再用控制容积平衡法来推导。对于图 4.24 所示边界节点的控制容积做能量平衡，得

$$q_B + \lambda \frac{T_{M_1-1} - T_{M_1}}{\delta x} + S\Delta x = 0 \tag{4.121}$$

将式（4.121）对 T_{M_1} 解出即得式（4.118）。由此可见，采用控制容积平衡法所得的离散方程具有二阶精度，而且其物理意义明确，因而这一方法在边界节点离散方程的建立中得到广泛的应用。

当区域离散采用内节点（离散方法 B）时，边界节点可以看成是第二种区域离散法中当边界节点所代表的控制容积厚度 Δx 趋近于零时的极限。于是对图 4.24 中的右端点，由式（4.119）、式（4.120）得

第二类边界条件：

$$T_{M_1} = T_{M_1-1} + \frac{q_B \delta x}{\lambda} \tag{4.122}$$

第三类边界条件：

$$T_{M_1} = \left[T_{M_1-1} + \left(\frac{h\delta x}{\lambda} \right) T_f \right] \Big/ \left(1 + \frac{h\delta x}{\lambda} \right) \tag{4.123}$$

其中 δx 是边界节点与第一个内节点之间的距离。值得指出：式（4.123）虽然在形式上与区域离散方法 A 中具有一阶截差的式（4.119）一样，但它却是区域离散方法 B 中具有二阶截差的公式，这可以从下列算例中看出。

例 4-7　设有一导热型方程，$\dfrac{\mathrm{d}^2 T}{\mathrm{d} x^2} - T = 0$，边界条件为 $x = 0$，$T = 0$；$x = 1$，$\dfrac{\mathrm{d} T}{\mathrm{d} x} = 1$。试将该区域三等分，分别用区域离散方法 A 及方法 B 求解该问题。

解：采用区域离散方法 A 时，网格划分如图 4.25a 所示，内点上采用中心差分，网格端点采用一阶截差时，离散方程为

$$-T_3 + 2\frac{1}{9}T_2 = 0$$

$$-T_4 + 2\frac{1}{9}T_3 - T_2 = 0$$

$$T_4 - T_3 = 1/3$$

右端点采用二阶截差时，上述第三式应为

$$2\frac{1}{9}T_4 - 2T_3 = \frac{2}{3}$$

这一问题的精确解为

$$T = \frac{e}{e^2 + 1}(e^x - e^{-x})$$

在节点 2、3、4 上的精确解及右端点两种处理情形下的数值解，列于表 4.4 中。由表 4.4 可见，右端点采用二阶截差时的结果远比采用一阶截差时的结果准确。

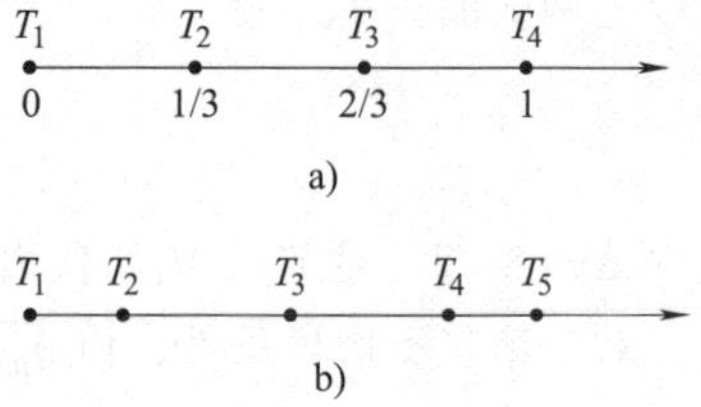

图 4.25　例 4-7 网格划分

表 4.4　边界条件离散表达式截差的影响（区域离散方法 A）

格式	T_2	T_3	T_4
精确解	0.2200	0.4648	0.7616
一阶截差	0.2477	0.5229	0.8563
二阶截差	0.2164	0.4570	0.7408

再采用区域离散方法 B 求解该问题。网格选取如图 4.25b 所示，节点 2、3、4 及 5 的离散方程为

$$T_2 - \frac{9}{28}T_3 = 0$$

$$\frac{9}{19}T_2 - T_3 + \frac{9}{19}T_4 = 0$$

$$\frac{9}{28}T_3 - T_4 + \frac{18}{28}T_5 = 0$$

$$T_4 - T_5 = -1/6$$

数值解与精确解的比较到出于表 4.5 中。

表 4.5　采用区域离散方法 B 时数值解与精确解的比较

格式	T_2	T_3	T_4	T_5
精确解	0.1085	0.3377	0.6048	0.7616
区域离散方法 B 的数值解	0.1084	0.3372	0.6035	0.7702

讨论：由表 4.4、表 4.5 可见，采用区域离散方法 B 且由控制体积平衡法建立的离散方程与区域离散方法 A 中具有二阶精度的格式相当。

4.7.3　源项的处理

1. 非常数源项的线性化处理（linearization of source term）

这里所指的源项是一个广义量，它代表了那些不能包括在控制方程的非稳态项、对流项与扩散项中的所有其他各项之和。在控制方程中加入广义源项对于扩展所讨论的算法及相应程序的通用性具有重要意义。如果源项为常数，则在离散方程的建立过程中不带来任何困难。当源项是所求解未知量的函数时，源项的数值处理十分重要，有时甚至是数值求解成败的关键所在。

应用较广泛的一种处理方法是把源项局部线性化，即假定在未知量微小变动范围内，源项 S 可以表示成该未知量的线性函数。于是在控制容积 P 内，它可以表示成下式的形式：

$$S = S_C + S_P T_P \tag{4.124}$$

其中 S_C 为常数部分，S_P 是 S 随 T 而变化的曲线在 P 点的斜率（图4-26中切线1的斜率）。

关于源项的线性化处理要做以下说明：

1）当源项为未知量的函数时，线性化的处理比假定源项为常数更为合理。因为如果 $S=f(T)$，则把各控制容积中的 S 作为常数处理，就是以上一次迭代计算所得的 T^* 来计算 S，这样源项相对于 T 永远有一个滞后；而按式（4.124）线性化后，式中的 T_P 是迭代计算的当前值，这样使 S 能更快地跟上 T_P 的变化。

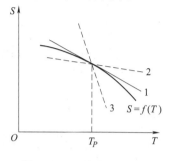

图4.26 S_P 的含义的图示

2）线性化处理又是建立线性代数方程所必需的。如果采用二阶或高阶的多项式，则所形成的离散方程就不是线性代数方程。

3）为了保证代数方程迭代求解的收敛，要求 $S_P \leqslant 0$。考虑到离散方程式都可以写成 $a_P T_P = \sum a_{nb} T_{nb} + b$ 的形式，下标以 b 表示邻点，$a_P = \sum a_{nb} - S_P \Delta V$，$\Delta V$ 为控制容积的体积。线性代数方程迭代求解收敛的一个充分条件是对角占优，即 $a_P \geqslant \sum a_{nb}$，这就要求 $S_P \leqslant 0$。

4）由代数方程迭代求解的公式

$$T_P = \frac{\sum a_{nb} T_{nb} + b}{\sum a_{nb} - S_P \Delta V} \tag{4.125}$$

可见，S_P 绝对值的大小影响迭代过程中温度的变化速度，S_P 的绝对值越大（$S_P<0$），系统的惯性越大，相邻两次迭代之间 T 的变化越小，因而收敛速度下降，但有利于克服迭代过程的发散。在图4.26中，如 S_P 取为曲线3的斜率就属此种情形。S_P 的绝对值小，可使变化率加快，但容易引起发散，图4.26中曲线2即代表这种情形。

列出几个关于源项线性化的实例。

例4-8 对于源项：$S=3-6T$，局部线性化可直接取 $S_C=3$，$S_P=-6$。

例4-9 对于源项：$S=5+9T$，可取 $S_P=0$，$S_C=5+9T^*$。这样做使迭代时源项中的 T 总是落后于当前值，因而收敛速度下降，但这是可以接受的方法。

如果要进一步减慢收敛速度（例如对强烈的非线性问题），可构造一个人为的负 S_P 项，如取 $S_P=-3$，则 $S_C=-5+12T^*$。

例4-10 源项 $S=4-2T^2$，根据 S 在迭代过程中随 T 变化的情形，可以确定 S_C 与 S_P，即

$$S = S^* + \left(\frac{\mathrm{d}S}{\mathrm{d}T}\right)(T - T^*) = (4 - 2T^{*2}) - (4T^*)(T - T^*)$$

$$= (4 + 2T^{*2}) - (4T^*)T$$

所以

$$S_C = 4 + 2T^{*2}, \quad S_P = -4T^*$$

2. 附加源项法

附加源项法（additional source term method）的基本思想是将第二类或第三类边界条件所规定的进入或导出计算区域的热量作为与边界相邻的控制容积的当量源项，如图4.27所示。这样处理后，如果与边界相邻的控制容积中的节点是内节点，则对此控制容积建立起来的离散方程可以不包含边界上的位置温度。

下面以区域离散法 B 介绍附加源项法。

对边界节点 P 的控制容积可以写出

$$a_P T_P = a_E T_E + a_W T_W + a_N T_N + a_S T_S + b \qquad (4.126)$$

式中, $a_W = \dfrac{\lambda_B \Delta y}{(\delta x)_w}$ 。

为了能够消除位置边界温度 T_W ，对式 (4.126) 进行变换：

$$(a_P - a_W) T_P = a_E T_E + a_N T_N + a_S T_S + a_W (T_W - T_P) + b$$
$$\qquad (4.127)$$

可以发现

$$a_W (T_W - T_P) = \frac{\lambda_B \Delta y (T_W - T_P)}{(\delta x)_w} = q_B \Delta y \qquad (4.128)$$

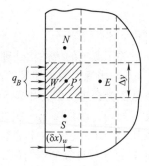

图 4.27　附加源项法
示意图

其中 q_B 为进入控制容积的热流密度，以进入为正。则 P 点的方程就可以转化为

$$a'_P T_P = a_E T_E + a_N T_N + a_S T_S + q_B \Delta y + b \qquad (4.129)$$

（1）第二类边界条件　此时已知，$q_B \Delta y$ 可以与 b 组成新项：

$$q_B \Delta y + b = \left(S_C + \frac{q_B \Delta y}{\Delta x \Delta y} \right) \Delta x \Delta y = (S_C + S_{C, ad}) \Delta x \Delta y \qquad (4.130)$$

同时，有

$$a'_P = a_P - a_W = a_E + 0 + a_N + a_S - S_P \Delta x \Delta y \qquad (4.131)$$

对于第二类边界条件，如果把 $\dfrac{q_B \Delta y}{\Delta x \Delta y}$ 作为与边界相邻的控制容积的附加常数源项，记为 $S_{C, ad}$ ，同时令 $a_W = 0$ ，则所得离散方程既满足能量守恒关系，又可以把未知边界温度排除在外。

（2）第三类边界条件　此时 q_B 可以表示为

$$q_B = h(T_f - T_W) \qquad (4.132)$$

另外根据 Fourier 定律可得

$$q_B = \frac{\lambda_B (T_f - T_P)}{(\delta x)_w} \qquad (4.133)$$

因此

$$q_B = \frac{T_f - T_W}{1/h} = \frac{T_W - T_P}{\delta x / \lambda_B} = \frac{T_f - T_W}{1/h + (\delta x)_w / \lambda_B} \qquad (4.134)$$

代入式 (4.131)，最终可以得到

$$\left[a'_P + \frac{A}{1/h + (\delta x)_w / \lambda_B} \right] T_P = a_E T_E + a_N T_N + a_S T_S + \left\{ S_C + \frac{A T_f}{\Delta V [1/h + (\delta x)_w / \lambda_B]} \right\} \Delta V$$
$$\qquad (4.135)$$

因此，可以把附加源项表示为

$$S_{C, ad} = \frac{A}{\Delta V} \frac{T_f}{1/h + (\delta x)_w / \lambda_B} \qquad (4.136)$$

$$S_{P, ad} = -\frac{A}{\Delta V} \frac{T_f}{1/h + (\delta x)_w / \lambda_B} \qquad (4.137)$$

同样使 $a_W = 0$ 就可以实现使未知边界温度不进入离散方程。

附加源项法实施步骤如下：

1）计算与边界相邻的内部节点控制容积的附加源项 $S_{C, ad}$ 、$S_{P, ad}$ ，并将它们分别加入原有

的 S_c、S_p 中。

2）令该边界的节点导热系数 $\lambda_B = 0$，以使 $a_W = 0$。

3）按常规方法建立起内节点的离散方程，并在内节点的范围内求解代数方程组。

4）获得收敛解后按 Fourier 定律或者 Newton 冷却公式获取未知的边界温度。

附加源项法可以用于处理不规则的计算区域，并且物理意义明确，实施方法更加简单。附加源项法比补充节点法更简单有效，体现在通过附加源项法处理边界，所有问题的边界条件都是第一类，这样有利于用统一模式处理三种边界条件。此外，采用附加源项法求解区域限于内节点，可以缩小计算区域

4.8 求解离散方程的三对角阵算法

在对所要求解的导热问题（控制方程不包含对流项）建立封闭的代数方程组后，需要求解这一代数方程组来得出各个节点上的温度值。本节中着重介绍结合导热问题的数值解求解一维导热问题的三对角阵算法（Tridiagonal Matrix Method，TDMA）。

4.8.1 三对角阵算法

显式格式的优点在于下一时层之值可以直接由上一时层的值计算而得，不必解联立代数方程。但是其稳定性条件限制了所能采用的最大时间步长。对于所有的隐式格式（$f>0$ 的格式），由于每一个节点方程中都包含了同一时层上相邻三点的值，必须通过求解联立方程组才能获得该时层上的值。因而，无论是对一维稳态导热问题，还是一维非稳态的隐式格式问题，都必须联立求解如下形式的代数方程：

$$a_P T_P = a_E T_E + a_W T_W + b \tag{4.138a}$$

这里，对于非稳态问题，与 T^0 有关的项已并入 b 项中。

式（4.138a）表明，每个节点的代数方程中最多只包含三个节点的未知值，可以认为其他节点上未知值的系数均为零。这样，如果把一维导热问题的离散方程组写成矩阵的形式，其系数阵是一个三对角阵，仅对角元素及其上下邻位上的元素不为零，而其他元素均为零。

对于系数矩阵为三对角阵的代数方程组，已经发展出了多种直接解法，其中基于 Gauss 消元法的 Thomas 算法应用最广。

4.8.2 一般情况下的 Thomas 算法

为讨论方便，把式（4.138a）改写为

$$A_i T_i = B_i T_{i+1} + C_i T_{i-1} + D_i \tag{4.138b}$$

假设共有 M_1 个节点，即 $i=1$，M_1。显然当 $i=1$ 时，$C_i=0$，而 $i=M_1$ 时，$B_i=0$，即首、尾两个节点的方程中仅有两个未知数。Thomas 的求解过程分为消元与回代两步。消元时，从系数矩阵的第二行起，逐一把每行中的非零元素消去一个，使原来的三元方程化为二元方程。消元进行到最后一行时，该二元方程就化为一元，可立即得出该未知量的值。然后逐一往前回代，由各二元方程解出其他未知值。

下面来导出消元与回代过程中系数计算的通式。消元的目的是要把式（4.138b）化成以下形式的方程：

$$T_{i-1} = P_{i-1} T_i + Q_{i-1} \tag{4.139}$$

为了找出系数 P_i、Q_i 与 B_i、C_i 及 D_i 之间的关系，以 $C_i \times$式（4.139）+式（4.138b），得

$$A_i T_i + C_i T_{i-1} = B_i T_{i+1} + C_i T_{i-1} + D_i + C_i P_{i-1} T_i + C_i Q_{i-1} \tag{4.140}$$

整理后得

$$T_i = \frac{B_i}{A_i - C_i P_{i-1}} T_{i+1} + \frac{D_i + C_i Q_{i-1}}{A_i - C_i P_{i-1}} \tag{4.141}$$

与式（4.139）相比得

$$P_i = \frac{B_i}{A_i - C_i P_{i-1}}, \quad Q_i = \frac{D_i + C_i Q_{i-1}}{A_i - C_i P_{i-1}} \tag{4.142}$$

这两个计算系数 P_i、Q_i 的通式是递归的，即要计算 P_i、Q_i，需要知道 P_{i-1}、Q_{i-1}，最终要求知道 P_1、Q_1 的值。P_1、Q_1 可以由左端点的离散方程来确定：

$$A_1 T_1 = B_1 T_2 + C_1 T_0 + D_1，\text{其中 } C_1 T_0 = 0$$

所以

$$P_1 = B_1 / A_1, \quad Q_1 = D_1 / A_1 \tag{4.143}$$

当消元进入最后一行时，有

$$T_{M_1} = P_{M_1} T_{M_1+1} + Q_{M_1}, \quad P_{M_1} T_{M_1+1} = 0$$

所以

$$T_{M_1} = Q_{M_1} \tag{4.144}$$

从式（4.144）出发，利用式（4.139）及式（4.142）、式（4.143）便可逐个回代，得出 T_i ($i = M_1 - 1, \cdots, 1$)。

上述求解方法称为三对角矩阵法，在计算流体力学及计算传热学中应用很广。

4.8.3　第一类边界条件下 TDMA 的实施

如果采用附加源项法来实施第二、第三类边界条件，则把所有的问题都看成是具有第一类边界条件那样处理。这时尽管 T_1 及 T_{M_1} 均为未知值，但代数方程求解则在 $i = 2$ 到 $i = M_2$ 两点之间进行。解得内节点之值后，再计算出 T_1 及 T_{M_1}。因而这种情形下 TDMA 的实施应做以下调整。

对图 4.28 所示网格系统，将式（4.139）用于 $i = 1$ 时，有

$$T_1 = P_1 T_2 + Q_1 \tag{4.145}$$

显然应取 $P_1 = 0$，$Q_1 = T_1$。

类似地将式（4.139）用于 M_2 点，有

$$T_{M_2} = P_{M_2} T_{M_1} + Q_{M_2} \tag{4.146}$$

显然，因为 T_{M_1} 已知，故 T_{M_2} 即可从式（4.146）得出，消元进行到 $i = M_2$ 即可。因而对第一类边界条件或作为第一类边界条件处理的情形，有：消元过程从 $i = 2$ 开始，取 $P_1 = 0$，$Q_1 = T_1$；回代过程从 $i = M_2 - 1$ 开始，取 $T_{M_2} = P_{M_2} T_{M_1} + Q_{M_2}$。

其他的公式及步骤与一般情况下的 TDMA 相同。

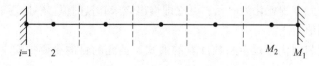

图 4.28　离散方法 B 的一维网格

本 章 小 结

本章主要介绍了数值模拟常用的数值方法以及控制方程的离散方法。

首先对数值模拟常用的数值方法——有限差分法、有限元法和有限体积法进行了介绍和比较。讨论了离散方程的建立方法，包括 Taylor 展开法（数学角度方法）、控制容积积分法及平衡法（物理角度方法），展示了有限差分法与有限体积法这两种数值解法的基本特点。介绍了离散方程的误差定义及离散方程的相容性、收敛性及稳定性等。

本章基于有限体积法对一维稳态问题、一维非稳态问题的通用控制方程进行离散。介绍了二维直角坐标系、圆柱轴对称坐标系下多维非稳态导热方程（控制方程不含对流项）的显式格式、全隐格式以及 C-N 格式。应该注意，数值模拟过程中，即使采用数学上稳定的初值问题格式，也未必能保证所有的时间步长下均能获得具有物理意义的解。

控制方程的扩散项虽然是二阶，但是采用二阶截差的离散格式已经可以满足要求，而对流项虽然只有一阶，但由于对流作用具有强烈方向性的特点，对流项的离散要求更高。本章介绍了采用有限体积法建立离散方程过程中构建对流项常用的离散格式（插值格式），包括中心差分格式、一阶迎风格式、混合格式、指数格式、乘方格式、二阶迎风格式、QUICK 格式等，总结了这些离散格式的特点和适用场合，强调实际上又不存在这样理想的离散格式，既具有稳定性，又具有较高的精度，同时又能适应不同的流动形式。介绍了对于两种确定界面上当量导热系数的方法和边界条件的处理方法。介绍了源项线性化处理方法以及求解离散导热方程所采用的三对角阵算法。

113

习　　题

4-1　对图 4.29 所示的非均分网格 设 $(\delta x)^+/(\delta x)^- = a$，试导出 $\left.\dfrac{\mathrm{d}\phi}{\mathrm{d}x}\right|_i$ 的截差为二阶精度的差分表达式。

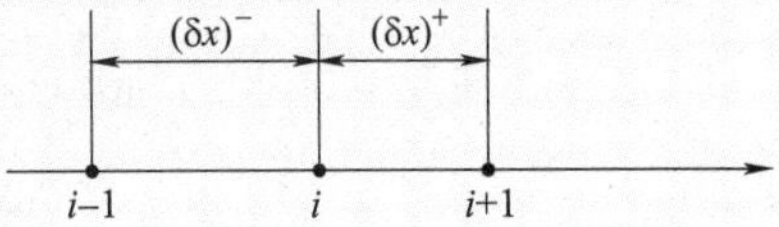

4-2　设非线性方程：$u\dfrac{\partial u}{\partial x} = \eta\dfrac{\partial^2 u}{\partial y^2}$，$\eta$ 为常数，试写出其守恒形式并用控制容积积分法导出其离散方程。

4-3　用控制容积积分法导出下列一维导热问题的离散方程：

$$\frac{1}{r}\frac{\mathrm{d}}{\mathrm{d}r}\left(rk\frac{\mathrm{d}T}{\mathrm{d}r}\right) + S = 0,\ S\ 为常数$$

用 Taylor 展开法导出其非守恒形式

$$k\frac{\mathrm{d}^2 T}{\mathrm{d}r^2} + \frac{k}{r}\frac{\mathrm{d}T}{\mathrm{d}r} + S = 0$$

图 4.29　习题 4-1 图

的离散方程，并把两种离散结果都表示成 $a_P T_P = a_E T_E + a_W T_W + b$ 的形式，其中 b 为不包括 T_P、T_E 及 T_W 的已知项。对于常物性、均分网格，两种离散的结果是否一致？

4-4　试用 Taylor 展开法导出二阶导数 $\dfrac{\partial^2 \phi}{\partial x \partial y}$ 中的下列差分表示式：

$$\frac{\partial^2 \phi}{\partial x \partial y} = \frac{\phi_{i+1,\,j+1} - \phi_{i+1,\,j-1} - \phi_{i-1,\,j+1} - \phi_{i-1,\,j-1}}{4\Delta x \Delta y}$$

设在 x 方向及 y 方向上网格各自均分。

4-5　对图 4.30 所示的位于曲线边界旁的内节点 P，分别利用 Taylor 展开法、控制容积平衡法来导出常物性、无内热源的稳态导热问题的离散方程。

4-6 在某一流动问题中，x 方向的坐标均匀划分（图 4.31）。设 p_1、p_2 及 p_3 分别为节点 1、2、3 上的压力值。试导出截差为二阶精度的边界节点 1 上的压力梯度表达式。

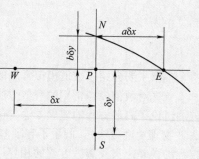

图 4.30 习题 4-5 图

4-7 设有如图 4.32 所示的四个等间距节点 1、2、3 及 4，其上的温度值均已知。今采用所谓双抛物线插值来求 2、3 两点中间位置上的温度 T_m；按 1、2、3 做抛物线（即二项式）插值得 T_{m1}，再按 2、3、4 做抛物线插值得 T_{m2}，然后取 $T_m = (T_{m1} + T_{m2})/2$。试导出 T_m 的计算式并分析其截差等级。

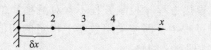

图 4.31 例题 4-6 图

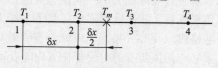

图 4.32 习题 4-7 图

4-8 一维非稳态对流-扩散方程的隐式中心差分格式为

$$\frac{\phi_i^{n+1} - \phi_i^n}{\Delta t} + u \frac{\phi_{i+1}^{n+1} - \phi_{i-1}^{n+1}}{2\Delta x} = \left(\frac{\Gamma}{\rho}\right) \frac{\phi_{i+1}^{n+1} - 2\phi_i^{n+1} + \phi_{i-1}^{n+1}}{\Delta x^2}$$

试证明：它是相容的；它是无条件稳定的。

4-9 设在下列二维对流扩散方程中

$$\rho \frac{\partial \phi}{\partial t} + \rho \left(u \frac{\partial \phi}{\partial x} + v \frac{\partial \phi}{\partial y}\right) = \Gamma \left(\frac{\partial^2 \phi}{\partial x^2} + \frac{\partial^2 \phi}{\partial y^2}\right)$$

u、v、ρ 及 Γ 均为常数且大于零。该式的一种差分格式为

$$\frac{\phi_{i,j}^{n+1} - \phi_{i,j}^n}{\Delta t} + u \frac{\phi_{i,j}^n - \phi_{i-1,j}^n}{\Delta x} + v \frac{\phi_{i,j}^n - \phi_{i,j-1}^n}{\Delta y} = \left(\frac{\Gamma}{\rho}\right) \left(\frac{\phi_{i+1,j}^n - 2\phi_{i,j}^n + \phi_{i-1,j}^n}{\Delta x^2}\right) +$$

$$\left(\frac{\Gamma}{\rho}\right) \left(\frac{\phi_{i,j+1}^n - 2\phi_{i,j}^n + \phi_{i,j-1}^n}{\Delta x^2}\right)$$

试用 von Neumann 分析方法证明此格式的稳定性条件为

$$\Delta t \leqslant \frac{1}{\dfrac{2a}{\Delta x^2} + \dfrac{2a}{\Delta y^2} + \dfrac{u}{\Delta x} + \dfrac{v}{\Delta y}}, \qquad a = \frac{\Gamma}{\rho}$$

4-10 设在一对流换热管道内流体的速度场已充分发展，温度场由下列方程描写：

$$u \frac{\partial T}{\partial x} = \frac{v}{Pr} \frac{\partial^2 T}{\partial y^2}$$

试用显式格式进行离散并指出格式稳定的条件。

4-11 试判断下列二维不可压缩流体的连续性方程的离散形式是否具有守恒性：

1) $\dfrac{u_{i+1,j} + u_{i+1,j-1} - u_{i,j} - u_{i,j-1}}{2\Delta x} + \dfrac{v_{i+1,j} - v_{i+1,j-1}}{\Delta y} = 0$。

2) $\dfrac{u_{i+1,j} - u_{i-1,j}}{2\Delta x} + \dfrac{v_{i,j+1} - v_{i,j-1}}{2\Delta y} = 0$。

4-12 以直角坐标中无内热源常物性非稳态导热问题为例，证明 C-N 格式是绝对稳定的。

4-13 一阶导数的二阶精度的偏差分格式称为二阶迎风，即在来流方向取节点构成差分格式表达式为：

$\dfrac{\partial \phi}{\partial x} = \dfrac{3\phi_i^n - 4\phi_{i-1}^n + \phi_{i-2}^n}{2\Delta x}$，试分析其迁移性。

4-14　如图 4.33 所示，设有一导热型方程 $\dfrac{d^2 T}{dx^2} - 2T = 0$，边界条件为：$x=0$，$T=0$；$x=1$，$\dfrac{dT}{dx} = 2$。将区域三等分，用区域离散方法 B 求解该问题。（要求列出方程）

4-15　考虑如图 4.34 所示的一维稳态导热问题，已知：$T_1 = 100$，$\lambda = 5$，$S = 150$，$T_f = 20$，$h = 15$，各量的单位都是协调的，完成如下问题：

T_1　T_2　　T_3　　T_4　T_5

图 4.33　习题 4-14 网格图

1）试用数值计算确定的值，并根据计算结果证明，即使只取三个节点，整个计算区域的总体守恒的要求仍然满足。

2）如果右端为辐射换热条件，且边界上的热流为 $q_b = \varepsilon\sigma_0(T_f^4 - T_3^4)$，这是非线性的边界条件。试写出节点 3 源项的合适的线性化表达式。

4-16　有一块厚为 0.1m 的无限大平板，具有均匀内热源 $S = 50 \times 10^3 \text{W/m}^3$，导热系数 $\lambda = 10\text{W/(m·℃)}$。其一侧维持在 75℃，另一侧受温度为 $T = 25℃$ 的流体的冷却，表面传热系数 $h = 50\text{W/(m}^2\text{·℃)}$。采用区域离散方法 B 进行离散（取三个相等的控制容积），用附加源项法建立右端点的离散方程（内节点采用二阶截差公式），求解这一代数方程组并与精确解比较。

4-17　未知量 T 的源项给定为 $S = A - B|T|T$，其中 A，B 为正的常数。试对下列线性化方案做出评价：

1）$S_C = A - B(T_P^*)^2$，$S_P = 0$。

2）$S_C = A$，$S_P = -B|T_P^*|$。

3）$S_C = A + B|T_P^*|T_P^*$，$S_P = -2B|T_P^*|$。

4-18　一维非稳态对流方程的一种离散公式为

$$\frac{\phi_i^{n+1} - \phi_i^n}{\Delta t} = \frac{(u\phi)_{i-\frac{1}{2}} - (u\phi)_{i+\frac{1}{2}}}{\Delta x}$$

试证采用第二类迎风差分来确定界面上的 $u\phi$ 值时，离散方程具有迁移特性；并以 $u>0$ 为例，证明这一格式是守恒的。

4-19　对一维非稳态对流-扩散方程 $\dfrac{\partial(\rho\phi)}{\partial t} = -\dfrac{\partial(\rho u\phi)}{\partial x} + \dfrac{\partial}{\partial x}\left(\Gamma\dfrac{\partial\phi}{\partial x}\right)$，采用隐式、乘方格式来离散，试确定下列情形下离散方程的系数 a_E、a_W、a_P^0 及 a_P：$\Delta t = 0.05$，$\rho u = 3$，$\delta x = \Delta x = 0.1$，$\rho = 1$，$P_\Delta = 0.1$。以上各参数若是有量纲的量，其量纲的单位都是一致的。

4-20　有一个二维稳态无源项的对流-扩散问题，已知 $\rho u = 5$，$\rho v = 3$，$\Gamma = 0.5$，四个边上的 ϕ 值如图 4.35 所示，其中 $\Delta x = \Delta y = 2$。试利用一阶迎风格式、混合格式、乘方格式、二阶迎风格式计算图中节点 1、2、3、4 的 ϕ 值。

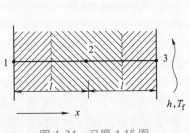

图 4.34　习题 4-15 图

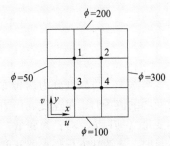

图 4.35　习题 4-20 图

4-21　对于有源项的一维稳态模型方程，已知 $x=0$，$\phi = 0$；$x=1$，$\phi = 1$。源项 S 可以表示为 $S = 0.5-x$。试分别采用混合格式、QUICK 格式、一阶迎风格式，对 $Pe = 1$、10、100 三种情形进行数值计算（取 10~20 个节点），并将结果与该问题的精确解进行比较。

第 5 章
求解压力-速度流动问题的原始变量法

5.1　不可压缩流体数值解法的分类

工程中遇到的对流换热问题一般是有回流（非边界层型）问题，求解对流换热问题的关键是确定流场，在有限体积法中，对每个体积单元上离散后的控制方程组进行求解。图 5.1 所示为不可压缩流场数值解法分类树。求解离散方程包括分离解法（segregated method）和耦合解法（coupled method）两大类，各自又根据实际情况扩展成具体的计算方法。分离解法不直接求解联立方程组，而是顺序地、逐个地求解各变量代数方程组。联立求解各变量（u、v、p 等）代数方程组的方法还可分为所有变量的代数方程组全场联立求解、部分变量全场联立求解及局部地区所有变量联立求解等情形。

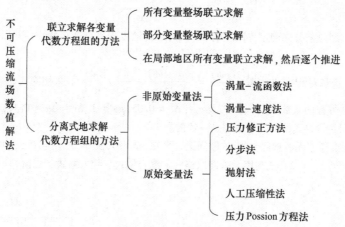

图 5.1　不可压缩流场数值解法分类树

分离式解法中，可以划分为两种方法即原始变量法和非原始变量法。原始变量法是指在求解有回流问题的流场时，用速度、压力（或密度）作为基本变量，原始变量法又可区分为以密度为基本变量（即以 u、v、ρ 为变量）及以压力为基本变量（u、v、p）两大类。其中，以密度为基本变量时，连续性方程是求解密度的控制方程，解出密度后再用状态方程确定压力，主要用在 Ma 较高的亚声速或超声速的可压缩流动计算。而以压力为基本变量时，压力隐含在连续性方程中，需要进行压力修正。非原始变量法中，求解流场是取涡量、流函数或速度作为变量，涡量-流函数法是取涡量、流函数作为变量的方法。

本章只介绍以压力为基本变量（u、v、p）的方法，这类方法最初是对不可压缩流体的流场求解建立起来的，但近年来已经推广到可压缩流体。本章主要介绍原始变量法中的压力修正方法。

5.2　不可压缩流动求解中的关键问题

采用分离式求解不可压缩流动动量方程各变量的离散方程过程会遇到的两个主要问题：①方程中的一阶导数项 $\dfrac{\partial p}{\partial x_i}$ 如何离散；②压力本身没有控制方程，它是以源项的形式出现在动量方程中，因此需要设计一种专门的方法，使得在迭代求解过程中压力的值能够不断地得到改进。

5.2.1　带有 2-δ 压差项的动量离散方程问题

动量方程数值求解中所遇到的主要问题之一是与一阶导数项 $\dfrac{\partial p}{\partial x_i}$ 的离散有关。如果采用

$\dfrac{p_{i+1} - p_{i-1}}{2\delta x}$ 进行离散，对 i 点的离散方程不包括 p_i，而是把被 i 点隔开的两邻点的压力联系了起来，称为 2-δ 压差项。即 2-δ 压差项的动量方程的离散形式可能无法检测出不合理的压力场。

如图 5.2 所示，对 P 控制体进行积分，选择 w 和 e 为控制体积界面，$\left(-\dfrac{\partial p}{\partial x}\right)$ 的贡献为 $p_w - p_e$，可以转换为

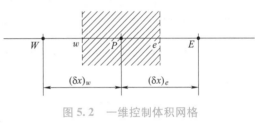

图 5.2　一维控制体积网格

$$p_w - p_e = \frac{p_W + p_P}{2} - \frac{p_P + p_E}{2} = \frac{1}{2}(p_W - p_E)$$

$$(5.1)$$

因此，动量方程将包含相间隔（而非相邻）节点间的压力差。

这样导致求解精度降低，且形成锯齿状的压力场，如图 5.3 所示。

对动量方程而言，这类锯齿状压力场结果与均匀场相同，因此，高度不均匀的压力场将被动量方程的特殊离散化当作均匀的压力场处理，这与实际压力差情况不一致。

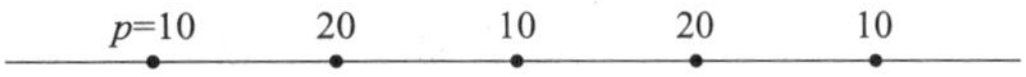

$p=10$　　20　　10　　20　　10

图 5.3　一维锯齿状压力场

再举例，以一维流动为例，稳态时

$$\rho u = -\frac{\mathrm{d}p}{\mathrm{d}x} + \eta \frac{\mathrm{d}^2 u}{\mathrm{d}x^2} \tag{5.2}$$

对于图 5.4a 所示的均分网格，将此式中的各项均取中心差分，得差分方程为

$$\rho u_i \frac{u_{i+1} - u_{i-1}}{2\delta x} = -\frac{p_{i+1} - p_{i-1}}{2\delta x} + \eta_i \frac{u_{i+1} - 2u_i + u_{i-1}}{(\delta x)^2} \tag{5.3}$$

式（5.3）表明，当采用式（5.3）这样带有 2-δ 压差项的动量离散方程求解流场时，就会引起这样的问题：如果在流场迭代求解过程的某一层次上，在压力场的当前值中加上了一个锯齿状的压力波（图 5.4b），但动量方程的离散形式无法把这一不合理的分量检测出来，它一直会保留到迭代过程收敛而且被作为正确的压力场输出（图 5.4b 中的虚线）。

在二维场景下可能导致动量离散方程无法检测出所谓的棋盘形压力场（checkerboard pressure field），图 5.5 所示为这种棋盘形的压力场，无论 x 方向还是 y 方向每两倍节点间距的位置上压力分布相同。在二维的均分网格中，i 点在 x 方向的动量方程中包含 $(p_{i+1,j}, -p_{i-1,j})$，在 y 方向的动量方程中包含 $(p_{i,j+1}, -p_{i,j-1})$，这样如果在迭代计算过程的某一步中叠加进入一个棋盘形的

δx δx
i−2 i−1 i i+1 i+2
x
p
真解
叠加的压力波
O
x

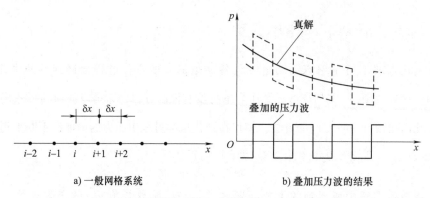

a) 一般网格系统　　b) 叠加压力波的结果

图 5.4　一般网格系统无法检测出不合理的压力场

压力场，则这一分布将始终保留在压力场内，而无法被衰减掉。

5.2.2　带有 1-δ 压差项的动量离散方程

为获得合理的压力场，则动量方程中压力梯度的离散形式 $\dfrac{\partial p}{\partial x_i}$ 应是以相邻两点间的压力差来表示，称为 1-δ 压差项。

采用分离式求解各变量的离散方程时，遇到的关键问题之一是压力本身没有控制方程，它是以源项的形式出现在动量方程中的。压力与速度的关系隐含在连续性方程中，如果压力场是正确的，则据此压力场解得的速度场必满足连续性方程。

80 100 80 100 80
10 15 10 15 10
80 100 80 100 80
10 15 10 15 10
80 100 80 100 80
10 15 10 15 10
80 100 80 100 80
y
O x

图 5.5　棋盘压力场举例

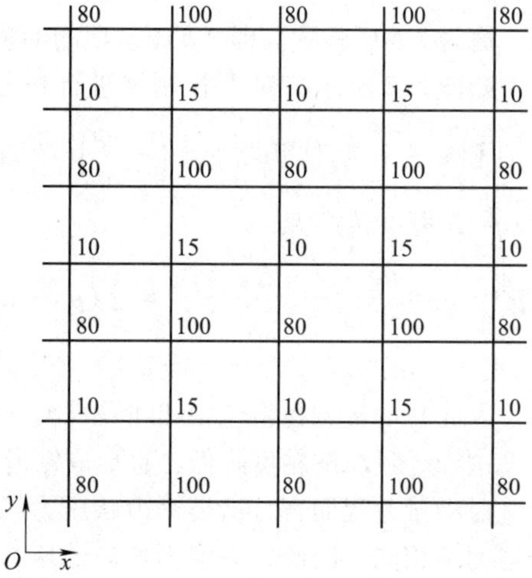

上述关键问题都与压力梯度的离散及压力的求解有关，统称为压力与速度的耦合问题（coupling between pressure and velocity）。如果数值解得出了波形压力场，则称为压力与速度失耦（decoupling）。为了克服压力与速度间的失耦，可以采用交叉网格（staggered grid），又称为交错网格。

5.3　交叉网格及动量方程的离散

5.3.1　交叉网格定义

所谓交叉网格就是指把速度 u、v 及压力 p（包括其他所有标量场及物性参数）分别存储于三套不同网格上的网格系统。其中速度 u 存在于压力控制容积的东、西界面上，速度 v 存在压力控制容积的南、北界面上，u、v 各自的控制容积则是以速度所在位置为中心的，如图 5.6 所示。由图 5.6 可见，u 控制容积与主控制容积（即压力的控制容积）之间在 x 方向有半个网格步长的错位，而 v 控制容积与主控制容积之间则在 y 方向上有半个网格步长的错位。交叉网格这一名称即由此而来。

在交叉网格系统中，关于 u、v 的离散方程可通过对 u、v 各自的控制容积做积分而得出。这时压力梯度的离散形式对 u_e 为 $(p_E - p_P)/(\delta x)_e$，对 u_n 为 $(p_N - p_P)/(\delta y)_n$，即相邻两点间的压力

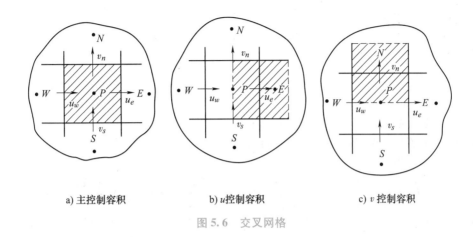

a) 主控制容积　　　b) u 控制容积　　　c) v 控制容积

图 5.6　交叉网格

差构成了 $\dfrac{\partial p}{\partial x}$、$\dfrac{\partial p}{\partial y}$，这就从根本上解决了采用一般网格系统时所遇到的困难。

5.3.2　交叉网格上动量方程的离散

在交叉网格中，一般 ϕ 变量的离散过程及结果与第 4 章中所述的一样。但对动量方程而言，则带来一些新的特点，主要表现在以下两个方面：

1）积分用的控制容积不是主控制容积而是 u、v 各自的控制容积。

2）压力梯度项从源项中分离出来。

图 5.7 为二维直角坐标下交叉网格体系的控制容积示意图。其中图 5.7a 给出了 u_e 的控制容积界面及相邻点，对 u_e 的控制容积，压力梯度项的积分为

$$\int_s^n \int_P^E \left(-\frac{\partial p}{\partial x} \right) \mathrm{d}x\mathrm{d}y = -\int_n^s \left(p \big|_P^E \right) \mathrm{d}y$$
$$\cong (p_P - p_E)\Delta y \qquad (5.4)$$

这里假设在 u_e 的控制容积的东、西界面上压力是各自均匀的，分别为 p_P 及 p_E。关于 u_e 的离散方程具有以下形式：

$$a_e u_e = \sum a_{nb} u_{nb} + b + (p_P - p_E)A_e \qquad (5.5)$$

式中，u_{nb} 是 u_e 的邻点速度（见图 5.7 中的 u_{ee}、u_n、u_w 及 u_s）；b 为不包括压力在内的源项中的常数部分，对非稳态问题为 $b = S_c \Delta v + a_e^0 u_e^0$；$A_e = \Delta y$ 是压力差的作用面积；系数 a_{nb} 的计算公式所采用的格式见第 4 章。

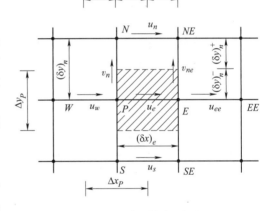

a) u_e 的邻点描述示意图

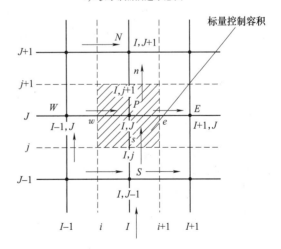

b) 标量控制容积

图 5.7　二维直角坐标下交叉网格体系的控制容积示意图

类似地，对 u_n 的控制容积作积分可得

$$a_n u_n = \sum a_{nb} u_{nb} + b + (p_P - p_N) A_n \tag{5.6}$$

5.3.3 交叉网格上的插值

在交叉网格上采用控制容积积分法来导出离散方程时，各控制容积界面上的流量、物性参数等常需要通过插值的方式来确定。需要插值的量有以下三类：

1）界面上的流量：例如 u_e 控制容积的西侧界面上的流量 F_P 可以按 u_e、u_w 位置上的流量 F_e、F_w 插值而得（图 5.7a）

$$F_P = F_e \frac{(\delta x)_{w^*}}{\Delta x_P} + F_w \frac{(\delta x)_{e^*}}{\Delta x_P} = (\rho u)_e \Delta y \frac{(\delta x)_{w^*}}{\Delta x_P} + (\rho u)_w \Delta y \frac{(\delta x)_{e^*}}{\Delta x_P} \tag{5.7}$$

而 u_e 的北界面上的流量 F_{n-e} 则可看成分别由 u_n 及 u_{ne} 在各自的流动截面内的流量叠加而成：

$$F_{n-e} = (\rho v)_n (\delta x)_{e^-} + (\rho v)_n (\delta x)_{e^*} \tag{5.8}$$

以上两式中界面上的密度都要经过插值才能确定。

2）界面上的密度：可以采用线性插值法确定，如 ρ_e 可表示为

$$\rho_e = \rho_E \frac{(\delta x)_{e^-}}{(\delta x)_e} + \rho_P \frac{(\delta x)_{e^*}}{(\delta x)_e} \tag{5.9}$$

3）界面上的扩散系数（或扩导）：利用传热学中热阻串、并联的概念可方便地得出界面上扩导的计算式。例如 u_e 北界面上的扩导 D_{n-e} 可以表示为

$$D_{n-e} = \underbrace{\frac{(\delta x)_{e^-}}{\dfrac{(\delta y)_n}{\Gamma_n}} + \frac{(\delta x)_{e^*}}{\dfrac{(\delta y)_n}{\Gamma_{ne}}}}_{\text{并联的扩导}} = \underbrace{\frac{(\delta x)_{e^-}}{\dfrac{(\delta y)_{n^-}}{\Gamma_P} + \dfrac{(\delta y)_{n^*}}{\Gamma_N}}}_{\text{串联的阻力}} + \underbrace{\frac{(\delta x)_{e^*}}{\dfrac{(\delta y)_{n^-}}{\Gamma_E} + \dfrac{(\delta y)_{n^*}}{\Gamma_{NE}}}}_{\text{串联的阻力}} \tag{5.10}$$

其中 Γ_E、Γ_N、Γ_P 及 Γ_{NE} 都是节点上的扩散系数。

5.4 求解 N-S 方程的压力修正方法——分离式求解方法

为了在采用分离式求解方法时各类变量能同步地加以改进，从而提高收敛速度，发展出了压力耦合方程的半隐方法（Semi-Implicit Method for Pressure Linked Equations，SIMPLE）。

5.4.1 压力修正方法基本思想

由于压力项是隐含在连续性方程中，一个正确的压力场应该使计算得到的速度场满足连续性方程。求解 N-S 方程采用的压力修正方法基本思想：在对 N-S 方程的离散形式进行迭代求解的任一层次上，可以给定一个压力场来计算速度场，但求解的速度场未必能满足连续性方程，因此要对给定的压力场进行修正。修正原则是对应于改进后的压力场的速度场能满足这一迭代层次上的连续性方程。据此来导出压力的修正值与速度的修正值。以修正后的压力与速度开始下一层次的迭代计算。据此，可以把压力修正算法归纳为以下 4 个基本步骤：

1）假设一个压力场，记为 p^*。

2）利用 p^*，求解动量离散方程，得出相应的速度场 u^*、v^*。

3）利用质量守恒方程来改进压力场，要求与改进后的压力场相对应的速度场能满足连续性方程。为叙述的简单与方便，用上角标"'"表示修正量，即用 p'、u' 和 v' 分别表示压力与速度的修正量，称为压力修正值（pressure correction）与速度修正值（velocity correction）。

4) 以（$p^* + p'$）及（$u^* + u'$）、（$v^* + v'$）作为本层次的解并据此开始下一层次的迭代计算。

由以上讨论可见，这一方法中的两个关键问题是：①如何获得压力修正值 p'，使与（$p' + p^*$）相对应的（$u' + u^*$）、（$v' + v^*$）能满足连续性方程；②获得了 p' 后，如何确定 u'、v'。

5.4.2　速度修正方程式

考察一个直角坐标系下的二维层流稳态问题。设初始的假定压力场为 p^*，我们知道，动量方程的离散方程可借助该压力场得以求解，从而求出相应的速度分量 u^* 和 v^*。

针对图 5.7b 所示交叉网格，根据动量方程的离散方程，有

$$a_{I,j}u^*_{I,j} = \sum a_{nb}u^*_{nb} + (p^*_{I-1,j} - p^*_{I,j})A_{I,j} + b_{I,j} \tag{5.11}$$

$$a_{I,j}v^*_{I,j} = \sum a_{nb}v^*_{nb} + (p^*_{I,J-1} - p^*_{I,J})A_{I,j} + b_{I,j} \tag{5.12}$$

现在，定义压力修正值 p' 为正确的压力场 p 与猜测的压力场 p^* 之差，有

$$p = p^* + p' \tag{5.13}$$

同样地，定义速度修正值 u' 和 v'，以联系正确的速度场 u、v 与猜测的速度场 u^*、v^*，有

$$u = u^* + u' \tag{5.14}$$

$$v = v^* + v' \tag{5.15}$$

将正确的压力场 p 代入动量离散方程，得到正确的速度场 u、v。现在，通过离散的动量方程与式（5.11）和式（5.12），并假定源项不变，有

$$a_{i,j}(u_{i,j} - u^*_{i,j}) = \sum a_{nb}(u_{nb} - u^*_{nb}) + [(p_{i-1,j} - p^*_{i-1,j}) - (p_{i,j} - p^*_{i,l})]A_{i,j} \tag{5.16}$$

$$a_{i,j}(v_{i,j} - v^*_{i,j}) = \sum a_{nb}(v_{nb} - v^*_{nb}) + [(p_{i,j-1} - p^*_{i,j-1}) - (p_{i,j} - p^*_{i,l})]A_{i,j} \tag{5.17}$$

引入压力修正值与速度修正值的表达式（5.13）~式（5.15），式（5.16）和式（5.17）可写成

$$a_{i,j}u'_{i,j} = \sum a_{nb}u'_{nb} + (p'_{i-1,j} - p'_{i,j})A_{i,j} \tag{5.18}$$

$$a_{i,j}v'_{i,j} = \sum a_{nb}v'_{nb} + (p'_{i,j-1} - p'_{i,j})A_{i,j} \tag{5.19}$$

可以看出，由压力修正值 p' 可求出速度修正值 u'、v'。式（5.19）还表明，任一点上速度的修正值由两部分组成：一部分是与该速度在同一方向上的相邻两节点间压力修正值之差，这是产生速度修正值的直接动力；另一部分是由邻点速度的修正值所引起的，这又可以视为四周压力的修正值对所讨论位置上速度改进的间接影响。

为了简化式（5.18）和式（5.19）的求解过程，特引入如下近似处理：略去方程中与速度修正值相关的 $\sum a_{nb}u'_{nb}$ 和 $\sum a_{nb}v'_{nb}$。该近似是 SIMPLE 算法的重要特征。于是有

$$u'_{i,J} = d_{i,J}(p'_{i-1,J} - p'_{i,J}) \tag{5.20}$$

$$v'_{I,j} = d_{I,j}(p'_{I,j-1} - p'_{I,j}) \tag{5.21}$$

以上两式中

$$d_{i,J} = \frac{A_{i,J}}{a_{i,J}} , \quad d_{I,j} = \frac{A_{I,j}}{a_{I,j}} \tag{5.22}$$

将式（5.20）和式（5.21）所描述的速度修正值代入式（5.14）和式（5.15），有

$$u_{i,J} = u^*_{i,J} + d_{i,J}(p'_{i-1,J} - p'_{i,J}) \tag{5.23}$$

$$v_{I,j} = v^*_{I,j} + d_{I,j}(p'_{I,j-1} - p'_{I,j}) \tag{5.24}$$

对于 $u_{i+1,J}$ 和 $v_{I,j+1}$，存在类似的表达式

$$u_{i+1, J} = u_{i+1, J}^* + d_{i+1, J}(p'_{i, J} - p'_{i+1, J}) \tag{5.25}$$

$$v_{I, j+1} = v_{I, j+1}^* + d_{I, j+1}(p'_{I, j} - p'_{I, j+1}) \tag{5.26}$$

以上两式中

$$d_{i+1, J} = \frac{A_{i+1, J}}{a_{i+1, J}}, \ d_{I, j+1} = \frac{A_{I, j+1}}{a_{I, j+1}} \tag{5.27}$$

式（5.23）~式（5.27）表明，如果已知压力修正值 p'，便可对假想的速度场 u^*、v^* 做出相应的速度修正，得到正确的速度场 u、v。

5.4.3　压力修正值的代数方程

考虑连续性方程

$$\frac{\partial \rho}{\partial t} + \frac{\partial(\rho u)}{\partial x} + \frac{\partial(\rho v)}{\partial y} = 0 \tag{5.28a}$$

在时间间隔 Δt 内对主控制体（图 5.6a）积分，且以 $\frac{\rho_P - \rho_P^0}{\Delta t}$ 代 $\frac{\partial \rho}{\partial t}$，采用全隐格式，可得

$$\frac{\rho_P - \rho_P^0}{\Delta t}\Delta x \Delta y + [(\rho u)_e - (\rho u)_w]\Delta y + [(\rho v)_n - (\rho v)_s]\Delta x = 0 \tag{5.28b}$$

将式（5.23）、式（5.24）代入并整理成关于 p' 的代数方程，采用图 5.7a 所示的交叉网格，可得

$$a_P p'_P = a_E p'_E + a_W p'_W + a_N p'_N + a_S p'_S + b \tag{5.29}$$

其中

$$a_E = \rho_e d_e \Delta y, \ a_W = \rho_w d_w \Delta y, \ a_N = \rho_n d_n \Delta x, \ a_S = \rho_s d_s \Delta x \tag{5.30a}$$

$$a_P = a_E + a_W + a_N + a_S \tag{5.30b}$$

$$b = \frac{(\rho_P^0 - \rho_P)\Delta x \Delta y}{\Delta t} + [(\rho u^*)_w - (\rho u^*)_e]\Delta y + [(\rho u^*)_s - (\rho u^*)_n]\Delta x \tag{5.30c}$$

式（5.29）就是确定压力修正值的代数方程。关于这一方程及其求解要做以下几点说明：

1）如果速度场的当前值 u^*、v^* 能使式（5.30c）的右端等于零，则说明该速度场已满足连续性条件，迭代也已收敛。因而 b 的数值代表了一个控制容积不满足连续性的剩余质量的大小。常用的方法是以各控制容积 b 的最大绝对值及各控制容积的 b 的代数和作为判断根据，当速度场迭代收敛时，这两个数值都应为小量。

2）根据 p' 计算而得的 u'、v' 能使 $u = u^* + u'$、$v = v^* + v'$ 满足连续性方程，于是这样的 u、v 就作为本层次上速度场的解，并用它改进离散方程系数，从而开始下一层次的迭代计算。

5.4.4　压力修正方程的边界条件

实际上，压力修正方程是动量方程和连续性方程的派生物，不是基本方程，故其边界条件也与动量方程的边界条件相联系。

在一般的流场计算中，动量方程的边界条件通常有两类：

第一，已知边界上的压力（速度未知）。

第二，已知沿边界法向的速度分量。

若已知边界压力 $\bar{p}$，可在该段边界上令 $p^* = \bar{p}$，则该段边界上的压力修正值 p' 应为零。这类边界条件类似于热传导问题中已知温度的边界条件。

对于图 5.8 所示的边界主控制容积，无论边界法向速度为已知还是压力为已知，都没有必要引入关于边界上压力修正值的信息。

若已知边界上的法向速度，在设计网格时，令控制体积的界面与边界相一致，这样，控制体积界面上的速度为已知。

边界法向速度 u_e 已知，$\dfrac{u_e = u_e^* + u_e'}{u_e^* \text{用已知值}} \rightarrow u_e' = 0 \xrightarrow{u_e' = \mathrm{de}\Delta p_e'}$

$\mathrm{de}\Delta p' = 0 \xrightarrow{\text{相当于}} \mathrm{de} = 0 \xrightarrow{a_E = \rho_e d_e A_e} a_E = 0$。

边界压力已知，$\dfrac{p = p_E^* + p_E'}{p_E^* \text{取已知值}} \rightarrow p_E' = 0 \xrightarrow[\text{以 } a_E p_E' \text{形式出现}]{\text{在压力修正值方程中}}$

$a_E p_E' = 0 \xrightarrow{\text{相当于}} a_E = 0$。

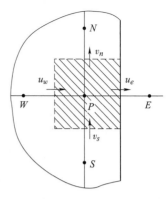

图 5.8 边界主控制容积

5.5 SIMPLE 算法步骤及案例

Patankar 与 Spalding 在 1972 年提出了数值求解不可压缩流场的方法，即压力耦合方程的半隐方法 SIMPLE。所谓半隐是指在式（5.18）、式（5.19）中略去了 $\sum a_{nb} u_{nb}'$、$\sum a_{nb} v_{nb}'$ 这些项的处理方法。而 $\sum a_{nb} u_{nb}'$ 则反映了压力修正对 u_e' 的间接的或隐含的影响。去掉了这一项就称为"半隐"。而保留这一部分时，u_e' 方程就是一个"全隐"的代数方程，即网格各点上的 u_e' 必须同时计算出，不能像 SIMPLE 方法可以进行逐点计算。

SIMPLE 算法流程如图 5.9 所示，计算详细步骤如下：

1）假定一个速度分布，记为 u^0、v^0，以此计算动量离散方程中的系数及常数项。

2）假定一个压力场 p^*。

3）依次求解两个动量方程，得 u^*、v^*。

4）求解压力修正值方程，得 p'。

5）据 p' 改进速度值。

6）利用改进后的速度场求解那些通过源项、物性等与速度场耦合的 ϕ 变量，如果 ϕ 并不影响流场，则应在速度场收敛后再求解。

7）利用改进后的速度场重新计算动量离散方程的系数，并用改进后的压力场作为下一层次迭代计算的初值，重复上述步骤，直到获得收敛的解。

例 5-1 如图 5.10 所示的压力-速度耦合流场，已知：$p_W = 60$，$p_S = 40$，$u_e = 20$，$v_n = 7$。给定 $u_w = 0.7(p_W - p_P)$，$v_s = 0.6(p_S - p_P)$，以上各量的单位都是协调的。试采用 SIMPLE 算法确定 p_P、u_w 及 v_s 的值。

解：假设 $p_P = 20$，则可以利用给定的 u_w、v_s 的计算式（即 u、v 动量方程离散形式在该控制容积上的具体表达式）获得 u_w^*、v_s^* 的值：

$$u_w^* = 0.7 \times (60 - 20) = 28$$
$$v_s^* = 0.6 \times (40 - 20) = 12$$

设在 w、s 两界面上满足连续性条件的速度为 u_w 及 v_s，则连续性方程为

$$u_w + v_s = u_e + v_n$$

按 SIMPLE 算法，u_w、v_s 可表示为

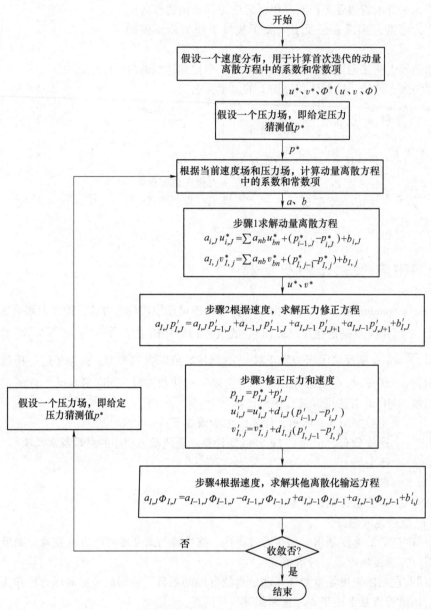

图 5.9 SIMPLE 算法流程图

$$u_w = u_w^* + d_w(p_W' - p_P')$$

$$v_s = v_s^* + d_s(p_S' - p_P')$$

按已知条件, $d_w = 0.7$, $d_s = 0.6$, $p_W' = 0$, $p_S' = 0$（因为 p_W、p_S 为已知），得

$$u_w = 28 - 0.7p_P'$$

$$v_s = 12 - 0.6p_P'$$

将此两式代入连续性方程得 p_P' 的方程

$$40 - 1.3p_P' = 27$$

由此得

$$p_P' = 10$$

$$p_P = p_P^* + p_P' = 20 + 10 = 30$$
$$u_w = u_w^* - 0.7p_P' = 28 - 7 = 21$$
$$v_s = v_s^* - 0.6p_P' = 12 - 6 = 6$$

讨论：此时连续性方程也已满足，而且给定的动量离散方程都是线性的，即本例给出的 $u_w = 0.7(p_W - p_P)$ 及 $v_s = 0.6(p_S - p_P)$ 的表达式中不包含有与所求解的变量有关的量，因而上述之值即为所求之解。

在实际求解 N-S 方程时，由于动量方程离散形式中的各个系数均取决于流速本身是非线性的，因而在获得了本层次质量守恒的速度场后还必须用新得到的速度去更新动量方程的系数并重新求解动量方程，只有同时满足质量守恒方程又满足更新后的动量方程的速度场才是所求的速度场。

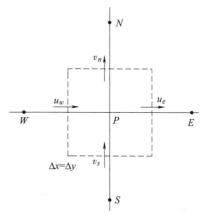

图 5.10　例 5-1 压力-速度耦合流场

5.6　加速 SIMPLE 系列算法收敛速度的一些方法

在采用 SIMPLE 算法来求解不可压缩流场时，为加快非线性问题迭代收敛的速度，可采用以下一些方法：选择合适的松弛因子、采用显式修正步法等。

5.6.1　松弛因子的定义

流体力学中要求解非线性方程的过程中，控制变量的变化是很必要的。松弛因子用来实现控制变量在每次迭代中的变化，也就是说，变量的新值为原值加上变化量乘以松弛因子。

例如，压力修正方程 $p = p^* + \alpha p'$，p 为修正后的值，p^* 为原值，p' 为变化量，α 为松弛因子。

松弛因子可控制收敛的速度和改善收敛的状况，其值为 1，相当于不用松弛因子；其值大于 1，则为超松弛因子，加快收敛速度；其值小于 1，则为亚松弛因子。

5.6.2　选择合适的松弛因子

Patankar 推荐对于 SIMPLE 算法，速度修正值的计算式为

$$u_e' = \frac{A_e}{a_e}(p_P' - p_E') = d_e \Delta p_e' \tag{5.31}$$

由于在这一表达式中略去了邻点速度修正值（$\sum a_{nb}v_{nb}'/a_e$）的影响，因而认为对 p' 的修正过重了，应予以亚松弛。如果把 $\sum a_{nb}v_{nb}'/a_e$ 记为 $\bar{u}_e$，则应有

$$u_e' = \underbrace{d_e \Delta p_e'}_{未加亚松弛} = \underbrace{\bar{u}_e' + \alpha_p d_e \Delta p_e'}_{加亚松弛} \tag{5.32}$$

于是有

$$d_e \Delta p_e' = u_e' + \alpha_p d_e \Delta p'$$

$$\alpha_p = 1 - \frac{\bar{u}_e'}{u_e'} \tag{5.33}$$

另外，e 界面上的速度修正值 u'_e 可预期为相当于其邻点速度修正值的加权平均值，即

$$u'_e = \frac{\sum a_{nb} u'_{nb}}{\sum a_{nb}} \tag{5.34}$$

于是有

$$\alpha_p = 1 - \frac{\dfrac{\sum a_{nb} u'_{nb}}{a_e}}{\dfrac{\sum a_{nb} u'_{nb}}{a_{nb}}} = 1 - \frac{\sum a_{nb}}{a_e} \tag{5.35}$$

对于稳态流动且没有源项时，$a_e = \sum a_{nb}/\alpha_u$（速度的亚松弛组织到代数方程的求解过程中），代入上式得

$$\alpha_p = 1 - \alpha_u \tag{5.36}$$

一般建议，速度亚松弛因子 α_u、α_v 可以取值范围为 $0.5 \sim 0.8$。对于压力修正方程

$$p = p^* + \alpha_p p' \tag{5.37}$$

式中，压力亚松弛因子 α_p 可取范围为 $0.2 \sim 0.8$。

5.6.3 显式修正步法

无论是在 SIMPLE 算法还是在 SIMPLEC 算法中，所获得的某个层次上的速度场 $(u^* + u')$ 及 $(v^* + v')$ 是满足质量守恒的，但未必满足动量守恒，数值计算的结果正是在不断更好地同时满足动量守恒及质量守恒的过程中而趋于收敛的。基于这一认识，提出了以下促进 SIMPLEC 算法收敛的方法。在获得了一个层次上的 $(u^* + u')$、$(v^* + v')$ 及 $(p^* + p')$ 以后，把它们代入动量离散方程的右端。考虑到实际计算中把亚松弛组织到代数方程的求解过程中，因而此时动量离散方程为（以 u_e 方程为例）：

$$\left(\frac{a_e}{\alpha}\right) u_e = \sum a_{nb} u_{nb} + b + A_e(p_P - p_E) + \left(\frac{1-\alpha}{\alpha}\right) a_e u_e^0 \tag{5.38}$$

为表达上的方便，引入参数 E，使

$$\frac{1}{\alpha} = 1 + \frac{1}{E}, \quad \text{即} \quad E = \frac{\alpha}{1-\alpha} \tag{5.39}$$

显然，相应于 α 由 0 变到 1，E 由 0 变到 ∞，E 的变化范围比 α 大得多。非线性问题的迭代求解过程与非稳态问题的步进过程相当，迭代计算中松弛因子 α 取得大，E 值也大，相当于取大的时间步长，而小的松弛因子，即小的 E 值相对应于小的时间步长。因而 E 称为时步倍率（time step multiple）。

现在把 $(u^* + u')$、$(p^* + p')$ 代入式（5.38）的右端，并用 E 代替 α，则有

$$a_e\left(1 + \frac{1}{E}\right) u_e^{(n+1)} = \sum a_{nb}(u_{nb}^* + u'_{nb}) + b + A_e\left[(p_P^* + p'_P) - (p_E^* + p'_E)\right] + \frac{a_e(u_e^* + u'_e)}{E} \tag{5.40}$$

式中，上标 $(n+1)$ 表示 n 层次计算的结果作为 $(n+1)$ 层次计算系数的依据。类似的式子可以对速度 v 写出。式（5.40）是获得 $u^{(n+1)}$ 的一个显式计算式，因而称为显式修正步法（explicit correction step）。

5.7　SIMPLE 算法的改进

著名的改进算法包括 SIMPLER、SIMPLEC 和 PISO。下面介绍这些改进算法，并对各类算法进行对比。

5.7.1　SIMPLER 算法

SIMPLER 是英文 SIMPLE revised 的缩写，顾名思义是 SIMPLE 算法的改进版本。它是由 SIMPLE 算法的创始人 Patankar 完成的。

在 SIMPLER 算法中，为了确定动量离散方程的系数，一开始就假定了一个速度分布，同时又独立地假定了一个压力分布，两者之间一般是不协调的，从而影响了迭代计算的收敛速度。

实际上，不必在初始时刻单独假定一个压力场，因为与假定的速度场相协调的压力场是可以通过动量方程求出的。另外，在 SIMPLER 算法中对压力修正值 p' 采用了欠松弛处理，而松弛因子是比较难确定的，因此，速度场的改进与压力场的改进不能同步进行，最终影响收敛速度。

Patankar 便提出了这样的想法：只考虑修正速度，压力场的改进则选择更合适的方法。将上述两方面的思想结合起来，就构成了 SIMPLER 算法。在 SIMPLER 算法中，经过离散后的连续方程用于建立一个压力的离散方程，而不是用来建立压力修正方程。从而可直接得到压力，而不需要修正。但是，速度仍需要通过 SIMPLE 算法中的式（5.23）~式（5.27）来修正。

将离散后的动量方程式重新改写后，有

$$u_{i,j} = \frac{\sum a_{nb} u_{nb} + b_{i,j}}{a_{i,j}} + \frac{A_{i,j}}{a_{i,j}}(p_{i-1,j} - p_{i,j}) \tag{5.41}$$

$$v_{i,j} = \frac{\sum a_{nb} v_{nb} + b_{i,j}}{a_{i,j}} + \frac{A_{i,j}}{a_{i,j}}(p_{i,j-1} - p_{i,j}) \tag{5.42}$$

在 SIMPLER 算法中，定义伪速度 $\hat{u}$ 与 $\hat{v}$ 如下：

$$\hat{u} = \frac{\sum a_{nb} u_{nb} + b_{I,J}}{a_{I,J}} \tag{5.43}$$

$$\hat{v} = \frac{\sum a_{nb} v_{nb} + b_{I,J}}{a_{I,J}} \tag{5.44}$$

这样，式（5.41）和式（5.42）可以改写为

$$u_{i,j} = \hat{u}_{i,j} + d_{i,j}(p_{i-1,j} - p_{i,j}) \tag{5.45}$$

$$v_{i,j} = \hat{v}_{i,j} + d_{i,j}(p_{i,j-1} - p_{i,j}) \tag{5.46}$$

以上两式中的系数 d，仍沿用式（5.22）。同样可写出 $u_{i+1,j}$ 与 $v_{i,j+1}$ 的表达式。然后将 $u_{i,j}$、$v_{i,j}$、$u_{i+1,j}$ 与 $v_{i,j+1}$ 的表达式代入离散后的连续方程：

$$\left[(\rho u A)_{i+1,j} - (\rho u A)_{i,j}\right] + \left[(\rho v A)_{i,j+1} - (\rho v A)_{i,j}\right] = 0 \tag{5.47a}$$

有

$$\{\rho_{i+1,j} A_{i+1,j}[\hat{u}_{i+1,j} + d_{i+1,j}(p_{i,j} - p_{i+1,j})] - \rho_{i,j} A_{i,j}[\hat{u}_{i,j} + d_{i,j}(p_{i-1,j} - p_{i,j})]\} +$$
$$\{\rho_{i,j+1} A_{i,j+1}[\hat{u}_{i,j+1} + d_{i,j+1}(p_{i,j} - p_{i,j+1})] - \rho_{i,j} A_{i,j}[\hat{v}_{i,j} + d_{i,j}(p_{i,j-1} - p_{i,j})]\} = 0$$
$$\tag{5.47b}$$

整理后，得到离散后的压力方程：

$$a_{I,J} p_{I,J} = a_{I+1,J} p_{I+1,J} + a_{I-1,J} p_{I-1,J} + a_{I,J+1} p_{I,J+1} + a_{I,J-1} p_{I,J-1} + b_{I,J} \tag{5.48}$$

式（5.48）中，各参数表达式如下：

$$a_{I+1, J} = (\rho dA)_{i+1, J}$$
$$a_{I-1, J} = (\rho dA)_{I, J}$$
$$a_{I, J+1} = (\rho dA)_{I, j+1}$$
$$a_{I, J-1} = (\rho dA)_{I, j}$$
$$a_{I, J} = a_{I+1, J} + a_{I-1, J} + a_{I, J+1} + a_{I, J-1}$$
$$b_{I, J} = (\rho \hat{u} A)_{i, J} - (\rho \hat{u} A)_{i+1, J} + (\rho \hat{v} A)_{I, j} - (\rho \hat{v} A)_{I, j+1}$$

式（5.48）中的系数与前面的压力修正方程中的系数相同，差别仅在于源项 b。这里的源项 b 是用伪速度来计算的。因此，离散后的动量方程式，可借助上面得到的压力场来直接求解。这样，可求出速度分量 u^* 和 v^*。SIMPLER 算法流程如图 5.11 所示。

在 SIMPLER 算法中，初始的压力场与速度场是协调的，且由 SIMPLER 算法算出的压力场不必做欠松弛处理，迭代计算时比较容易得到收敛解。但在 SIMPLER 的每一层迭代中，要比 SIMPLE 算法多解一个关于压力的方程组，一个迭代步长内的计算量较大。总体而言，SIMPLER 算法的计算效率要高于 SIMPLE 算法。

5.7.2 SIMPLEC 算法

SIMPLEC 是英文 SIMPLE Consistent 的缩写，意为协调一致的 SIMPLE 算法。它也是 SIMPLE 的改进算法之一，是由 Van Doormal 和 Raithby 提出的。

在 SIMPLE 算法中，为求解方便略去了速度修正方程中的 $\sum a_{nb} u'_{nb}$ 项，从而把速度的修正完全归结为由于压差项的直接作用。这一做法虽然不影响收敛解的值，但加重了修正值 p' 的负担，使得整个速度场迭代收敛速度降低。

在略去 $\sum a_{nb} u'_{nb}$ 时，犯了一个"不协调一致"的错误。为了能略去 $a_{nb} u'_{nb}$ 而同时又能使方程基本协调，在式（5.18）的等号两端同时减去 $\sum a_{nb} u'_{i, j}$，有

$$(a_{i, j} - \sum a_{nb}) u'_{i, j} = \sum a_{nb}(u'_{nb} - u'_{i, j}) + A_{i, j}(p'_{i-1, j} - p'_{i, j}) \tag{5.49}$$

$u'_{i, j}$ 与其邻点的修正值 u'_{nb} 具有相同的数量级，因而略去 $\sum a_{nb}(u'_{nb} - u'_{i, j})$ 所产生的影响远比在式（5.18）中不计 $\sum a_{nb} u'_{nb}$ 所产生的影响要小得多。于是有

$$u'_{i, j} = d_{i, j}(p'_{i-1, j} - p'_{i, j}) \tag{5.50}$$

式（5.50）中：

$$d_{i, j} = \frac{A_{i, j}}{a_{i, j} - \sum a_{nb}} \tag{5.51}$$

类似地，有

$$v'_{i, j} = d_{i, j}(p'_{i, j-1} - p'_{i, j}) \tag{5.52}$$

式（5.52）中：

$$d_{i, j} = \frac{A_{i, j}}{a_{i, j} - \sum a_{nb}} \tag{5.53}$$

将式（5.52）和式（5.53）代入式（5.23）和式（5.24），得到修正后的速度计算式：

$$u_{i, j} = u^*_{i, j} + d_{i, j}(p'_{i-1, j} - p'_{i, j}) \tag{5.54}$$
$$v_{i, j} = v^*_{i, j} + d_{i, j}(p'_{i, j-1} - p'_{i, j}) \tag{5.55}$$

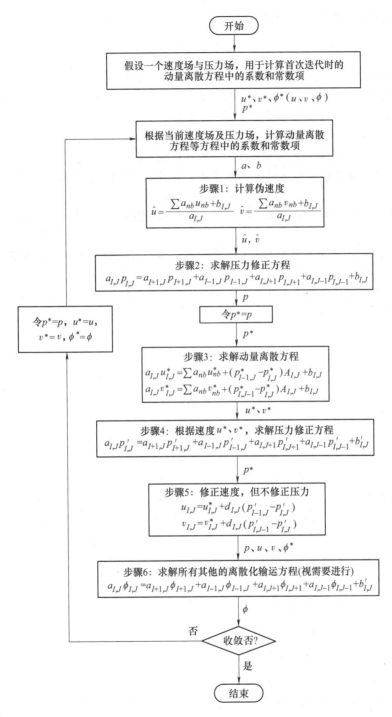

图 5.11　SIMPLER 算法流程图

这就是 SIMPLEC 算法。SIMPLEC 算法与 SIMPLE 算法的计算步骤相同，只是速度修正方程中的系数项 d 的计算公式有所区别。

由于 SIMPLEC 算法没有像 SIMPLE 算法那样将 $\sum a_{nb} u'_{nb}$ 项忽略，因此，得到的压力修正值

p' 一般是比较合适的，因此，在 SIMPLEC 算法中可不再对 p' 进行欠松弛处理。

5.7.3 PISO 算法

1986 年 Issa 提出压力的隐式算子分割算法（Pressure Implicit with Splitting of Operators，PISO）。PISO 算法与 SIMPLE、SIMPLEC 算法的不同之处在于：SIMPLE 和 SIMPLEC 算法是两步算法，即一步预测 SIMPLE 算法中的步骤 1 和再一步修正的步骤 2 和步骤 3；而 PISO 算法增加了一个修正步，包含一个预测步和两个修正步，在完成了第一步修正得到（u，v，p）后寻求二次改进值，目的是使它们更好地同时满足动量方程和连续方程。

PISO 算法由于使用了预测-修正-再修正 3 步，从而可加快单个迭代步中的收敛速度。下面介绍这 3 个步骤。

（1）预测步　使用与 SIMPLE 算法相同的方法，利用假定的压力场 p^*，求解动量离散方程，得到速度分量 u^* 与 v^*。

（2）第一步修正　所得到的速度场（u^*，v^*）一般不满足连续方程，除非压力场 p^* 是准确的。现引入对 SIMPLE 的第一个修正步，该修正步给出一个速度场（u^{**}，v^{**}），使其满足连续方程。此处的修正公式与 SIMPLE 算法中的完全一致，只不过考虑到在 PISO 算法还有第二个修正步，因此，使用不同的记法。

$$p^{**} = p^* + p' \tag{5.56}$$
$$u^{**} = u^* + u' \tag{5.57}$$
$$v^{**} = v^* + v' \tag{5.58}$$

这组公式用于定义修正后的速度 u^{**} 与 v^{**}。

$$u_{i,j}^{**} = u_{i,j}^* + d_{i,j}(p_{i-1,j}' - p_{i,j}') \tag{5.59}$$
$$v_{i,j}^{**} = v_{i,j}^* + d_{i,j}(p_{i,j-1}' - p_{i,j}') \tag{5.60}$$

就像在 SIMPLE 算法中一样，将式（5.59）和式（5.60）代入连续方程，得到压力修正方程。求解该方程，产生第一个压力修正值 p'。一旦压力修正值已知，可通过式（5.59）和式（5.60）获得速度分量 u^{**} 与 v^{**}。

（3）第二步修正　为了强化 SIMPLE 算法的计算，PISO 要进行第二步的修正。u^{**} 和 v^{**} 的动量离散方程如下：

$$a_{i,j}u_{i,j}^{**} = \sum a_{nb}u_{nb}^* + (p_{i-1,j}^{**} - p_{i,j}^{**})A_{i,j} + b_{i,j} \tag{5.61}$$

$$a_{i,j}v_{i,j}^{**} = \sum a_{nb}v_{nb}^* + (p_{i,j-1}^{**} - p_{i,j}^{**})A_{i,j} + b_{i,j} \tag{5.62}$$

再次求解动量方程，可以得到两次修正的速度场（u^{***}，v^{***}）。

$$a_{i,j}u_{i,j}^{***} = \sum a_{nb}u_{nb}^{**} + (p_{i-1,j}^{***} - p_{i,j}^{***})A_{i,j} + b_{i,j} \tag{5.63}$$

$$a_{i,j}v_{i,j}^{***} = \sum a_{nb}v_{nb}^{**} + (p_{i,j-1}^{***} - p_{i,j}^{***})A_{i,j} + b_{i,j} \tag{5.64}$$

注意修正步中的求和项是用速度分量 u^{**} 和 v^{**} 来计算的。

从式（5.63）中减去式（5.61），从式（5.64）中减去式（5.62），有

$$u_{i,j}^{***} = u_{i,j}^{**} + \frac{\sum a_{nb}(u_{nb}^{**} - u_{nb}^*)}{a_{i,j}} + d_{i,j}(p_{i-1,j}'' - p_{i,j}'') \tag{5.65}$$

$$v_{i,j}^{***} = v_{i,j}^{**} + \frac{\sum a_{nb}(v_{nb}^{**} - v_{nb}^*)}{a_{i,j}} + d_{i,j}(p_{i,j-1}'' - p_{i,j}'') \tag{5.66}$$

式（5.65）和式（5.66）中，记号 p'' 是压力的二次修正值。有了该记号，p^{***} 可表示为

$$p^{***} = p^{**} + p'' \tag{5.67}$$

将 u^{***} 和 v^{***} 的表达式代入连续方程，得到二次压力修正方程：

$$a_{i,j} p''_{i,j} = a_{i+1,j} p''_{i+1,j} + a_{i-1,j} p''_{i-1,j} + a_{i,j+1} p''_{i,j+1} + a_{i,j-1} p''_{i,j-1} + b''_{i,j} \tag{5.68}$$

式（5.67）和式（5.68）中，$a_{i,j} = a_{i+1,j} + a_{i-1,j} + a_{i,j+1} + a_{i,j-1}$，可写出各系数如下：

$$a_{i+1,j} = (\rho dA)_{i+1,j}$$
$$a_{i-1,j} = (\rho dA)_{i,j}$$
$$a_{i,j+1} = (\rho dA)_{i,j+1}$$
$$a_{i,j-1} = (\rho dA)_{i,j}$$

$$b^*_{I,j} = \left(\frac{\rho A}{a}\right)_{i,J} \sum a_{nb}(u^{**}_{nb} - u^*_{nb}) - \left(\frac{\rho A}{a}\right)_{i+1,J} \sum a_{nb}(u^{**}_{nb} - u^*_{nb}) +$$
$$\left(\frac{\rho A}{a}\right)_{I,j} \sum a_{nb}(v^{**}_{nb} - v^*_{nb}) - \left(\frac{\rho A}{a}\right)_{I,j+1} \sum a_{nb}(v^{**}_{nb} - v^*_{nb})$$

现在，求解式（5.68），就可得到二次压力修正值 p''，从而可得到二次修正的压力场。

$$p^{***} = p^{**} + p'' = p^* + p' + p'' \tag{5.69}$$

最后，求解式（5.65）与式（5.66），得到二次修正的速度场。

在瞬态问题的非迭代计算中，压力场 p^{***} 与速度场 u^{***}、v^{***} 被认为是准确的。对于稳态流动的迭代计算，PISO 算法流程如图 5.12 所示。

PISO 算法要两次求解压力修正方程，因此，它需要额外的存储空间来计算二次压力修正方程中的源项。尽管该方法涉及较多的计算，但对比发现，它的计算速度很快，总体效率比较高。对于瞬态问题，PISO 算法有明显的优势；而对于稳态问题，可能选择 SIMPLE 或 SIMPLEC 算法更合适。

5.7.4　SIMPLEST 算法

SIMPLEST 算法是 Spalding 在 1981 年开发大型商业软件 PHOENICS 时采用的方法。其实就压力与速度的耦合关系处理而论，SIMPLEST 的计算步骤与 SIMPLE 相同，只是在 SIMPLEST 中对于对流-扩散项的离散格式做了明确的规定，而其他算法中在这方面没有任何限制。在 SIMPLEST 中所做的规定如下：

1）对流项采用迎风格式　因为这是一个绝对稳定的格式，且扩散项与对流项的影响系数可以分离开来，不像指数（或乘方）格式那样综合在一起。至于由迎风差分所引起的假扩散问题，则采取逐步加密网格，以获得与网格稀密程度无关的解这种做法加以克服。

2）把邻点的影响系数表示成对流分量 c_{nb} 及扩散分量 d_{nb} 之和，并把对流部分全部归入源项，于是对 u_e 的动量方程为

$$a_e u_e = \sum (d_{nb} + c_{nb}) u_{nb} + b + A_e(p_P - p_E)$$
$$= \sum d_{nb} u_{nb} + (b + \sum c_{nb} u^*_{nb}) + A_e(p_P - p_E) \tag{5.70}$$

由此可见，当扩散项忽略不计时，动量方程实际上采用了 Jacobi 的点迭代求解。因此在这种算法中扩散项采用线迭代而对流项采用点迭代。点迭代的收敛速度是比较慢的，但是由于对流项与压力之间的耦合关系等原因，正希望利用这一特性以防止迭代过程发散。这种混合式的计算方法有利于促进强烈非线性问题的迭代过程收敛。

由于在压力与速度耦合关系的处理方式上 SIMPLEST 没有特别之处，在下面的不同算法比较讨论中不把它作为一种独立的算法。

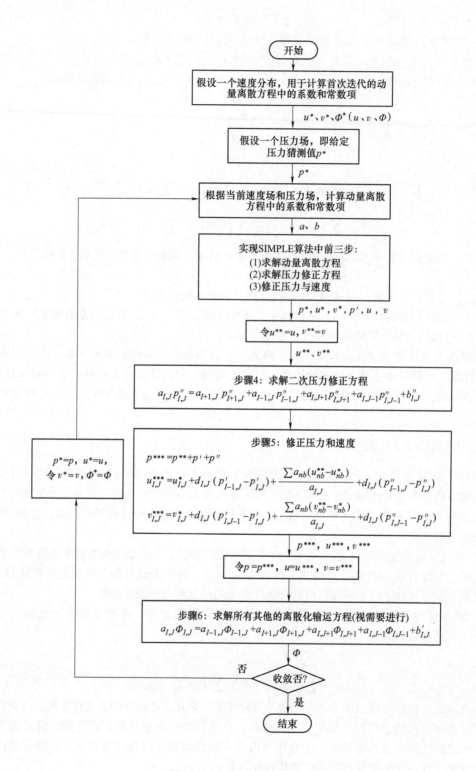

图 5.12　PISO 算法流程图

5.7.5　SIMPLE 系列算法的比较

SIMPLE 系列算法的比较见表 5.1。

表 5.1　SIMPLE 系列算法的比较

序号	算法名称	主　要　特　点
1	SIMPLE	将用速度的改进值写出的动量方程减去用速度的现时值写出的动量方程，略去源项及对流-扩散项，得 $$u_e = d_e(p'_P - p'_E),\quad v_n = d_n(p'_P - p'_N)$$ 代入质量守恒方程的离散形式，获得 p' 方程。解出 p' 后用于改进压力及速度。对 p' 采用亚松弛，不对离散格式及代数方程求解方法做出规定
2	SIMPLER	压力的初值及更新采用单独求解压力 Poisson 方程的方法来完成，压力不做亚松弛处理。由压力修正方程求出的修正值仅用于改进速度，其余同 SIMPLE
3	SIMPLEC	与 SIMPLE 相同，但 $$1.\ u_e = \frac{A_e}{a_e - \sum a_{nb}}(p'_P - p'_E)$$ $$v_n = \frac{A_n}{a_n - \sum a_{nb}}(p'_P - p'_N)$$ 2. 压力修正值不做亚松弛处理
4	PISO	一个预测步和两个修正步，在完成了第一步修正得到（u、v、p）后寻求二次改进值，需要两次求解压力修正方程，对于求解瞬态问题 PISO 算法有明显的优势

目前在各种 CFD 软件中均提供 SIMPLE 算法。它是 SIMPLE 系列改进算法的基础，改进算法的主要目的是提高计算的收敛性，从而可缩短计算时间。

在 SIMPLE 算法中，压力修正值 p' 能够很好地满足速度修正的要求，但压力修正值 p' 不是十分理想。改进后的 SIMPLER 算法只用压力修正值 p' 来修正速度，另外构建一个更加有效的压力方程来产生"正确"的压力场。

由于在推导 SIMPLER 算法的离散化压力方程时，没有任何项被忽略，因此所得到的压力场与速度场相适应。在 SIMPLER 算法中，正确的速度场将导致正确的压力场，而在 SIMPLE 算法中则不是这样。因此 SIMPLER 算法是在很高的效率下正确计算压力场的，这一点在求解动量方程时有明显优势。

虽然 SIMPLER 算法的计算量比 SIMPLE 算法高出 30% 左右，但其较快的收敛速度使得计算时间减少 30%～50%。

SIMPLEC 算法和 PISO 算法总体上与 SIMPLER 算法具有同样的计算效率，相互之间很难区分高低，对于不同类型的问题每种算法都有自己的优势。

一般来讲，动量方程与标量方程（如温度方程）如果不是耦合在一起的，则 PISO 算法在收敛性方面显得很好，且效率较高。而在动量方程与标量方程耦合非常密切时，SIMPLEC 和 SIMPLER 算法的效果可能更好些。

5.7.6　同位网格上的 SIMPLE 算法发展

交叉网格虽然成功地解决了二维坐标系网格的速度与压力耦合关系问题，但随着数值计算的问题由二维发展到三维，由规则区域发展到不规则区域，由单重网格发展到多重网格，交叉网格的缺点即程序编制的复杂与不便问题日益突出。20 世纪 80 年代初期，美国两所大学的博士学位论文中已相继提出了不采用交叉网格而防止失耦的方法，但未得到重视。1988 年 Peric 等进一步论述了这一问题，引起了学术界的重视，此后这种各个变量均置于同一套网格上而且能保证压力与速度不失耦的方法，便迅速地发展起来，并被赋予了同位网格（collocated grid）的名称。目前对三维问题，尤其是非正交曲线坐标系中的计算，同位网格已得到比较广泛的应用。有关在同位网格上保证压力与速度不失耦以及实施 SIMPLE 算法的有关内容可以参阅相关文献。本书不再介绍。

5.8 孤岛问题的数值处理方法

在进行工程流动传热问题的数值计算时，常常会碰到流场中存在固体区域，如图 5.13 所示的空腔中存在一个竖向平板。腔壁温度为 T_c，平板温度为 T_h，当 $T_h >$ T_c 时，如果要求解空气与壁面的自然对流换热，通常的处理方法是将固体区与流体区视为一个整体进行耦合求解，这就需保证迭代计算过程中固体区的速度恒为零。

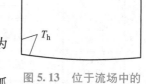

5.8.1 使孤立物体区速度场为零的方法

为保证迭代计算过程中孤立物体（isolated island）处的速度恒为零（或与主流区相比要小若干个数量级的小数），应采用以下方法：

1）在每一层次的迭代计算前，令孤岛区中的速度为零，以保证孤岛区中的节点对流体区中节点速度起滞止的影响。

图 5.13　位于流场中的孤立物体示例

2）在求解速度的代数方程前，令孤岛区各速度离散方程主对角元的系数为一很大值（如 10^{30}），以保证预估值 $u^* = v^* = 0$。

3）采用 SIMPLE 系列算法计算压力修正值时，应使孤岛区各速度修正值计算公式的系数（即 d_e、d_n 等）取一个很小值，如 10^{-25}，以使孤岛区中各速度修正值也为零。

5.8.2 使孤立物体区的温度取得给定值的方法

为了使孤立物体区中的温度取得给定值，可以采用大系数法（large coefficient method），即在求解离散方程之前，令欲取得给定值的节点 P 的代数方程：

$$a_P \phi_P = \sum a_{nb} \phi_{nb} + b \tag{5.71}$$

式中，$a_P = A$，$b = \phi_{given}$，其中 ϕ_{given} 为给定值，A 为一个大数，如 $10^{20} \sim 10^{30}$。这样 ϕ_P 就可取得给定值 ϕ_{given}。

$$\phi_P = (\sum a_{nb} \phi_{nb}/A) + (A\phi_{given})/A = \phi_{given} \tag{5.72}$$

有研究推荐采用大源项法（large source-term method）来对某点赋给定值，即令该点的 S_c 及 S_P 为

$$S_c = 10^{30} \phi_{given} \tag{5.73a}$$

$$S_P = -10^{30} \tag{5.73b}$$

需要指出，当松弛因子为 1.0 时，大源项法是非常有效的；但当采用亚松弛方法求解时，大源项法不如大系数法有效，因为，假设松弛因子 $\alpha = 0.5$，实际得到的是

$$\phi_P = \frac{1}{2}(\phi_{\text{given}} + \phi_P^0) \tag{5.74}$$

另外，当 ϕ_{given} 本身很小时（例如位于流场中孤岛上的零速度），数值实践表明大源项法不能有效地计算，而且容易导致计算的发散。

本 章 小 结

本章主要介绍了求解有回流问题的流场所采用的以速度、压力作为基本变量的原始变量法，讨论的重点是 N-S 方程的求解。首先介绍不可压缩流体流场数值求解方法的分类，提出不可压缩流体流场数值求解的两个关键问题，它们与压力梯度的离散及压力的求解有关，进而引出交叉网格及 SIMPLE 算法。对于求解 N-S 方程的压力修正方程，给出了压力修正方法的基本思想，然后着重讨论了如何建立改进压力值的代数方程。归纳了 SIMPLE 算法思想以及计算步骤，并给出采用 SIMPLE 算法来求解不可压缩流场时加速非线性问题迭代收敛速度的方法。对 SIMPLE 改进系列算法（包括 SIMPLER、SIMPLEC 和 PISO 等）进行介绍并对比。讨论了采用 SIMPLE 算法求解流场中存在孤立物体（固体）的流动问题的固体区域处理方法。

习　　题

5-1　流场的分离式求解方法所遇到的问题是压力没有独立的方程，为了解决压力与速度之间的耦合问题，引入了 SIMPLE 等一系列算法。但另外可以从动量方程与连续性方程来导出关于压力的 Poisson 方程，例如在二维直角坐标中对不可压缩流体有

$$\frac{\partial^2 p}{\partial x^2} + \frac{\partial^2 p}{\partial y^2} = 2\left[\left(\frac{\partial u}{\partial x}\right)\left(\frac{\partial v}{\partial y}\right) - \left(\frac{\partial v}{\partial x}\right)\left(\frac{\partial u}{\partial y}\right)\right]$$

试推导出这一方程。有人认为，可以把这个压力方程与动量方程联立来求解流动，即依次求解 u 方程、v 方程及压力方程（此时 u、v 已知，可作为压力方程的源项）就完成了分离式求解方法中的一轮迭代，从而不必采用 SIMPLE 之类的算法。试对这种观点做出评价。

5-2　图 5.14 所示的二维流动中，已知：$u_w = 50$，$u_s = 20$，$p_N = 0$，$p_E = 10$，流动是稳态的，且密度为常数。u_e、u_n 的离散方程为

$$u_e = p_P - p_E; \qquad v_n = 0.7(p_P - p_N)$$

试利用 SIMPLE 算法求解 u_e、v_n 及 p_P 的值。

5-3　一管路系统如图 5.15 所示，从节点 1 向节点 2~7 泵送流体。节点 1、2、4、5 的压力表示在括号内。两节点间的流量 $Q = C\Delta p$，其中 Δp 为两节点间的压差，C 为水力传导性。为简便起见，相邻两节点间的传导性用示于两节点连线中点上的字母作为下标，例如节点 3、6 间的水力传导性表示为 C_D。已知：$C_A = 0.4$，$C_B = 0.2$，$C_C = 0.1$，$C_D = 0.2$，$C_E = 0.1$，$C_F = 0.2$。已知节点 6、7 间的流量 $Q_F = 20$。以上各量的单位都是协调一致的。试采用类似 SIMPLE 的算法，确定 p_3、p_6、Q_A、Q_B、Q_C、Q_D、Q_E 及 p_7（提示：先假定 p_3^*、p_6^*，计算各段流量；再利用节点 3、6 的质量守恒关系来计算压力修正值）。

5-4　对于图 5.16 所示的正方形截面管道内的层流充分发展对流换热，试利用 Boussinesq 假设及有效压力的概念，写出考虑浮升力作用的流体温度与速度的控制方程，设在 x、y、z 三个坐标方向上的速量分量分别为 u、v、w。

5-5　采用极坐标系来计算气体外掠等温圆管的层流换热，取计算区域为图 5.17 所示的 $ABCDEFA$，试写出各边界上速度与温度的条件。设外边界离圆柱已足够远。

5-6　设流经某多孔介质的一维流动的控制方程为 $c|u|u + \dfrac{\mathrm{d}p}{\mathrm{d}x} = 0$ 及 $\dfrac{\mathrm{d}(uF)}{\mathrm{d}x} = 0$，其中系数 c 与空间位

置有关，F 为流道有效流动截面面积。对于图 5.18 所示的均匀网格系统，已知：

$$C_B = 0.25, \quad C_C = 0.2, \quad F_B = 5$$

$$F_C = 4, \quad p_1 = 200, \quad p_3 = 38, \quad \Delta x = 2$$

以上各量的单位都是协调的。试应用 SIMPLE 算法求解 p_2、u_C、u_B。

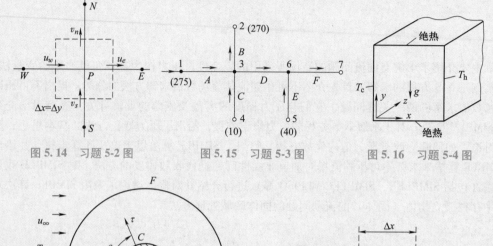

图 5.14 习题 5-2 图   图 5.15 习题 5-3 图   图 5.16 习题 5-4 图

图 5.17 习题 5-5 图 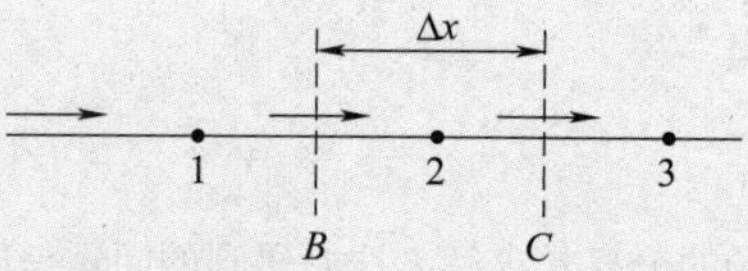   图 5.18 习题 5-6 图

第 6 章
流场的数值求解过程收敛及结果处理

6.1 流场迭代收敛的判据

6.1.1 两种迭代的收敛问题

在流场的数值求解中会碰到迭代收敛问题，包括同一层次上代数方程迭代求解的收敛及非线性问题从一个层次向另一个层次推进的收敛问题。其中在一组确定的系数及源项下的迭代常称为内迭代（inner iteration），而从一个层次改进系数及源项后向下一层次的推进称为外迭代（outer iteration）。一般文献中所谓"经过多次迭代后收敛"指的都是外迭代的次数。上述两种不同意义上的迭代如图 6.1 所示。

对于非线性问题，求解过程中在获得收敛解之前离散方程的系数及源项都是有待改进的，因而没有必要把相应于一组临时的系数与源项的代数方程的准确解求出来。采用迭代法可以适时地停止迭代，及时用所得到的解去更新系数与源项，以便进入下一层次的计算。下面介绍终止内迭代与终止非线性问题外迭代的常用判据。

6.1.2 终止内迭代的判据

在内迭代中，压力修正 p' 方程的求解常常占了内迭代的大部分时间，有时会占整个计算时间的 80%。因而终止内迭代常常以 p' 方程为依据来讨论。

在每一层次的迭代上，如果 p' 方程迭代求解停止得太早，则所获得的速度修正值不能较好地满足连续性方程。由于这一改进值是要用于确定下一层次迭代的代数方程系数，于是误差就会传播开去，以致使迭代发散。一般有三种方法来终止每一层次上 p' 方程的迭代求解：

1）简单地规定实施交替方向线迭代与块修正运算的轮数。如果把实施一次交替方向线迭代及一次交替方向块修正作为一轮

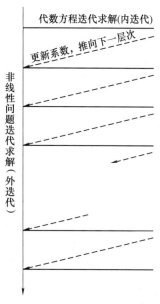

图 6.1 流场数值求解的内迭代
与外迭代示意图

迭代，则一般经过 2~4 轮迭代后即可终止计算。这一方法易于实施，但在刚开始计算时，终止迭代也许过早了，而当接近于收敛时，又可能终止得晚了一些。

2）规定 p' 方程余量的范数小于某一数值。设经 k 次迭代后 p' 方程余量的范数为 $R_p^{(k)}$，则按 Euclid 范数的定义，有

$$R_p^{(k)} = \left\{ \sum_{\substack{\text{对控制容积求和}}} \left[\left(a_E p'_E + a_W p'_W + a_N p'_N + a_S p'_S + b - a_P p'_P \right)^{(k)} \right]^2 \right\}^{\frac{1}{2}} \tag{6.1}$$

这一判据可表示为

$$R_p^{(k)} \leq \varepsilon_p \tag{6.2}$$

其中 ε_p 是取定的允许值。如果在整个迭代过程中 ε_p 保持不变，则在刚开始计算中可能也会要求过多的迭代次数，而接近于收敛时则会终止迭代过早。

3）规定终止迭代时的范数与初始范数之比小于允许值。设某一层次迭代中开始解 p' 方程时的范数为 $R_p^{(0)}$，经 k 次迭代后的范数为 $R_p^{(k)}$，则当式（6.3）条件满足时可停止这一层次的迭代：

$$\frac{R_p^{(k)}}{R_p^{(0)}} \leq r_p \tag{6.3}$$

式中，r_p 为余量下降率，其值一般取为 $0.25 \sim 0.05$。采用式（6.3）的判据有两个优点：

① 余量下降率之值对大多数问题都大致相同。

② 对于各个层次上的迭代（刚开始与接近收敛时），所需迭代次数近似相同。

此法的不足是增加了计算余量范数的工作量。

6.1.3　终止非线性问题外迭代的判据

终止非线性问题外迭代的判据大致有以下一些形式：

1）特征量在连续若干个层次迭代中的相对偏差小于允许值，这里特征量可以是被求解的速度、温度或者是经过处理的某种平均值，如平均努塞尔数 Nu、阻力系数等。例如：

$$\left| \frac{Nu_m^{(k+n)} - Nu_m^{(k)}}{Nu_m^{(k+n)}} \right| \leq \varepsilon \tag{6.4}$$

这里把相隔 n 层次的两个平均 Nu 做比较，n 值可在 $1 \sim 100$ 范围内选取。

2）要求在内节点上连续性方程余量的代数和（R_{sum}）及节点余量的最大绝对值（R_{max}）小于一定的数值；由于不同的流动情况流量的绝对值差别会很大，因而更合理的判据是它们的相对值应小于一定值。设参考质量流为 q_m，则可要求：

$$\frac{R_{sum}}{q_m} \leq \varepsilon , \qquad \frac{R_{max}}{q_m} \leq \varepsilon \tag{6.5}$$

对于开口系统，q_m 可取为入口的质量流量。需要指出，在开口流场计算中，总体质量守恒的条件在迭代计算过程中往往是通过人为手段来达到的。在这种情况下迭代的任何阶段 R_{sum} 可能就很小，此时并不能表明流场迭代计算已收敛；但如果 R_{sum}/q_m 大于允许值，则迭代肯定不收敛。

对于闭口系统，例如顶盖驱动方腔流动（图 6.2a）及方腔中的自然对流（图6.2b），均可取流场中任一截面 ab 做以下数值积分：

$$q_m = \int_a^b \rho \,|u|\,\mathrm{d}y \ ; \ q_m = \int_a^b \rho \,|v|\,\mathrm{d}x \tag{6.6}$$

3）要求连续性方程余量范数的相对值小于允许值。连续性方程的余量即 p' 方程中的源项，为避免混淆，这里记为 b^p，则上述要求可表示为

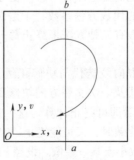

a）顶盖驱动方腔流动

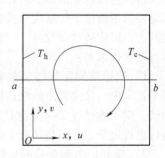

b）方腔中的自然对流

图 6.2　闭口系统案例的参考质量流量的获取方法

$$\frac{\sqrt{\sum\limits_{\text{内点求和}}\left(b^p\right)^2}}{q_{\mathrm{m}}} \leqslant \varepsilon \tag{6.7}$$

4）要求在整个求解区域内动量方程余量之和，或其范数与参考动量之比小于一定值，例如对开口系统，可有

$$\frac{\left(\sum\limits_{\text{内点求和}}\left\{a_e u_e - \left[\sum\limits_{nb} a_{nb} u_{nb} + b + A_e(p_e - p_E)\right]\right\}^2\right)^{\frac{1}{2}}}{\rho u_{\mathrm{in}}^2} \leqslant \varepsilon \tag{6.8}$$

应当指出，还可以同时采用几个判据，以确保收敛判断的可靠性。允许的误差数值与具体的问题有关，也受网格节点数及计算机字长的影响，网格较密，计算机字长位数较多的情形，允许误差应取较小值。作为允许的相对偏差 ε，一般应在 $10^{-5} \sim 10^{-3}$ 的范围内。

6.2　CFD 常用的判断收敛的方法

在流场的数值求解过程中，会遇到迭代收敛问题。判断计算是否收敛，没有一个通用的方法。正确的做法是，不仅要通过残差值，也要通过检测所有相关变量的完整数据，以及检查流入与流出的物质和能量是否守恒的方法来判断计算是否收敛。

6.2.1　残差

残差是网格各个面的通量之和。当收敛后，理论上当在单元内没有源项时，使各个面流入的通量（也就是对物理量的输运）之和应该为零，最大残差或者 RSM 残差反映流场与所要模拟流场的残差，残差越小越好，由于存在数值精度问题，不可能得到 0 残差。对于单精度计算一般应该低于初始残差的 1.0×10^{-3}。实际中应注意看各个项的收敛情况，如连续项不易收敛而能量项容易收敛。图 6.3 所示为 CFD 软件模拟过程的模拟量的残差变化监测显示结果。

RSM 残差是指响应面法（Response Surface Method，RSM）过程的残差。RSM 方法的基本思想是通过构造一个具有明确表达形式的多项式替代试验或数值模型，以近似描述目标函数对设计变量的响应特性。对于具体的工程优化问题，响应面法仅在设计空间中有限样本点上采用试验或数值模拟的方法确定目标函数的响应，系统优化过程则主要利用响应面函数完成。因此，响应面法能够大大地减少优化过程的计算工作量和对数值模拟过程的依赖，对于那些影响因素众多的复杂工程问题，该方法提高了优化它们的可行性。

6.2.2　CFD 计算判断收敛的依据

1）监测残差值。在迭代计算过程中当各个物理变量的残差值都达到收敛标准时计算就会发生收敛。一般来说，压力的收敛相对慢一些。

2）选定流场中具有特征意义的点，监测其

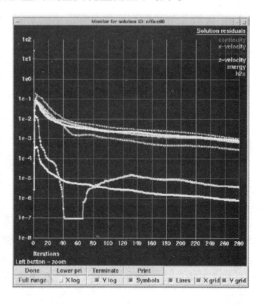

图 6.3　数值模拟软件计算过程的残差值监测显示

速度、压力、温度等的变化情况，如果计算结果不再随着迭代的进行发生变化，即可认为收敛。

3）整个系统的质量、动量、能量都守恒。检查进口、出口处流入和流出整个系统的质量、动量、能量是否守恒。守恒则计算收敛，如果不平衡误差小于0.1%，也可以认为计算收敛。

应当指出，残差曲线是否满足只是一个表面的现象，残差在较高位振荡，首先需要检查边界条件是否合理，其次检查初始条件是否合理。如果收敛标准设置的不合适，物理量的残差值在迭代计算过程中始终无法满足收敛标准。

因此是否收敛不能简单看残差图，还有许多其他的重要标准。即使是收敛解也不一定准确，它和网格划分、离散化误差以及物理模型的准确性都有关系。最好能和试验数据进行对比或者与理论分析结果进行对比。

6.2.3 数值模拟不收敛通常的解决方式

当数值模拟不收敛时，首先查找网格问题，通过修改网格提高网格的质量，计算过程中选择合适的 CFL（Courant-Friedrichs-Lewy）数。其次，如果问题复杂，比如多相流问题，与模型、边界、初始条件都有关系。有时初始条件和边界条件严重影响收敛性，依靠经验重新定义初始条件，包括具体的计算模型选择。最后，调节松弛因子也能影响收敛，不过代价是收敛速度变慢。

一般来讲，在收敛不好的时候，对于压力、速度方程可以采用一个较小的亚松弛因子。松弛因子的值在0~1之间，越小表示两次迭代值之间变化越小，也就越稳定，但收敛也就越慢。

6.3 数值模拟结果的后处理

计算收敛后需要显示和输出计算结果，经过 CFD 求解步骤得到变量场各个节点上的值后，需要可以通过一定的方法将计算域中的结果以图形的形式直观明了地表达出来。

由于具有高超绘图能力的计算机软件日益增多，CFD 软件包都装备有数据可视化工具，主要包括：

1）区域几何结构和网格显示。

2）矢量图。

3）等值线图、云图或者流线图。

4）二维、三维曲面图。

5）粒子轨迹图。

6）图像处理（移动、旋转、缩放）。

7）彩色图像的输出以及对结果动态显示的动画。

8）数据输出的功能，用于 CFD 软件外进一步处理数据。

6.3.1 矢量图与流线图

计算机中显示的图形一般可以分为两大类：矢量图和流线图。矢量图是直接给出二维或三维空间里矢量（如速度）的方向及大小，一般用不同颜色或者长度的箭头表示速度矢量。矢量图可以比较容易地让用户发现其中存在的旋涡区。CFD 显示主要是速度矢量图。矢量图形最大的优点是无论放大、缩小或旋转等都不会失真；最大的缺点是难以表现色彩层次丰富的逼真图像效果。

图6.4 给出了单侧开口房间在迎面气流方向的中心线截面上的速度分布矢量图，图6.4a 是物理模型，图6.4b 是利用 CFD 模拟计算出的速度结果的矢量图。根据矢量图，可以清晰看出截

面上速度的大小分布以及速度的方向、旋涡的位置，并且可以看到压力中性面位置（速度矢量为 0）。

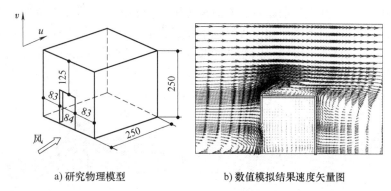

a) 研究物理模型   b) 数值模拟结果速度矢量图

图 6.4 单侧开口房间在迎面气流方向的中心线截面上的速度分布矢量图

图 6.5 和图 6.6 分别给出了不同形状（L 和 Z）的建筑裂缝的几何参数以及气流流速的矢量图结果。研究流速的目的是研究室外颗粒物的渗入。对于狭小空间，除了给出整个区域速度场，需要对关键部分的速度矢量图进行放大，来评价局部气流特性，而矢量图形最大的优点是放大不会失真。

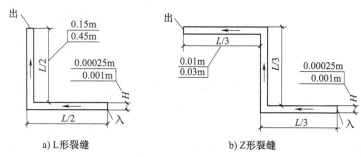

a) L 形裂缝   b) Z 形裂缝

图 6.5 两种形式裂缝及几何参数

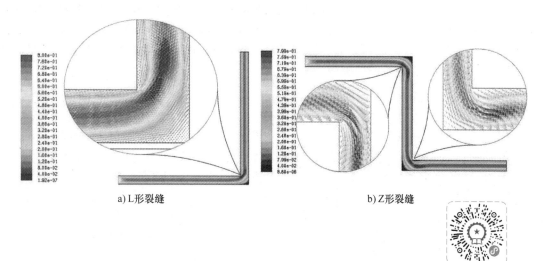

a) L 形裂缝   b) Z 形裂缝

图 6.6 不同形式裂缝内气流速度结果矢量图（微信扫描二维码可看彩图）

图 6.6 给出了两种拐角处的速度矢量图放大图，利用矢量图进行局部放大就清晰表达拐角处的速度大小、方向及分布。

流线图是用线条表示质点运动轨迹，有时候为了清晰表达结果需要将速度矢量图和流线图联合使用。图 6.7 给出了自然排烟隧道两种竖井高度下竖井入口附近区域中心截面的速度模拟结果，其中工况 1 竖井高度是 1m，工况 2 竖井高度是 2m。采用速度矢量图以及流线图联合表达气流流场，可以看出工况 2 进入竖井气流更多，原因是竖井高度增加，烟囱效应的加强导致抽吸烟气效果变好，但是可以看到在竖井左侧出现了旋涡，会有部分空气被吸入。

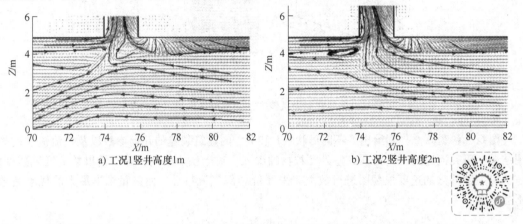

a) 工况1竖井高度1m   b) 工况2竖井高度2m

图 6.7　隧道竖井自然排烟的气流速度结果的矢量图与流线图联合表示（微信扫描二维码可看彩图）

6.3.2　等值线图与云图

等值线图是以相等数值点的连线表示连续分布且逐渐变化的数量特征（高低、大小、强弱、快慢等）的一种图形，又称为等量线图。它是用数值相等各点连成的曲线（即等值线）在平面上的投影来表示物体的外形和大小的图。

沿着某一特定的等值线，可以识别具有相同值的所有位置。通过查看相邻等值线的间距，可以大致了解值的分布层次。CFD 软件输出主要是等压力线图、等温线图、等浓度线图。

图 6.8 所示为隧道内不同火源功率以及纵向通风风速情况的火源下游气流流场温度分布的等值线图。图 6.8a 所示工况火源功率 Q 为 15kW，纵向通风风速 u_c 为 0.6m/s；图 6.8b 所示工况火源功率为 3.0kW 且风速为 0.48m/s。根据等值线，容易看出截面的温度分布，判断温度最高处，以便采取相应的预防措施。

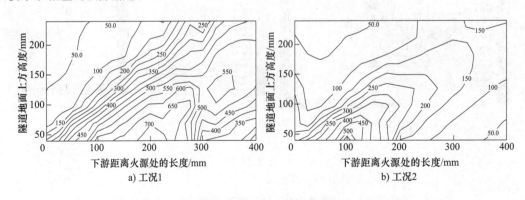

a) 工况1   b) 工况2

图 6.8　隧道内纵向通风火源下游截面的气流温度分布

在等值线图上，除注记等值线所代表的数值外，还常使用颜色加强直观性和反映数量差别。如在等温线图上，以红色表示温暖性质，蓝紫色表示寒冷性质。

云图是使用渲染的方式，将流场某个截面上的物理量（如压力或温度）用连续变化的颜色块表示其分布。图 6.9 所示为厨房内气流速度计算结果的云图。图 6.9a 是一厨房灶具排烟气流组织计算的物理模型，图 6.9b 是速度计算结果云图，通过彩色云图可以看出不同部位的气流速度分布，但是无法相对准确地知道速度大小和局部气流流向特征。

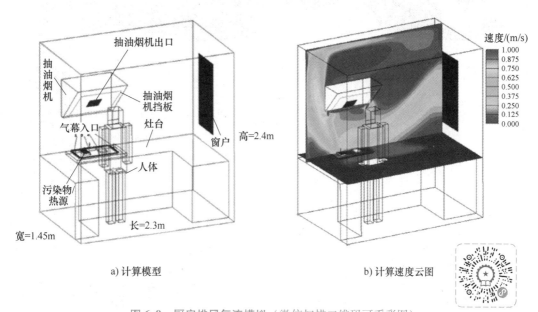

a) 计算模型　　　　　　　　　　　　　　　b) 计算速度云图

图 6.9　厨房排风气流模拟（微信扫描二维码可看彩图）

对于三维空间内温度分布的描述，还可以采用等值面（iso-surface）来表示。图 6.10 给出有限空间内火灾工况的无量纲温度分布，需要给出等值面不同值对应的颜色。通过等值面图可以看出空间的温度分布情况，明显看出，图 6.10b 显示着火后 100s 的空间温度高于图 6.10a 所示的 20s 的空间温度分布。无量纲温度 θ 的表达式为

$$\theta = \frac{T - T_\infty}{T_s - T_\infty} \tag{6.9}$$

式中，T_s 为火源处温度；T_∞ 为环境温度。

需要注意，由于云图是由像素点组成的，就像马赛克一样是由一块块小格子组成的，必须提高分辨率才能提高清晰度。例如，速度云图只能粗略看速度大小分布，一般分析速度场则需用矢量图，虽然矢量图不够丰富，却够清晰。

6.3.3　运动粒子轨迹图

在流动问题模拟过程中，为了清晰表达进风口的新鲜气流在建筑空间内的到达位置，从而判断空气龄和不同位置的空气新鲜程度，需要采用类似于颗粒流动轨迹方向画出气流运动粒子轨迹图，一般在三维空间内展示。图 6.11 所示为某卧室三维空间内气流分布，通过粒子轨迹图显示新鲜气流从进风口到回风口的流动过程，可以看出不同位置床位处的新风气流到达情况，可以合理布置床位的位置。

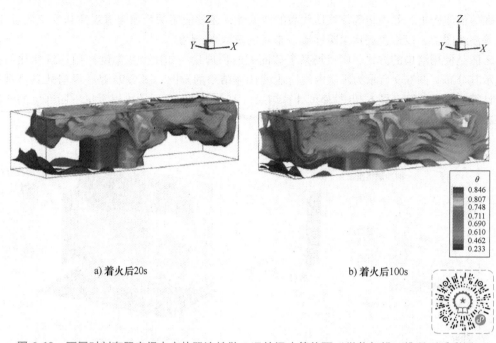

a) 着火后20s

b) 着火后100s

图 6.10 不同时刻有限空间火灾热羽流扩散工况的温度等值面（微信扫描二维码可看彩图）

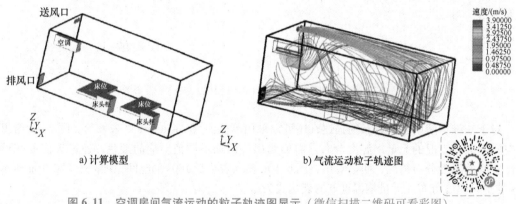

a) 计算模型

b) 气流运动粒子轨迹图

图 6.11 空调房间气流运动的粒子轨迹图显示（微信扫描二维码可看彩图）

本 章 小 结

本章介绍了在流场的数值求解中会遇到两种迭代收敛问题：内迭代和外迭代。阐述了终止内迭代和终止非线性问题外迭代的判断。对于如何判断 CFD 是否收敛，不仅要通过残差值，也要通过检测所有相关变量的完整数据，以及检查流入与流出的物质和能量是否守恒的方法来判断计算是否收敛。注意到即使是收敛所得到的解也不一定准确，它和网格划分、离散化误差以及数学模型的准确性都有关系。最好能和试验数据进行对比或者与理论分析结果进行对比来验证数学模型的准确性。当数值模拟不收敛时，首先查找网格问题；其次，如果问题复杂比如多相流问题，与模型、边界、初始条件都有关系；最后，调节松弛因子也能影响收敛，不过代价是收敛速度变慢。介绍数值模拟的结果用图形的形式显示的常见方式：矢量图、流线图、等值线图、云图、运动粒子轨迹图。

第二部分
建筑通风节能与环境安全领域的数值模拟应用

本书第 1~6 章主要介绍了 CFD 相关的基本理论、离散方法和求解方法。接下来第 7~10 章将主要介绍建筑通风节能与环境安全领域的 CFD 应用的案例。

本书内容主要是基于已经发表的高水平 CFD 研究论文的一些基本环节。

高水平的 CFD 研究论文主要环节包括：

1）研究背景。对研究问题的意义、目标及研究问题创新性进行描述。

2）计算域确定。该部分基于建筑物理模型合理划定计算区域，包括计算域边界的确定。本部分主要参考第 3 章内容。

3）控制方程及数学模型。主要基于流动性质的假设，确定相应的控制方程，对于湍流问题，还要选择合适的湍流模型，有的研究需要进行不同湍流模型之间的对比。本部分主要参考第 2 章的内容。该部分内容还需要给出不同参数方程的离散格式选择以及收敛指标的确定，主要参考第 4 章和第 5 章内容。

4）网格划分及网格独立性分析。这部分内容非常关键，可以参考本书的第 3 章内容。

5）边界条件、源项的确定，对于非定常流动，还需要确定计算时间的步长。可以参考第 3 章、第 4 章内容。

6）计算模型准确性验证。这部分是 CFD 研究论文的重要环节，国内期刊论文对此环节重视不够，但高水平的英文期刊非常重视这部分内容。一般是选择典型工况数值模拟结果与试验测试结果进行对比，从而判断所选用的计算模型准确性。

7）计算工况设置和计算结果讨论与分析。该部分展示主要研究成果，它主要是基于数值模拟研究结果进行的后处理工作，可以参考第 6 章。该部分除了直接给出数值模拟的结果外，还需要对结果进行深入讨论分析，提炼出经验公式或者建立新的数学模型。需要注意，研究所得到的结果需要与前人的研究成果进行对比来显示成果的先进性。对于新提出的经验公式，需要将不同工况计算结果与试验测量结果之间进行重合度分析，一般两种结果的偏差范围应限定在 ±15% 范围内。

作为研究生教材，该部分内容可以为研究生撰写高水平研究论文提供写作思路和参考。

第7章
建筑通风与节能领域问题的数值模拟应用案例

7.1 建筑不同开口形式对自然通风效果影响的数值研究

7.1.1 研究背景

自然通风是依靠室外风力造成的风压和室内外空气温度差造成的热压，促使空气流动，使得建筑室内外空气交换。建筑中的自然通风可以创造舒适健康的室内环境，与机械通风系统相比可以节约能源。在建筑设计中，通风的预测可能很困难；风驱动单边通风的情况下，湍流的影响占主导地位，尤其难以模拟。自然通风是降低建筑能耗的一项重要技术。虽然 CFD 已经在风力工程领域得到了广泛的应用，但它在建筑自然通风领域没有得到充分的发展。

数值模拟研究目标：针对建筑迎风面以及背风面的开口形式，分别采用 RANS 和 LES 方法对不同来流风向的单侧通风和交叉通风的效果，量化开口速度积分在估算不同入射风向下的通风量时的准确性。针对普通建筑，探索在不同风向下单侧通风（single ventilation）和交叉通风（cross ventilation）的流量驱动通风的速率和机理。

7.1.2 物理模型及计算域选定

选择风洞试验的模型为对象，模型位于来流风向的下游。建筑模型如图 7.1 所示。模型尺寸是 250mm（H）× 250mm（L）× 250mm（W），壁厚 6mm。图 7.1a 所示为单侧通风（Single Ventilation，SV）模型，迎风面开口尺寸为 125mm（H）× 84mm（W），而图 7.1b 所示为交叉通风（Cross Ventilation，CV）模型，在迎风面和背风面上有两个相同尺寸的开口，尺寸为 125mm（H）× 84mm（W）。

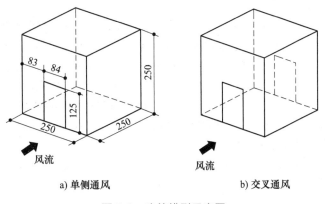

a) 单侧通风　　　　　　　　b) 交叉通风

图 7.1　建筑模型示意图

图 7.2 中给出了风洞试验中测量速度的位置分布，黑框表示建筑模型。建筑模型由透明有机玻璃制成，使用激光多普勒风速仪（Laser Doppler Anemometer，LDA）设备捕获二维平均值和脉动速度分量。测点布置在模型的前面、内部和后部。这些试验数据用于验证 CFD 模型。

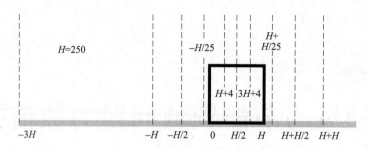

图 7.2　风洞试验速度测量点位置（黑框表示建筑模型）

对于只有一个开口的模型，开口可以放置在迎风方向或背风方向，因此存在三种工况：

工况 1：在迎风墙上有开口的单面通风。

工况 2：在背风墙上有开口的单面通风。

工况 3：在迎风和背风墙上都有开口的交叉通风。

由于考虑外部流动，计算域内需要包含试验模型及外部区域。计算域的进口、出口和左右两侧横向边界到试验模型最近的表面的距离分别为 4H、10H 和 4H，如图 7.3 所示。计算域的高度为 5H。主要原因是考虑计算域的阻塞率是 2.2%，小于允许上限值 3%。该上限值是经过良好的实践研究得到。为避免在风流剖面中产生意外的速度梯度，计算域选择了上游 4H 的断面处提取来流速度。

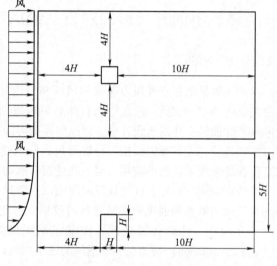

图 7.3　数值模拟计算域的选取（H 为 250mm）

7.1.3　控制方程

将流场认为是不可压缩的湍流运动，在单侧通风的情况下，湍流的影响占主导地位。研究同时采用 RANS 模型和 LES 模型，具体控制方程见本书第 2 章，并将结果进行对比。在 LES 模型使用 Smagorinsky 亚格子（subgrid-scale）模型和过滤动态子网格比例（Filtered Dynamic Subgrid-Scale，FDS）模型对湍流应力（Reynolds 应力）进行建模。进行不同湍流模型对比的主要原因是有研究表明 RANS 模型已被证明无法正确预测建筑物周围的气流分布，难以生成屋顶上的分离区域。RANS 模型过度预测了建筑背风面后面的再循环区域。而 LES 模型没有遇到这些问题，其结果与试验数据吻合良好。

由于自然风在速度和方向上都会发生变化，因此需要进行瞬态模拟以充分描述气流参数分布。

7.1.4　网格划分及网格独立性分析

使用 Fluent 网格工具将计算区域离散为小六面体单元，模型壁面附近和模型内部的单元尺寸较小，向区域边界逐渐增大。图 7.4 给出了单侧开口建筑模型附近的计算域网格。网格最小单元为 0.0025m 位于室内和模型附近，首先网格在模型附近以 1.05 倍的速率增长，在计算域边界附近逐渐达到 1.20 倍的速率。RANS 和 LES 都使用了相同的计算域，最大限度地减少了使用不同网格和计算域时可能会引入的任何差异。

采用粗、中、精三种网格进行网格敏感性分析。粗糙网格有 135.25 万个单元，最小单元尺寸为 4mm；中间网格有 266.83 万个单元，最小单元尺寸为 2.5mm；精细网格有 510.90 万个单元，最小单元尺寸为 2mm。网格灵敏度是通过测量建筑物中心平面 $x = -0.25H$、0 和 $0.25H$ 三个位置的垂直剖面来估计的。利用提出的网格收敛指数（grid convergence index，GCI）来确定网格独立性结果。

$$\text{GCI} = = F_s \left| \frac{r^p \left(u_{i.\text{grid}\_A} - u_{i.\text{grid}\_B} \right) / U_{\text{ref}}}{1 - r^p} \right| \tag{7.1}$$

式中，F_s 是安全系数，为 1.25；r 是线性网格精度，取 $\sqrt{2}$；p 是精度形式阶数，取值为 2；u_i 是两个网格中任意一个网格的风速 u 或者 w；U_{ref} 是参考风速，取 12m/s。

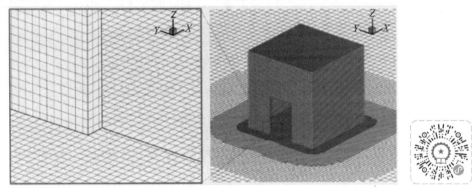

图 7.4　单侧开口建筑模型附近的计算域网格（微信扫描二维码可看彩图）

7.1.5　边界条件、源项、计算步长的设置与设定

边界条件：计算域的入口定义为速度入口。将压力出口边界条件赋给压力自由边界（出口静压为 0）。横向侧面边界和顶部边界采用对称边界条件。

入口纵向速度 u 采用对数剖面（图 7.5），而入口横向风速 v 在整个过程中几乎为零。速度 u 表达式为

$$u(z) = \frac{U^*}{\kappa} \ln\left(\frac{z}{z_0} \right) \tag{7.2}$$

式中，U^* 为摩擦速度（1.68m/s），又称为参考速度；z_0 为粗糙度（为 0.005m）；κ 为 von Karman 常数，取 0.415。

湍流动能 k 和动能耗散率 ε 的取值公式如下：

$$k(z) = \frac{3}{2} \left[u(z) T_i \right] \tag{7.3}$$

$$\varepsilon(z) = C_\mu^{3/4} \frac{k^{3/2}}{l_\varepsilon} \tag{7.4}$$

式中，T_i 是湍流强度；C_μ 为常数，取 0.09；l_ε 为混合长度。

本研究取 T_i 为 4%，l_ε 取 0.4m。

对于 RANS，使用标准壁面函数和基于沙粒的粗糙度修正描述地面边界。采用 SIMPLE 算法对压力场和速度场进行耦合，压力项采用二阶内插值方法进行离散。控制方程中对流项和黏性项采用二阶离散格式求解。

149

对于 LES，采用光谱合成器的方法（spectral synthesizer method）在入口产生充分发展的湍流状态风流。LES 选择时间步长为 0.0002s，以满足 Courant-Friedrichs-Lewy（CFL）小于 1 的条件。

收敛条件：对于 x、y、z 方向的动量以及 k 和 ε 方程，残差取 10^{-7}；对于连续方程，残差是 10^{-6}。

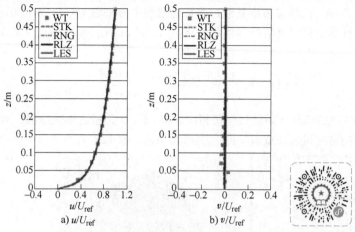

a) u/U_{ref} b) v/U_{ref}

图 7.5　计算域入口处无量纲的平均风速剖面（微信扫描二维码可看彩图）

7.1.6　计算模型正确性验证

通过与风洞试验结果的比较，估计了 CFD 模拟的准确性。比较时考虑了 $x = -0.25H$、0、和 $0.25H$ 三个位置的垂直剖面。图 7.6 给出了 CFD 模拟和风洞试验中三个位置的垂直剖面的试验和模拟结果比较。采用的湍流模型包括：标准 k-ε 模型（Standard k-ε model，STK），重整化群 k-ε 模型（Renormalization Group k-ε model，RNG），可实现的 k-ε 模型（Realizable k-ε model，RLZ）。对比结果表明 CFD 模拟结果与风洞测试结果吻合良好。其中 LES 结果与 RANS 相比，更符合风洞试验数据的变化趋势。

采用四种验证指标：命中率（q）、分数偏差（FB）、观测值 2 的因子（FAC2）和皮尔逊相关系数（R）用来评估四种湍流模型（LES、RNG、STK、RLZ）的性能。分别使用式（7.5）~ 式（7.8）计算四种验证指标。表 7.1 给出了单侧通风 CFD 模拟纵向风速 u 与垂直方向速度 w 结果与试验结果验证矩阵。

$$q = \frac{1}{N}\sum_{i=1}^{N} n_i , \ n_i = \begin{cases} 1, \ \text{当} \left| \dfrac{P_i - O_i}{P_i} \right| \leqslant D_q \ \text{或} \ |P_i - O_i| \leqslant W_q \\ 0, \ \text{其他} \end{cases} \tag{7.5}$$

$$FB = \frac{[O] - [P]}{0.5([O] + [P])} \tag{7.6}$$

$$FAC2 = \frac{1}{N}\sum_{i=1}^{N} n_i , \ n_i = \begin{cases} 1, \ \text{当} \ 0.5 \leqslant \left| \dfrac{P_i}{O_i} \right| \leqslant 2 \\ 1, \ \text{当} \ O_i \leqslant W, \ P \leqslant W \\ 0, \ \text{其他} \end{cases} \tag{7.7}$$

$$R = \frac{\sum_{i=1}^{n}(P_i - \overline{P})(O_i - O)}{\sqrt{\sum_{i=1}^{n}(P_i - \overline{P})^2}\sqrt{\sum_{i=1}^{n}(O_i - O)^2}} \tag{7.8}$$

式中，O_i 和 P_i 是样本 i 的风洞测试数据和 CFD 的模拟数据；N 是数据点的数量；阈值 $W =$

0.05m/s；$D_q = 0.25$；$W_q = 0.01\text{m/s}$。

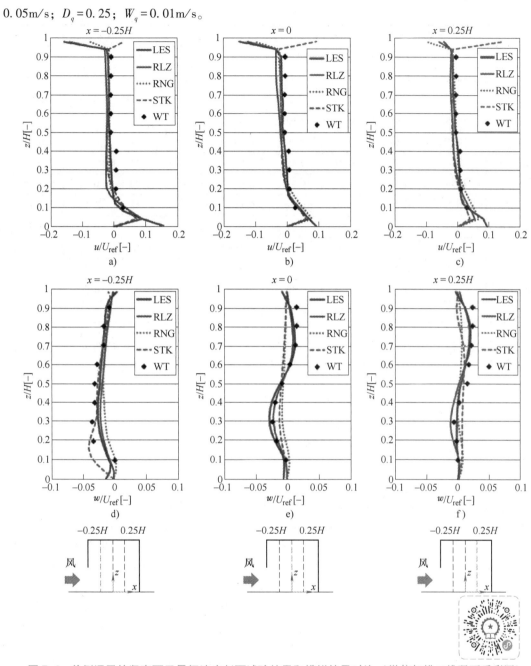

图 7.6　单侧通风的竖直面无量纲速度剖面试验结果和模拟结果对比（微信扫描二维码可看彩图）

注：a)~c) 是 u/U_{ref} 对比，d)~f) 是 w/U_{ref}，黑色点 WT 是实测试结果。

表 7.1　单侧通风 CFD 模拟纵向风速 u 与垂直方向速度 w 结果与试验结果验证矩阵

度量值	纵向风速				竖向风速 w			
	q	FB	FAC2	R	q	FB	FAC2	R
理想值	1	0	1	1	1	0	1	1
接受标准	>0.8	<1.5	>0.5	>0.8	>0.8	<1.5	>0.5	>0.8

（续）

度量值		纵向风速				竖向风速 w			
		q	FB	FAC2	R	q	FB	FAC2	R
LES(x/H)	−0.25	0.67	−0.19	0.75	0.95	0.78	0.20	0.89	0.94
	0	0.56	−0.39	0.5	0.97	0.78	−0.03	0.78	0.98
	0.25	0.45	−0.27	0.63	0.97	0.56	0.46	0.75	0.92
STK(x/H)	−0.25	0.67	−0.52	0.5	0.79	0.89	−0.07	1	0.43
	0	0.22	−0.71	0.29	0.92	0.22	0.72	1	0.91
	0.25	0.33	−0.51	0.25	0.93	0.22	0.70	0.60	0.34
RLZ(x/H)	−0.25	0.11	−0.79	0.11	0.81	0.22	0.47	0.78	0.92
	0	0.44	−0.92	0.29	0.95	0.67	0.24	0.88	0.98
	0.25	0.55	−0.67	0.38	0.95	0.33	0.26	0.67	0.93
RNG(x/H)	−0.25	0.89	−0.44	0.78	0.85	0.44	0.62	0.78	0.76
	0	0.56	−0.84	0.38	0.94	0.22	1.09	0.25	0.51
	0.25	0.45	−0.54	0.33	0.94	0.22	1.12	0	0.33

与风洞试验相比，所有模拟持续预测 u 值较低。负 FB 值证实了 CFD 模拟对 u 的预测不足。在 RANS 模拟中，使用 RLZ 进行的模拟显示出更好的性能，因为 u 和 w 预测中的 R 值大于 0.9。

7.1.7 计算工况设置

对于 SV 模型，入射风向角度为 0°、45°、90°、135°、180°。

对于 CV 模型，入射风向角度选 0°和 90°。

7.1.8 数值模拟结果及讨论

对于五个风向入射角度（$\theta = 0°$、45°、90°、135°、180°），图 7.7 给出了单侧开口模型在 $z/H = 0.1$ 高度水平面上的无量纲平均风速 K（$K = u/U_{ref}$）的分布和流线，使用 RANS 和 LES 建模。RANS 和 LES 预测的室外和室内流场的 K 值以及流线模式明显不同，但两者结果都随入射风向发生了显著变化。比如，$\theta = 90°$，在开口处出现一个旋涡，将室内外流场分离，导致室内形成一个较大的旋涡（图 7.7c）。相比之下，LES 模拟的是开口外较小的涡流，而开口内没有较大的涡流（图 7.7h）。LES 和 RANS 模型均在 45°时，LES 的涡中心位于房间中心附近，而 RANS 的涡中心则靠近上部迎风壁（图 7.7b、g）。此外，RANS 预测了接近开口 $\theta = 90°$ 的鞍点。但在 LES 中完全没有这种鞍点（图 7.7e、j）。从 $\theta = 45°$ 的流场（图 7.7b、g）可以推断，不同入射风向驱动通风的机理是不同的，当 $\theta = 135°$（图 7.7d、i）时，通风的主要驱动机制是从建筑背风侧的再循环系统注入的气流。

图 7.8 给出了 SV 情况下垂直中心面上的无量纲平均风速（K）和平均速度流线分布。其中图 7.8a、b 是 $\theta = 0°$ 结果，图 7.8c、d 是 $\theta = 180°$ 结果。图 7.8a、c 是 LES 模拟结果，图 7.8b、d 是 RANS 模型结果。与 RANS 相比，LES 的计算精度更高，再循环区域更小，屋顶上的气流重新附着区域也更小，建筑物下游的尾迹区域也更小。当对流驱动 $\theta = 0°$ 时的通风或迎风通风时，在建筑物前面形成一个与孔口大小相同的涡流。相反，在 $\theta = 180°$ 或背风通风条件下，背风侧形成的涡流与建筑物一样高。

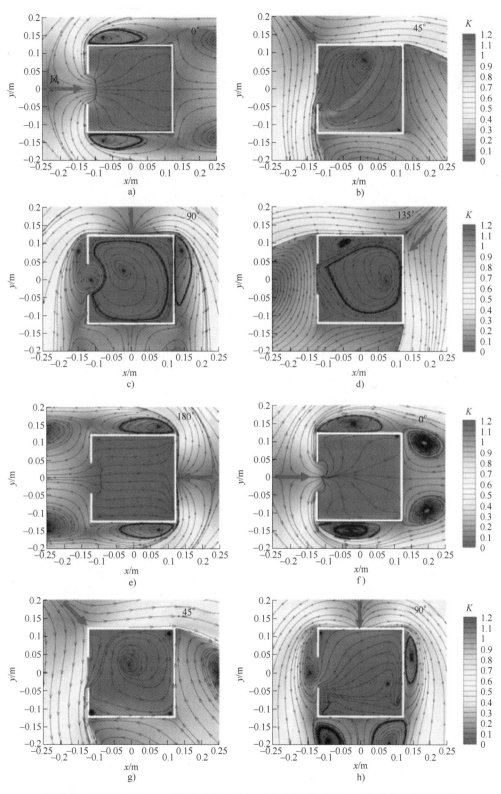

图 7.7　单侧开口模型 $z/H = 0.1$ 高度水平面上无量纲平均风速 K 的分布及流线图

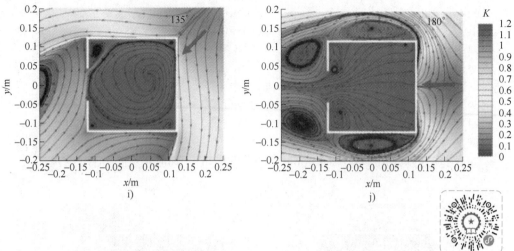

图 7.7　单侧开口模型 $z/H = 0.1$ 高度水平面上无量纲平均风速 K
的分布及流线图（续）（微信扫描二维码可看彩图）

注：a)~e) 是 RANS 模型预测，f)~j) 是 LES 模型预测。

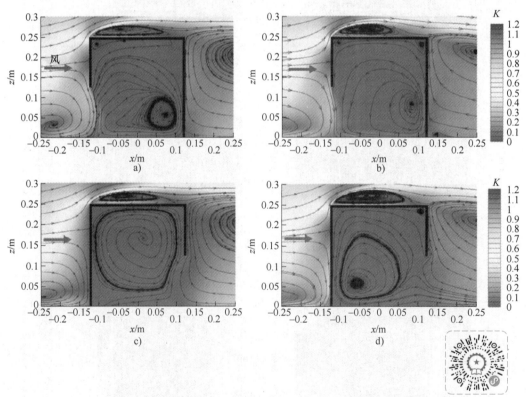

图 7.8　垂直中心面的无量纲平均速度和流线结果（入射角 θ 分别为 0° 和 180°）

（微信扫描二维码可看彩图）

图 7.9 显示了在 RANS 和 LES 模拟的各种入射风向下，交叉通风情况下在 $z/H = 0.1$ 水平面上的室内和室外流场，用无量纲平均速度和流线表示模拟结果，入射角 θ 分别为 0°、45° 和 90°，图 7.9a~c 是 RANS 模拟结果，图 7.9d~f 是 LES 模拟结果。

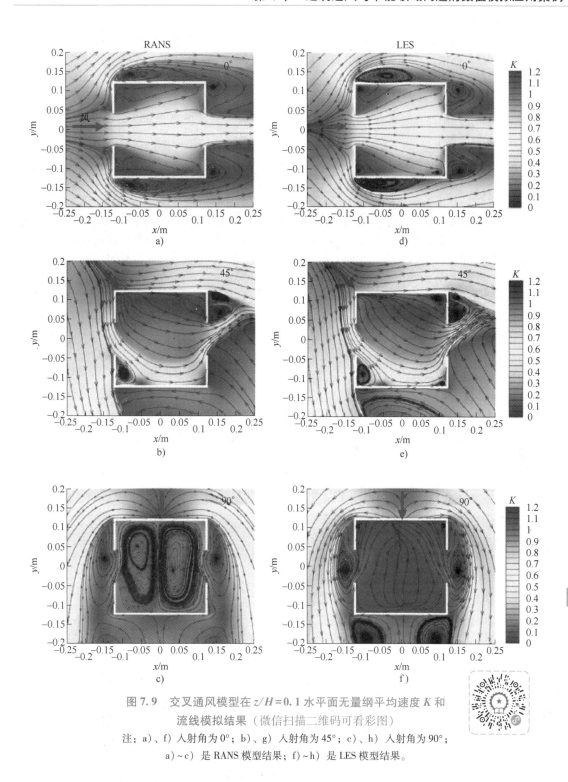

图 7.9　交叉通风模型在 $z/H=0.1$ 水平面无量纲平均速度 K 和
流线模拟结果（微信扫描二维码可看彩图）

注：a）、f）入射角为 0°；b）、g）入射角为 45°；c）、h）入射角为 90°；
a）~c）是 RANS 模型结果；f）~h）是 LES 模型结果。

与 RANS 相比，LES 预测连接两个开口的风射流更强更宽，即 LES 预测更高的通风率。与 $\theta = 0°$ 风射流直、强、宽相比，$\theta = 45°$ 时的风射流是弯曲的，并且偏离侧向流动。在偏转之外，风射流在背风侧通风口附近变得微弱和狭窄。然而，由 RANS 和 LES 模拟的室内流场在 $\theta = 0°$ 和

45°时相当匹配来流方向，加强了在这两个入射风向中观察到的通风率较小差异的有效性。相比之下，两个 CFD 模拟结果显示 $\theta = 90°$ 时的室内流场差异很大，这时室内没有出现顺流的通风流场。例如，图 7.9c 表明 RANS 模拟结果，建筑物内出现了两个反向旋转旋涡，而图 7.9f 显示的 LES 结果中完全没有此类旋涡。

RANS（LES）中存在（不存在）反向旋转涡可归因于侧壁上的流动分离（再附着）。由于 RANS 中没有气流再附着，开口外部存在负压，因此室内空气从室内流出，形成两个反向旋转的旋涡（图 7.9c）。相比之下，LES 中的流动重新附着在开口外部，产生正压，并将空气引入室内（图 7.9f）。$\theta = 90°$ 时室内流场的显著差异可归因于 LES 和 RANS 预测的通风率的巨大差异（151.7%）。

图 7.10 显示交叉通风（CV）的通风量随入射风向的变化情况。RANS 和 LES 均预测，当入射风向 $\theta = 0 \sim 90°$。交叉通风的降低率明显高于单侧通风，这表明当风正常流向通风口时，交叉通风是有利的。例如，在 CV 中，RANS 和 LES 预测的换气率（$\theta = 90°$）为 92.5% 和 81.8%，比 $\theta = 0$ 时小，而 SV 则分别减少了 52.6% 和 37.2%。还有一个矛盾正如图 7.10 显示，LES 持续预测比 RANS 更高的通气率。这种差异随着入射风向的增加而增大。例如，$\theta = 0$，LES 的预测值仅比 RANS 高 3.69%，但在 $\theta = 45°$、$\theta = 90°$ 时提高到 151.7%。RANS 和 LES 预测的差异归因于 LES 更好地模拟湍流的能力，这对于斜风向至关重要，在斜风向中通风是由风向波动驱动的而不是对流驱动的。

图 7.11 所示为三种开口方式（单侧迎风面开口、单侧背风面开口和交叉通风）试验结果和 LES 模型计算结果的速度矢量图。LES 结果与试验数据在流型方面，特别是背风面涡大小和位置方面的一致性相当好。尽管单面迎风和交叉通风中有开口，但在迎风面前面观察到沿地面的逆流。这种逆流是在单面迎风情况下的试验中观察到的。图 7.11a 和图 7.11b 中另一个值得注意的现象是在两种单侧通风情况下，建筑物前面的涡流高度几乎与开口高度相同。然而，建筑物后面的涡流高度约为开口高度的 2 倍。因此，背风壁上的开口（图 7.11b）正好位于大涡的下部，因此大量气流进入建筑物。在单侧迎风开口中，整个小涡流正好位于开口处，通过阻止大量气流进入，起到了屏障的作用。因此，预计背风开口的通风速率比迎风开口的通风速率要大。

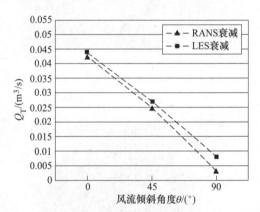

图 7.10　交叉通风的通风量随入射风向的变化情况

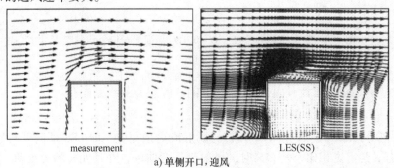

a) 单侧开口，迎风

图 7.11　三种开口方式试验结果和 SS 模型计算结果的速度矢量图

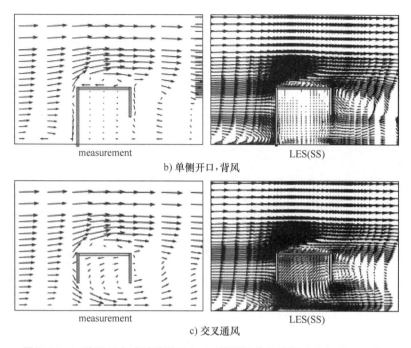

b) 单侧开口，背风

c) 交叉通风

图 7.11　三种开口方式试验结果和 SS 模型计算结果的速度矢量图（续）

图 7.12 所示为建筑模型的表面压力系数 C_p 分布测量和大涡模拟结果。压力系数的定义式为

$$C_p = (P - P_\mathrm{ref}) \Big/ \left(\frac{1}{2} \rho U_\mathrm{ref}^2 \right) \tag{7.9}$$

尽管沿建筑物屋顶存在微小差异，其中测量的表面压力系数 C_p 小于计算的 C_p。大涡模拟中的较大速度表明屋顶上方的涡流尺寸较小，从而导致建筑物屋顶的 C_p 较大。

成功预测表面压力表明，即使在高度扰动的气流中，使用大涡模拟方法也能准确定位小尺寸的通风孔（格栅、排烟口等），并预测其通风性能。

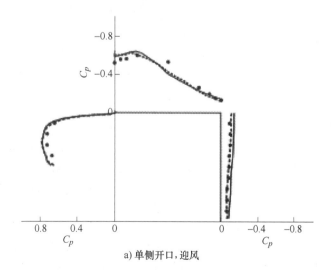

a) 单侧开口，迎风

图 7.12　建筑模型周围平均表面压力系数分布

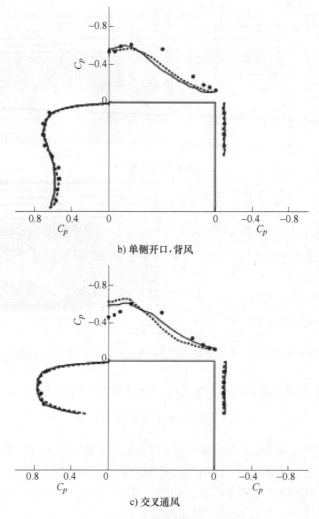

b) 单侧开口，背风

c) 交叉通风

图 7.12　建筑模型周围平均表面压力系数分布（续）

注：黑点表示测量值，实线表示 LES 的 SS 模型，虚线表示 FDS 模型。

7.2　建筑通风屋顶太阳能烟囱最佳倾角数值模拟研究

7.2.1　研究背景

　　传统的太阳能烟囱由集热墙、透明罩、进气孔和出气孔组成。利用太阳能加热可使太阳能烟囱通道内外空气产生适当的温差，并通过浮力效应产生通风气流。与机械通风系统相比，太阳能烟囱使用可再生能源，运行成本低，实现 CO_2 零排放，是一种可持续发展的建筑生态气候设计。据报道，由于采用这种自然通风系统，风机轴功率的年消耗可减少约 50%，年度热负荷减少约 12%。与风驱动的交叉通风（穿堂通风）相比，以太阳能烟囱为基础的建筑通风的一个显著特点是可以在无风的日子里工作，太阳能烟囱的风道可以增强烟囱效应，进而改善通风性能。

　　集热墙体和屋顶太阳能烟囱是两种最常见的配置。由于能收集更多的太阳辐射屋顶太阳能烟囱的工作效果更好，因此，屋顶太阳能烟囱受到了广泛的研究关注。特别是屋顶太阳能烟囱的最佳倾斜角近年来得到了广泛的研究。这里提到的太阳能烟囱倾角是指集热墙体与水平面之间的锐角，因此竖直的太阳能烟囱倾角为 90°。

　　数值研究目标：在本研究中，考虑了一个安装于屋顶的小型太阳能烟囱，目的是研究太阳能烟囱在真实气候条件下的通风性能，同时考虑了烟囱高度效应和可用太阳辐照度。选择基于数值模拟的数学方法，并采用该方法对城市不同纬度的太阳能烟囱的通风性能进行了预测，确定了具有代表性的位置和不同运行时期的最佳倾斜角。

7.2.2　计算区域

　　图 7.13 为屋顶太阳能烟囱通风的原理图和相应的二维计算域示意图。图中 g 为重力加速度，箭头向下表示重力方向，θ_t 为烟囱倾斜角度。安装太阳能烟囱的房间不包括在计算之内。

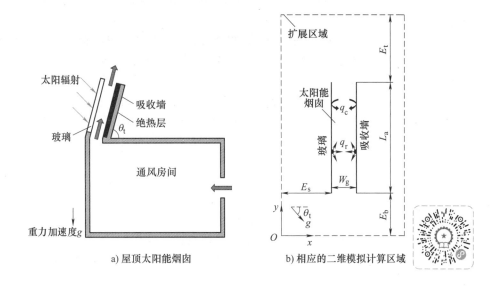

a) 屋顶太阳能烟囱　　　　　　　b) 相应的二维模拟计算区域

图 7.13　太阳能烟囱系统示意图（微信扫描二维码可看彩图）

　　有研究表明，计算域的大小会影响太阳能烟囱的预测性能，特别是对于加热不对称或气流通道宽度大的烟囱。因此，需要计算域的顶部边界扩展到距离太阳能烟囱出口孔径 10 倍气流通道宽度处，底部边界和侧面边界位于距离各自表面（即进口孔径、玻璃和集热墙）5 倍气流通道宽度处。太阳能烟囱通道的长度固定为 500mm，烟囱的流道宽度固定为 40mm。倾角范围为 30°~90°。

7.2.3　控制方程

　　质量守恒、动量守恒和能量守恒是太阳能烟囱热流的三个主要控制原则。结合 SST k-ω 模型，可以写出二维坐标流动控制方程（内容见本书第 2 章）

　　基于离散坐标（Discrete Ordinates，DO）辐射模型的热辐射传输方程为

$$\nabla \cdot [I(\boldsymbol{r}, \boldsymbol{s})\boldsymbol{s}] + (a_c + \sigma_s)I(\boldsymbol{r}, \boldsymbol{s}) = a_c n^2 \frac{\sigma \pi^4}{\pi} + \frac{\sigma_s}{4\pi}\int_0^{4\pi} I(\boldsymbol{r}, \boldsymbol{s})\phi(\boldsymbol{s}, \boldsymbol{s})\mathrm{d}\Omega' \quad (7.10)$$

　　采用有限体积法求解交错网格上的控制方程。通过采用 SIMPLE 格式进行速度和压力耦合。对于空间离散化，PRESTO 用于压力项，控制方程的对流项采用二阶迎风格式差分离散。

7.2.4 网格独立性分析和网格划分

在空气通道中心区域采用均匀网格，在所有边界附近采用精细化的非均匀网格进行模拟，得到 $y^+ < 1$。网格尺寸在壁面法向的增长率为 1.05。

网格独立性测试是在两个网格上进行的，共 49720 个和 198880 个单元，以获得最高的 Ra 数即 1.8×10^{11}。结果表明，在两组计算结果的误差小于 1% 的情况下，采用较粗的网格可以很好地解决太阳能烟囱通道出口质量流量的问题。因此，采用较粗的网格进行模拟。

7.2.5 边界条件、源项、计算步长的设置、设定

边界条件：在扩展计算区域的底部和右侧边界采用压力进口条件，其中压力与环境压力相同，温度等于参考温度 T_0(300K)。在进口流近似为层流的假设下，湍流强度设为 1，湍流黏度比设为 1%。

在扩展域的顶部和左侧边界设置压力出口条件，出口压力、温度和湍流特性的设置与压力进口条件相同。如果存在回流，则假定回流方向正对着压力出口边界。

在玻璃和集热墙壁上设置一个固定的无滑移壁条件。

在假定玻璃是绝热的情况下，集热墙壁面采用恒定热流条件。玻璃的材料被认为是一种理想的覆盖玻璃，允许太阳辐射通过，但是对集热墙壁的长波辐射是不透明的。集热墙的发射率设置为 0.95，玻璃的发射率设置为 0.86。需要注意的是，为了简化问题和减少计算时间，忽略了通过玻璃和集热墙的热损失。这些热损失可在今后的研究中加以考虑。

7.2.6 计算模型正确性验证

通过比较预测的质量流量和修正的理论模型（Jing 等人，2015 年）的预测以及 Ryan（2008 年）的试验，验证了数值模型的有效性。试验测得烟囱高度 0.521m，空气流道宽度 0.04m，展向宽度即扩展区域宽度 1m。在 200W/m² 到 800W/m² 的 4 种不同热通量下，对应于瑞利数 Ra 从 4.5×10^{10} 到 1.8×10^{11}。瑞利数 Ra 计算公式如下：

$$Ra = Pr \cdot Gr = \frac{\nu}{a} \frac{g\beta L^3 \Delta T}{\nu^2} \tag{7.11}$$

式中，Gr 为格拉晓夫数；Pr 为普朗特数；g 为重力加速度；β 为流体体胀系数；T 为热力学温度；L 为特征长度；ν 为运动黏度；a 为热扩散率；ΔT 为流体上下面温差值。

Jing 等人（2015 年）提出的理论模型如下：

$$Q = A \left(\frac{B}{2\phi} \right)^{1/3} \tag{7.12}$$

这里

$$B = \frac{gq''W_w L_a}{\rho C_p T_0} \tag{7.13}$$

$$\phi = \frac{A}{L_a} \left\{ f \frac{L_a}{2D_h} + \frac{1}{2} \left[c_{in} \left(\frac{A}{A_{in}} \right)^2 + c_{out} \left(\frac{A}{A_{out}} \right)^2 \right] \right\} \tag{7.14}$$

式中，A 为烟囱通道横截面面积；f 为通道壁面摩擦系数；c_{in} 为进口压力损失系数；c_{out} 为修正出口压力损失系数。

应用上述方程来估计流量的进一步细节可以在 Jing 等人（2015）中找到。该模型覆盖的太阳能烟囱高度为 0.5~2.0m，通道的宽高比为 0.01~0.6。

图 7.14 所示为数值模拟结果与以往模型计算的质量流量结果以及试验结果对比。用于验证的太阳能烟囱高度为 0.521m，流道宽度为 0.04m。从图 7.14 中可以看出，在整个热流密度范围上，模拟结果与 Jing 等人（2015）的理论模型以及试验结果有很好的一致性。在热流密度较低的情况下，与之前的试验结果吻合较好。然而，在高热流密度下，试验测量的流量比理论预测值高 10%。这种差异主要是由于试验的不确定性造成的。综上所述，数值模型的正确性是可以接受的。

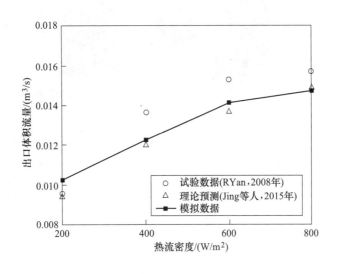

图 7.14　质量流量结果对比（微信扫描二维码可看彩图）

7.2.7　计算工况设置

本研究的太阳能烟囱高度为 0.5m，缝隙的宽高比为 0.08。在四种恒定均匀热流密度（分别为 200W/m^2、400W/m^2、600W/m^2 和 800W/m^2）条件下，对上述太阳能烟囱进行了模拟。通过改变重力方向，模拟了倾角的影响，计算了 5 个倾角（30°、45°、60°、75° 和 90°）。

7.2.8　模拟结果及分析

1. 太阳能烟囱的热流结构

图 7.15 所示为两种不同倾角（90° 和 30°）下 800W/m^2 热流密度准稳态时的典型瞬时温度分布结构。从图中可以看到，分别在集热墙和玻璃附近形成明显的热边界层。由于净辐射从集热墙壁传递到玻璃，玻璃被加热。烟囱中心区域的温度与环境温度接近。在斜太阳能烟囱集热墙附近的热边界层中可以观察到波状结构（图 7.15b），这与热边界层的不稳定性有关。随着倾角的减小，发生瑞利-伯纳德型失稳现象且有失稳程度增大的趋势。

图 7.16 所示为两种热流密度（分别为 800W/m^2 和 200W/m^2）和不同倾角下烟囱出口气隙宽度的温度分布。在这里，温度的归一化（无量纲化）是利用相应热流密度从垂直太阳能烟囱获得的最高温度进行的。一般来说，在不同的热流密度和不同的倾角下，正态化的温度分布大致相同，这可以从图中推断出来。随着输入热流密度或倾角的减小，玻璃和集热墙壁附近的热附面层变厚。这是由于浮力效应减小，而浮力引起对流，因此随着输入热流密度或倾角的减小，热扩散倾向于占优势。

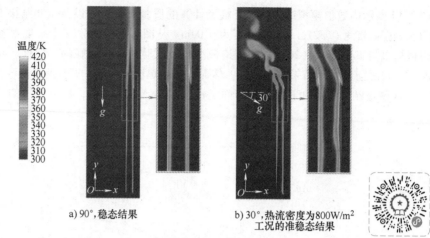

a) 90°, 稳态结果　　　　　b) 30°, 热流密度为800W/m²
工况的准稳态结果

图 7.15　热流密度为 **800W/m²** 太阳能烟囱温度分布结构（微信扫描二维码可看彩图）

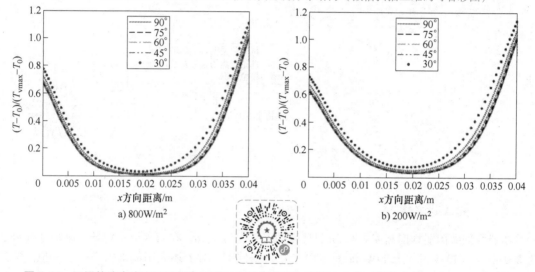

a) 800W/m²　　　　　b) 200W/m²

图 7.16　不同热流密度和不同倾角下烟囱出口气隙宽度的温度分布（微信扫描二维码可看彩图）

图 7.17 所示为恒定热流密度 800W/m² 下，两种不同倾角（90°和 30°）下烟囱进口和出口的预测气流模式。在靠近玻璃和集热墙的烟囱入口分别观察到两个小的再循环区域。这种循环是由进口处的收缩效应引起的。对于倾斜的太阳能烟囱，由于浮力驱动的气流流向玻璃，在集热墙附近形成了一个相对较大的再循环区域。烟囱出口气流分布更为均匀，尤其是斜式太阳能烟囱。无论是垂直还是倾斜的太阳能烟囱，都没有观察到反向流动。

图 7.18 所示为热流密度分别为 800W/m² 和 200W/m² 时，穿越烟囱出口气隙宽度的 x 方向速度（即沿通道长度的速度分量）的分布。对垂直太阳能烟囱，在各自热流条件所获得的最大 y 方向的速度进行了无量纲处理。显然可以识别到存在两个速度边界层，一个在玻璃附近，另一个在集热墙附近。其他人也报告了类似的结果。随着热流密度的减小，两层速度边界层变厚，并有相互作用的趋势。结果表明，热边界层的峰值速度与中心区域速度的差值逐渐减小，说明速度分布变得更加均匀，这也可以在图中看到。在给定的热流密度下，太阳能烟囱中心区域的 y 方向速度基本保持不变，倾角减小，而集热墙壁和玻璃附近的热边界层的峰值流速减小。这再次导致了一个更均匀的气流通过整体通道缝隙断面。

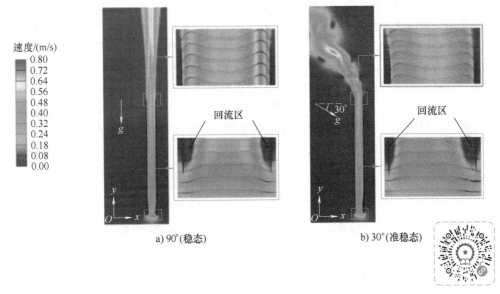

a) 90°(稳态)　　　　　　　b) 30°(准稳态)

图 7.17　不同倾斜角下太阳能烟囱出入口的气流组织（微信扫描二维码可看彩图）

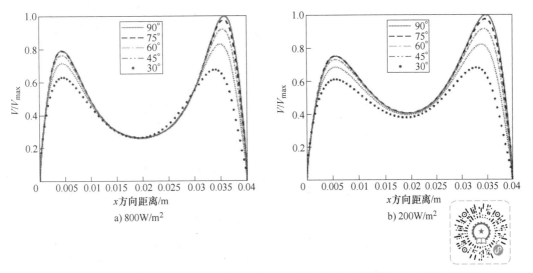

a) 800W/m²　　　　　　　b) 200W/m²

图 7.18　太阳能烟囱出口处空气流道宽度的 x 方向速度分布（微信扫描二维码可看彩图）

2. 对流换热率

图 7.19 所示为在不同热流密度、不同倾角下集热墙壁的辐射换热率与对流换热率的比值，从图中可以清楚地看出，随着倾角的增加，比值减小。比率的下降归因于两个因素。首先，集热墙壁面附近热边界层的对流随着倾角的增大而增强（图 7.16）。其次，集热墙壁的表面温度随倾角的增大而减小（图 7.17）。在给定倾角下，如图 7.19 所示辐射换热率与对流换热率之比随热流密度的增大而增大，这是由于随着热流密度的增加，玻璃和集热墙壁的表面温度会增加所导致的。

3. 质量流量

为了评估不同热流密度和不同倾角下太阳能烟囱的整体通风性能，采用无量纲的预测质量流量进行比较，如图 7.20 所示。从图 7.20 中可以明显看出，对于给定的输入热流量，质量流量随着倾角的增加而增大。这主要是因为对于给定的太阳能烟囱通道，完全直立的配置导致最大的烟囱高度和沿烟囱长度的最强浮力效应。随着输入热流密度的增加，可以预见质量流量会增加。前人试验表明，在给定热流密度下，45°倾斜太阳能烟囱的质量流量最大。试验结果与数值模拟结果存在差异的一个可能原因是试验中没有正确地考虑边界层内的速度分布。对于太阳能烟囱，根据图 7.18 给出的结果，发现相对较高的流速区域集中分布在靠近集热墙和靠近玻璃的区域。因此，测量的流量对速度探头的位置非常敏感。如果速度分布不正确，测量质量流量的准确性可能会受到影响。在不同的 Ra 会有不同的流动特性。

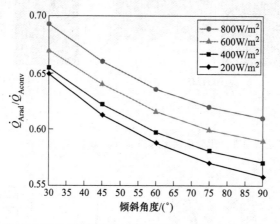

图 7.19　不同热流密度、不同倾角下集热墙壁的辐射换热率与对流换热率之比（微信扫描二维码可看彩图）

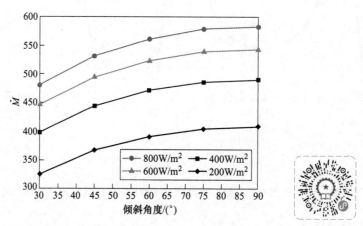

图 7.20　倾斜角对预测质量流量的影响（微信扫描二维码可看彩图）

7.3　避免置换通风和冷却顶板结合系统结露策略的数值模拟研究

7.3.1　研究背景

　　暖通空调系统采用节能技术是降低能源消耗的必要途径。置换通风和冷却顶板相结合（Displacement Ventilation and Chilled Ceiling，DVCC）系统具有以下特点：

1）由房间下部均匀地低速送风，人员热舒适感好。

2）冷却顶棚辐射面积大，可以采用更高的供水温度等优势，适用于高冷负荷的房间。

3）由冷却顶棚承担大部分室内冷负荷而置换通风承担少部分冷负荷，或者室内冷负荷完全由冷却顶板来负担，而置换通风量仅为室内所需的新风量。这样，因送风量变小导致风机能耗减少。

研究表明人在装有高辐射热量的冷却顶棚的房间内，所感受到的温度要比实际温度低约 2℃，和传统空调系统相比，在相同的热感觉下其室内空气温度的设定值可以高一些，从而减少了显热负荷。

DVCC 系统中，由于部分显热负荷（sensible load）通过冷却顶棚（Chilled Ceiling，CC）系统移除，另一部分显热负荷、潜热负荷（latent load）以及污染物是通过置换通风（Displacement Ventilation，DV）系统去除。因此，一次水（6～17℃）主要满足送风需求，冷却顶棚用的水可以采用二次水（一般是 14～16℃）。通过增加供水温度，可使冷水机组因蒸发温度的上升而增加 COP 值，使电耗降低，年运行费用减少；在过渡季可以用冷却塔进行自然冷却从而缩短制冷机的全年工作时间，减少耗能。

由于冷却顶棚是金属制成的，表面传热效果好，但会使顶棚产生结露现象，影响室内环境。为避免结露，可在室内设置露点温度传感器，通过它来调节冷却顶棚的进水温度，使冷却顶棚的温度控制在附近空气的露点温度以上，一般设定点高于空气露点温度 2℃。

数值模拟目标：对于 DVCC，避免冷却顶棚的结露至关重要。采用计算流体动力学（CFD）模型来模拟夏季上海某办公室房间的热湿环境。通过数值模拟提高送风流量和降低通风的相对湿度从而优化 DVCC 系统的运行策略。

7.3.2　计算区域确定

研究对象位于上海的一个典型的办公室房间。图 7.21 为所研究模型的示意图。房间尺寸为 4.5m(宽)×6.0m(长)×2.5m(高)，房间内热源包括两名工作人员、两台计算机、一盏吸顶灯、一盏窗户和外墙。人员的散湿量设定为 109g/(h·人)。入口散流器和出口散流器的尺寸分别为 0.2m(宽)×0.25m(长) 和 0.2m(宽)×0.8m(长)。而对一些建筑来说，仅仅因为空调系统的需要而架空地板是不经济的，也可将风从侧向送出，不过，侧向送风时要注意设计好气流组织，否则，会影响置换通风的气流流型。

7.3.3　控制方程

建立数值模拟采用的假设包括：①传热主要机理考虑对流换热和辐射换热；②房间气流为不可压缩稳态流动，房间存在湍流和层流；③空气包含干空气和水蒸气，温差会导致浮力；④人员考虑成热源，而且人员散湿模拟考虑为从人员模型表面释放出水蒸气；⑤忽略室外空气的渗入。

组分迁移模型用于描述对流和扩散运动，ANSYS Fluent 软件中的组分迁移模型采用稀释近似来描述由于浓度和温度梯度引起的质量扩散（斐克定理），表达式如下：

$$\boldsymbol{J}_i = -\rho D_{\mathrm{m},i} \nabla Y_i - D_{T,i} \frac{\nabla T}{T} \tag{7.15}$$

式中，$\boldsymbol{J}_i$ 为组分 i 的扩散通量；$D_{\mathrm{m},i}$ 为组分 i 的质扩散系数；Y_i 为组分 i 的局部质量分数；$D_{T,i}$ 为组分 i 的热（soret）扩散系数；T 为温度；∇ 为偏微分算子。

采用重整化群（renormalized group）RNG k-ε 模型预测室内气流，标准壁面函数法处理壁面附近气流。具体内容见本书第2章。

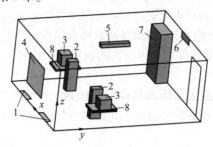

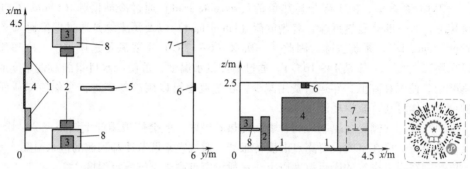

图 7.21　研究的计算模型示意图（微信扫描二维码可看彩图）

1—进风口　2—人员模型　3—计算机　4—窗户　5—灯　6—出风口　7—储藏柜　8—桌子

温度梯度引起的浮力对DVCC系统室内空气分层有重要影响。采用Boussinesq假设用于模拟浮力，Boussinesq假设对密度仅考虑动量方程中与体积力有关的项，其余各项均为常数。将密度和温度的关系代入到浮力项中，计算式为

$$\rho \approx \rho_0[1 - \beta(T - T_0)] \tag{7.16}$$

式中，β 为体胀系数。

对于非等温流动，例如火焰辐射热传递问题，表面对表面的辐射加热或冷却问题，辐射、对流和导热耦合传热问题，HVAC应用中透过窗户的热辐射问题，计算时需要考虑辐射问题。本研究中冷却顶棚的辐射冷却问题也属于非等温流动问题。常用的CFD软件都有辐射模型的选择项。以Fluent软件为例，主要有5种辐射模型：DTRM模型、P-1模型、Rosseland模型、DO模型、S2S模型。对于模型的辐射理论可以参阅相关的传热学书籍及相关辐射换热文献。

采用SIMPLE算法求解压力流动方程，将格林-高斯基于单元体法（Green-Gauss cell based）用于梯度插值方案，体积力权重（body force weighted）用于压力项离散，采用一阶迎风差分离散动量、能量和水蒸气组分方程。

7.3.4　网格划分及网格独立性分析

采用ANSYS ICEM CFD软件，对计算模型生成结构化六面体网格。通过比较距顶棚0.01m的典型试验平面的模拟计算结果，可以分析各种网格方案，因为该区域的参数将用于分析和估计是否可以避免结露。考虑瞬态过程且取150s的计算结果用作分析。

采用网格拓扑的方法限制所有单元的最大尺寸。表7.2给出了网格独立性验证结果。当网格总数增加到174862个，温度、相对湿度变化不明显。最后，考虑到计算精度和时间，选择了网格4。最小网格正交质量为0.99，最大网格单元夹角计算的歪斜度为0.09，最大长宽比为4.82。

表 7.2 网格独立性检验

项目	网格 1	网格 2	网格 3	网格 4	网格 5	网格 6
总单元数	107619	142654	152813	174862	191827	224105
总节点数	100914	133824	144216	164614	189391	212076
网格最大尺寸/m	0.1	0.095	0.09	0.085	0.08	0.075
温度/K	301.44	302.61	302.62	302.65	302.63	302.68
相对湿度（%）	60.00	59.49	59.43	59.31	59.42	59.36

7.3.5 计算步长的设置、设定

模型参数设定见表 7.3。

表 7.3 模型参数设定

项目	尺寸（m）	数量	边界条件（冷负荷/温度）	散湿量
人体模型	0.3×0.4×1.2	2	147W	109
计算机	0.45×0.45×0.45	2	370W	NA
吸顶灯	0.15×0.2×1.2	1	40W	NA
出口散流器	0.2×0.25	1	NA	NA
入口散流器	0.8×0.2	2	NA	NA
窗户	12×1.5	1	128W/m^2	NA
北外墙	2.5×4.5	1	0.36W/m^2	NA
内墙	1.05×0.4×1.8	1	NA	NA
冷却顶棚（最后阶段）	45×6.0	1	293.66K	NA

注：NA 表示不考虑该项参数。

本研究中，送风的湿度比设置为 6.5~8.0g/kg。空调系统运行前，初始条件：室内空气温度为 298.16K，相对湿度为 65%。

两个进风口：速度入口边界条件；出风口：设置为零压力边界条件。

7.3.6 计算模型的正确性验证

通过与 Xu 等人（2009）的测试结果进行对比，验证所建立计算模型的正确性。图 7.22 所

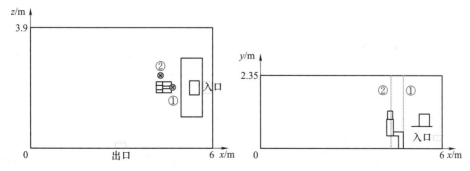

图 7.22 测试杆的布置（Xu 等人，2009）（微信扫描二维码可看彩图）

示为测试杆位置的布置。图 7.23 中给出了模拟和测量值之间的比较，两者呈现良好的一致性，意味着所建立的数学模型的正确性，可以用于进一步研究。

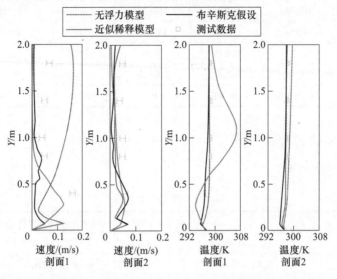

图 7.23　模拟结果与测量结果对比（微信扫描二维码可看彩图）

7.3.7　计算工况设置

考虑送风体积流量的影响以及含湿量的影响，设置 4 种送风条件，具体见表 7.4。

表 7.4　初始阶段入口气流参数

工况	温度/K	含湿量/(g/kg)	体积流量/(m³/s)
1	292.16	8	0.1
2	292.16	7.25	0.1
3	292.16	7.25	0.05
4	292.16	6.5	0.1

7.3.8　分析

运行时冷却顶板在初始阶段关闭，并通过验证顶棚附近空气的露点温度比顶板表面的运行温度低 2K 来运行。

1. 初始阶段

初始阶段，采用大的送风量而且冷却顶棚系统不开启。本阶段可分为两个部分：一部分是 A 阶段（0~120s），露点温度保持不变，在下部空间除湿；另一部分是 B 阶段（120s 后），露点温度显著下降，整个空间除湿。

图 7.24 给出了 B 阶段露点温度变化。由于送风流速较低，工况 3 经历了最长的初始阶段的持续时间。由于这个过程湿度和温度的变化缓慢，工况 3 很容易分析。因此，对工况 3 的 A 段在初始阶段的温度和湿度变化进行了研究，如图 7.25 所示，研究表明底部区域的空气在 50s 时处于寒冷和低湿度的情况。通风 70s 后，可见湿热空气被排出并分布在上区。然后，冷空气区域进一步下降。通风 240s 后，几乎所有的湿热空气都被低温湿空气所取代。由于 B 段空气的最高露

点温度比冷却顶棚的工作温度低 2℃，即图 7.24 中的绿色线（291.66K）。

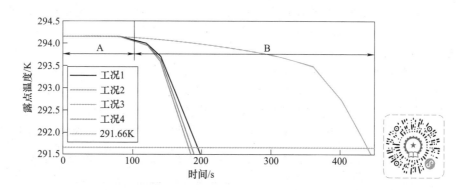

图 7.24　初始阶段顶棚附近的最高露点温度随时间变化（微信扫描二维码可看彩图）

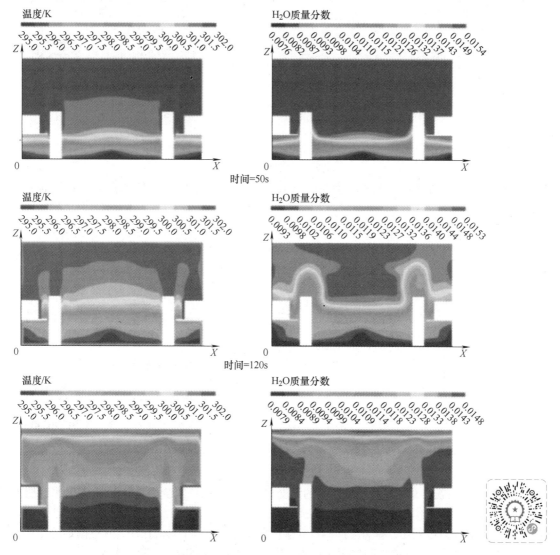

图 7.25　工况 3 的温度、含湿量行为（360s）（微信扫描二维码可看彩图）

2. 最后阶段

在最后阶段，送风的体积流量将降低至 $0.004\text{m}^3/\text{s}$，冷却顶棚系统将运行，而其他参数保持不变。考虑到白天系统服务时间，本阶段的运行时间假定为 12h，即我国大多数办公楼所采用的时间。

在最后阶段研究中，工况 1 的初始阶段的结果作为最终阶段的输入数据。如图 7.26 所示，由于该系统的延迟，顶板附近的最大露点温度/相对湿度在前 0.1h 出现下降，然后在大约 5h 稳步上升至 290.5K/73.51%。虽然通风流量的降低会引起湿度比的增加，但附近空气的露点温度上限未达到危险范围（291.66K/88.19% 以上）。因此，这种策略可以避免 CC 上的结露。

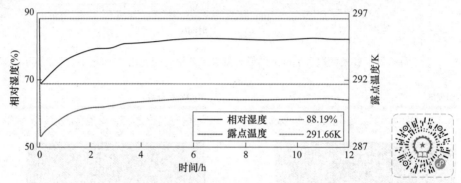

图 7.26 工况 1 最后阶段顶棚附近的空气露点温度和相对湿度（微信扫描二维码可看彩图）

为了描述工作区的舒适性，采用头部和脚部温差来表示，计算式如下：

$$\Delta T_{\text{fh}} = \left| T_{\text{h}} - T_{\text{f}} \right| \tag{7.17}$$

式中，ΔT_{fh} 为头部和脚部的温差；T_{h} 为头部（1.1m）的平均温度；T_{f} 为脚部（0.1m）的平均温度。

图 7.27 中显示的结果表明工作区域在 0.7h 左右变得稳定。在 12h 内，工作区域的垂直方向温差低于 1.5 K，因此可实现局部热舒适。在 93.86% 的运行时间内，工作区热环境稳定。

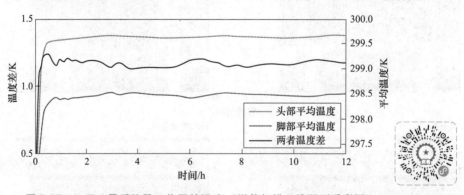

图 7.27 工况 1 最后阶段工作区的温度（微信扫描二维码可看彩图）

图 7.28 给出工况 1 最后阶段不同时刻的温度和含湿量分布。本阶段选择 1h 和 12h 来说明温度和湿度环境，因为工作区域的温度环境在 1h 时已经稳定，温度和湿度环境在 12h 时已经达到最终状态。与初始阶段相比，垂直方向温度和湿度梯度更低。由于对流作用，顶棚附近的空气温度接近顶棚表面温度，12h 的房间比 1h 的房间更潮湿，但湿度高的区域变化不大。

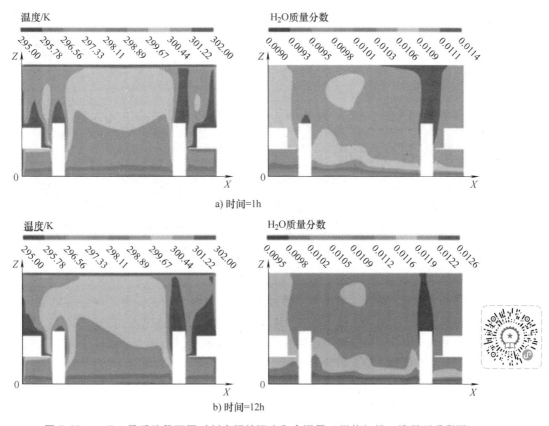

a) 时间=1h

b) 时间=12h

图 7.28　工况 1 最后阶段不同时刻房间的温度和含湿量（微信扫描二维码可看彩图）

第8章

房间气流组织及污染物控制效果的数值模拟应用案例

8.1 典型化学实验室不同通风策略下气体污染物传输特性研究

8.1.1 研究背景

在化学实验室工作的职业健康要求中，如何保证接触化学物质的人员安全是令人关注的问题。流行病学研究表明，实验室工作人员可能增加患某些类型的癌症风险，女性实验室工作人员可能会出现不良妊娠风险，如怀孕期间接触有机溶剂和放射性同位素会增加自然流产和早产的风险。因此，深入了解化学实验室中气体污染物的传输特性是十分必要的。

由于实验室的环境安全与通风系统密切相关，通风系统效果对气体污染物的传输有重要的影响。本研究以一个带通风柜的正在使用的化学实验室为对象，采用计算流体力学（CFD）模拟气流运动参数，以每小时换气次数（Air Change Rate Per Hour，ACH）为唯一变量进行研究，分析化学实验室的气流组织特征，深入了解ACH的影响作用，讨论了气流模式和污染物浓度分布，并与全面通风系统进行了比较，讨论不同通风策略下全面通风和通风柜的性能。

8.1.2 物理模型及计算域

选取某典型化学实验室作为研究对象，如图8.1所示。具体尺寸：8.5m(L)×6.4m(W)×3.5m(H)，实验室通风柜位于靠近窗户的角落，尺寸为1.5m(L)×0.9(W)×2.3m(H)。X轴方向为宽度，Y轴方向为长度，Z轴方向为高度。

图8.2给出了测试室的几何尺寸。窗扇（sash）位于操作开口处，通风柜面的尺寸为长(Y)1.25m×高(Z)0.5m，通风柜面的设计速度在0.40~0.50m/s范围内。因为在这个范围人们能以相对较低的风险进行有效操作。在该研究中，平均迎风面的速度设置为0.5m/s，风量为1125m³/h。

操作人员直立站在通风柜前，人员简化为一个肩宽430mm，高1.70m，表面积1.83m²的模型。将7名实验室工作人员、6盏荧光灯、3台计算机和3个恒温箱设置为热源。根据ASHRAE标准确定热负荷。由于人员的散热量与活动强度相关，因此必须对其进行识别。实验室工作人员被设置为坐着、轻微活动工作，而操作人员则设置为站立、很轻微的工作以及走路。因此，实验室工作人员和操作人员的散热功率别为70W和75W。实验室照明功率密度为15W/m²。

室内温度设置为22℃。通过计算窗户和外墙的瞬态得热并选取两者之和的最大值为热源。置换通风正交试验组（Displacement Ventilation Orthogonal Experiment Design，DO），每组工况选择2个散流器。混合通风正交试验组（Mixing Ventilation Orthogonal Experiment Design，MO），选择一对散流器。两组试验台的污染源位置围绕隔断进行对称设置。

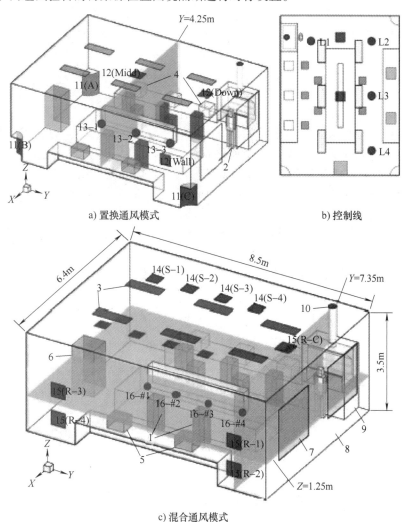

图 8.1　研究实验室的几何模型（微信扫描二维码可看彩图）

1—实验室工作人员　2—操作者　3—荧光灯　4—计算机　5—恒温箱1　6—恒温箱2　7—窗户　8—外墙
9—通风柜　10—排风口（直径25mm）　11—DO 模式送风口（安装在墙壁上 1/4 圆形的散流器，高 1.0m，
直径 0.5m）　12—DO 模式回风口（500mm×500mm）　13—DO 模式污染源位置　14—MO 模式送风口，
四边形散流器（360mm 或者 420mm）　15—MO 模式回风口（500mm×500mm）　16—MO 模式污染源位置
L1—$X = 1.6$m，$Y = 7.0$m　L2—$X = 4.8$m，$Y = 7.0$m　L3—$X = 4.8$m，$Y = 4.25$m　L4—$X = 4.8$m，$Y = 1.5$m

8.1.3　控制方程

利用 ANSYS Fluent 16.2 软件来进行数值模拟计算，选用带有标准壁面函数的 Realizable k-ε 模型来模拟湍流流动，控制方程具体内容见第 2 章。

关于污染物的扩散描述方程，可以参加第 2 章式（2.90）对应的组分守恒方程。

求解过程，除压力外所有变量均采用二阶迎风格式进行离散，以确保计算精度。压力采用 PRESTO 的交叉格式离散。采用 SIMPLE 算法求解压力-速度流动。采用离散坐标辐射模型（discrete ordinate model）计算不同表面间的辐射换热。

假设条件：除密度外，所有热力学参数均假定为常数。采用 Boussinesq 假设，对于动量方程中浮力项的密度，如下式所示：

$$(\rho - \rho_{ref})g \approx -\rho_{ref}\beta(T - T_{ref})g \qquad (8.1)$$

8.1.4　网格独立性分析和网格划分

由于研究模型的几何形状复杂，采用非结构网格对通风柜周围的计算域进行离散化和细化处理。为了进行网格独立性测试，生成了三个网格系统。粗、中、细网格数量分别为 1145647 个、1916573 个和 2843330 个。通过求解置换通风（Displacement Ventilation，DV）模式，ACH 为 6 工况的流场计算结果，验证了网格独立性。图 8.3 中给出了两条垂直线上的速度的比较，三种网格系统之间的差异是可以接受的。考虑到计算精度和成本，本部分选择了粗网格系统。

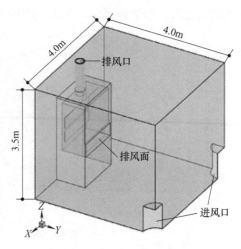

图 8.2　测试室的几何尺寸

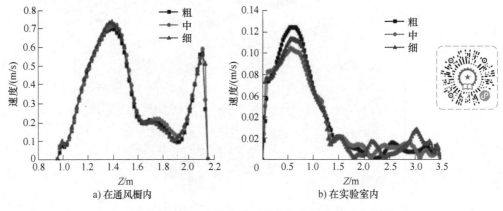

a) 在通风橱内　　　　　　　　b) 在实验室内

图 8.3　两条垂直线上速度大小的比较（微信扫描二维码可看彩图）

8.1.5　边界条件、源项、计算步长的设置、设定

边界条件：送风装置是壁挂式的四分之一圆形散流器（位于屋角）和方形散流器（固定在顶棚上），分别用于置换通风（DV）和混合通风（Mixing Ventilation，MV）。

DV 系统中，散流器的边界条件是垂直于边界的均匀速度，而后者则编译了一个自定义函数（UDF）来模拟入口处的速度场，使散流器的几何形状为平面。散流器的正方形表面被两条对角线分成四个相等的部分。对于每一部分，速度矢量相对于水平方向成 30°角。不同工况的送风速度和温度有所不同，这主要取决于 ACH 和热平衡需要。

回风的边界条件设置为压力出口边界，而排风面处则施加一个带负值的速度入口条件，以保证与通过通风柜排出的空气流量相同。

源项：

1）热源表面采用恒定热流边界条件，其他表面采用绝热边界条件，热源边界条件详见表 8.1。除人员表面辐射率为 0.95 外，所有表面的辐射率均为 0.9。

2）污染物类型及释放速率。通过对大学研究实验室空气中法定指定溶剂和指定化学物质含量调查，检测到各种类型的化学品。在实验室空气中最常检测到丙烯酰胺（acrylamide）这是因为其在生化分析中的重要性，而苯（benzene）因其作为溶剂的常见用途而排名第二。考虑到对苯暴露控制的极大关注以及获得热力学参数的便利性，本研究选择苯作为污染物。对于较高空气流速（8 ACH 或更高）工况下，污染物密度对其浓度分布影响可忽略不计，并且在示踪气体和细颗粒之间也观察到类似的浓度分布，因此获得的结果具有代表性。

表 8.1　热源的详细边界条件

对象	表面积/m^2	数量	增加的总热量/W	热流密度/(W/m^2)
实验室工作人员	2.08	7	490.0	33.65
操作员	1.83	1	75.0	40.98
荧光灯	0.48	6	816.0	283.33
计算机	1.25	3	285.0	76.00
恒温箱 1	1.18	2	528.0	223.73
恒温箱 2	4.22	1	451.0	106.95
窗户	3.24	2	253.8	39.17
外墙	15.92	1	132.1	8.30

在化学实验室中，气体污染物可能会排放到开放操作实验室的工作台上。在进行常规化学实验的通风柜中，工作台表面会常出现少量泄漏。工作台表面的释放速率设定为 4L/min。在本研究中，由于找不到实验室工作台面的释放速率基础数据，释放速率通过如下的 Mazak（B.T.M）公式估算，该公式计算了具有开放表面的有机溶剂的释放速率：

$$G = (5.38 + 4.1u)\frac{p_v}{133.32}F\sqrt{M} \tag{8.2}$$

式中，G 为释放速率（g/h）；u 为风速（m/s）；p_v 为饱和蒸汽压（Pa）；F 为暴露面积（m^2）；M 为相对分子质量。

风速设置为 0.2m/s，饱和蒸汽压按 295.15K 下计算。选择滴定操作中常用的四个 250mL 烧杯（直径 $D = 78$mm）的开口面积作为暴露面积（$F = 0.0191$m^2）。表 8.2 列出了常见有机溶剂的释放速率。示踪气体流速设定为 200mL/min，将该流速设置为实验室台架上的释放速率。

表 8.2　常见有机溶剂的释放速率

种类	p_v/Pa	M	G/(g/h)	G/(mL/min)
苯	10959	78.11	86.1	461.4
甲苯	3299	92.14	28.1	150.8
醚	963	74.12	7.4	39.5
四氯化碳	13410	153.84	147.8	792.3

8.1.6　计算模型正确性检验

在实验室内进行了通风柜断面的速度测量，房间尺寸为长（X）4.0m×宽（Y）4.0m×高（Z）3.5m 的数值模拟结果。通风柜的尺寸为长（X）1.5m×宽（Y）0.95m×高（Z）2.6m，通风柜表面的尺寸为长（X）1.4m×高（Z）0.4m。2 个壁挂式四分之一圆形扩散器（$D = 0.4$m，$H = 0.8$m）进行排风和补风。

通风柜断面表面速度由热风速仪测量，测量过程中气流速率为 $1080 \mathrm{m}^3/\mathrm{h}$，由文丘里流量计测量。通风柜断面被平均分成 15 个矩形断面，如 8.4 图所示，在每个区域的中心测量表面速度。

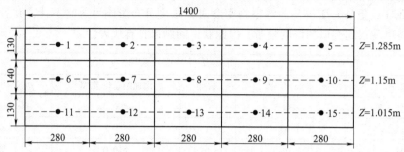

图 8.4　测量点布置和用于比较速度大小的水平位置连线

数值模拟建立的计算模型与实验室相同，将计算域划分为 620758 个结构化网格和 845998 个非结构化网格。图 8.5 中给出了不同高度的数值模拟和实验测量所得到的速度值比较。可以看出，模拟结果与实测结果有较好的一致性。尽管上部区域高估，中间区域低估，但三条水平线的平均相对误差分别为 6.2%、8.7% 和 2.5%，因为测量中也存在误差，相对误差可以接受。因此，采用计算模型预测通风柜周围流场的结果是准确的。

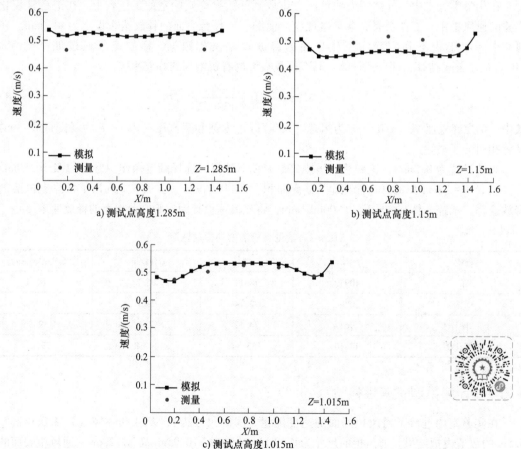

a) 测试点高度1.285m　　　　b) 测试点高度1.15m

c) 测试点高度1.015m

图 8.5　测试断面在三个高度的测量值和模拟结果对比（微信扫描二维码可看彩图）

8.1.7　计算工况设置

1. 模拟工况的考虑因素

化学实验室中的气流运动是如此复杂，以至于很难同时研究多个影响因素。因此，有必要进行初步研究。如先前的研究所示，换气速率是一个重要因素，值得进一步研究。为了深入了解换气速率的影响以及增加换气速率的优势，设计了两组以换气速率为唯一变量的案例。讨论了通风橱的气流模式和污染物浓度分布以及性能。表 8.3 和表 8.4 总结了置换通风（DV）组和混合通风（MV）组的每种情况的配置。

表 8.3　置换通风组系列工况的配置

工况	ACH	送风位置*	回风位置*	源位置*
DV-08	8	A-B	中间	2
DV-10	10	A-B	中间	2
DV-12	12	A-B	中间	2
DV-14	14	A-B	中间	2

注：* 表示具体位置如图 8.1a 所示。

表 8.4　混合通风组系列工况的配置

工况	ACH	送风位置☆	回风位置☆	源位置☆	散流器尺寸
MV-08	8	S-1	R-C	#3	420mm×420mm
MV-10	10	S-1	R-C	#3	420mm×420mm
MV-12	12	S-1	R-C	#3	420mm×420mm
MV-14	14	S-1	R-C	#3	420mm×420mm

注：☆表示具体位置如图 8.1c 所示。

研究选取正交试验设计分析 ACH、送风位置、回风位置、源位置，以及扩散器大小，确定各因素的影响程度，进而优化全面通风系统的性能。研究结果有助于深入了解气体污染物的传输特性，为化学实验室的设计和管理提供有效的建议。

2. 正交试验设计

在许多研究领域中，正交设计用于优化系统性能。选择正交设计方法来分析多个影响因素对通风效率（Ventilation Effectiveness，VE）和体积平均质量分数（Volume Average Mass Fraction，VMF）的影响。在置换通风正交试验设计组中，选择换气速率、送风地点、回风地点和污染源地点作为变量，并采用 $L_9(3^4)$ 分配 4 个因素和 3 个级别的正交试验分配，表 8.5 列出 DO 组考虑 4 个因素和 3 个级别的正交试验分配。表 8.6 列出 MO 组考虑 5 个因素 3 个级别的正交试验分配，执行 $L_{16}(4^5)$ 正交阵列，表中散流器尺寸因素是附加的。模拟旨在考虑具有不同因子和水平的通风效率和体积平均质量分数的特征。在收集结果以反映这些因素的数量级之后，进行极差分析（Analysis of Range，ANORA）和方差分析（Analysis of Variance，ANOVA）。这里没有介绍计算过程，其详细信息可以在统计类教科书中找到。

表 8.5　DO 组的水平和因素

水平	因　素			
	ACH	送风位置	回风位置	源位置
1	8	A-B	中间	1
2	10	B-C	下部	2
3	12	A-C	墙体	3

表 8.6　MO 组的水平和因素

水平	因　　素				
	ACH	送风位置	回风位置	源位置	散流器尺寸
1	8	S-1	R-1	#1	360mm×360mm
2	10	S-2	R-2	#2	420mm×420mm
3	12	S-3	R-3	#3	
4	14	S-4	R-4	#4	

8.1.8　主要模拟结果及分析

1. 评价指标

为了分析和比较不同的通风策略效果,结果分析中采用了归一化浓度(normalized concentration)和通风效率(Ventilation Effectiveness,VE)。归一化浓度由下式定义:

$$C_n = \frac{C - C_s}{C_e - C_s} = \frac{C}{C_e} \tag{8.3}$$

式中,C_e 是排风和回风处污染物的质量平均加权质量分数;C_s 和 C 是送风和实验室某处污染物的质量分数。

通风效率由下式定义:

$$\varepsilon = \frac{C_e - C_s}{\overline{C} - C_s} = \frac{C_e}{\overline{C}} \tag{8.4}$$

式中,$\overline{C}$ 是污染物的体积平均质量分数。

2. 污染物浓度分布

化学实验室中的污染物浓度分布受通风柜的影响很大,这使其与常规通风系统不同。在置换通风组中,大量污染物累积在占用区域内,更准确地说是在罩面的高度范围附近,如图 8.6a 和图 8.6b 所示,并且在高度为 1.0~2.0m 范围内浓度值达到峰值。但是对于常规系统,浓度随高度的增加而逐渐增加,而没有峰值浓度值。即使确实存在,该位置也高于人员所在区域。在水平方向上,尽管上游浓度很低,但是当接近下游时,会快速增加,此外,置换通风组内的浓度分布显示出相似性,如图 8.6 所示。可以看出,在不同情况下,尤其是在图 8.6a 和 8.6b 之间,浓度分布是相似的。在图 8.6c 和 8.6d 中也可以找到类似的浓度分布变化趋势。置换通风组的送风速度较低,即使换气次数 ACH 增至 14,对浓度分布的影响也可以忽略不计。

与置换通风组相比,混合通风组内的污染物浓度分布没有相似之处,存在明显差异,如图 8.7 所示。

图 8.8 给出 DV 组四种工况在 $Z = 1.25m$ 高度上的污染物浓度分布。在水平方向上,尽管上游浓度较低,但当接近下游时,出现快速下降。此外,DV 组内的浓度分布显示出相似性,和图 8.6 结果揭示的规律一致。

图 8.9 给出了 MV 组四种工况在 $Z = 1.25m$ 高度上的污染物浓度分布。尽管图中的浓度分布确实显示了不同情况之间的相似性,但无法获得任何常规结论。尽管换气速率和送风速度较高,但仍可以观察到峰值浓度值。在水平方向上,仍然有大量污染物聚集在下游,但显然,这是一个干净的上游区域。与传统系统中均匀的垂直浓度分布相比,显然是通风柜防止了污染物的充分混合和扩散。

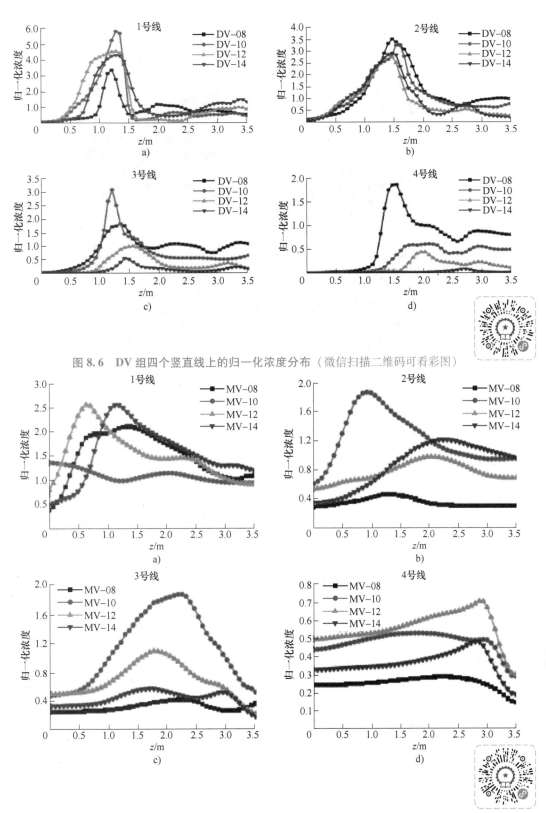

图 8.6　DV 组四个竖直线上的归一化浓度分布（微信扫描二维码可看彩图）

图 8.7　MV 组四个竖直线上的归一化浓度分布（微信扫描二维码可看彩图）

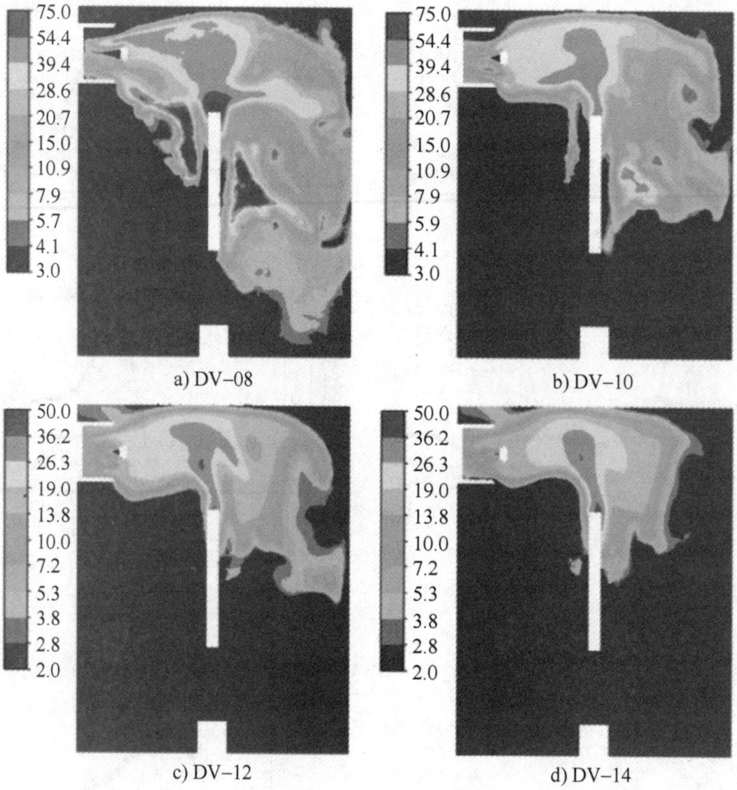

图 8.8 DV 组污染物在 Z=1.25m 高度处浓度的分布云图（微信扫描二维码可看彩图）

3. 气流组织形式

图 8.10 和图 8.11 显示了不同横截面的平均空气龄轮廓。水平截面的分层现象在 MV-12 中比 DV-12 更为明显，而在垂直截面则相反。空气龄通常被定义为自空气进入房间以来经过的时间。空气平均龄的分布可以揭示气流的方向，因为空气总是从空气龄较低的位置移动到空气龄较高的位置。

在置换通风组中，新鲜空气从底部缓慢填充房间，然后向上移动室内空气，因为图 8.10a 中不同级别之间的区分并不明显，但在图 8.11a 中却非常清晰，这意味着垂直方向流动占主导地位。气流模式与常规系统非常相似。在混合通风组中，由于可以观察到分层现象，因此新鲜空气在垂直方向上与室内空气混合得很好，但在水平方向上却不可以。原因是混合通风组使用方形散流器向四个方向供应空气，朝着通风柜的方向排出一部分新鲜空气，然后再与室内空气充分混合。而且，为了防止送风喷嘴对通风柜的干扰，散流器没有位于模型的中央，因此新鲜空气不能在所有方向上均匀分布。这两个因素导致水平方向上的混合不充分。

4. 通风性能

置换通风组的结果在表 8.7 中给出。当换气速率升高时，通风效率 VE 一直增加，直到从 DV-12 到 DV-14 才开始降低，但体积平均质量分数 VMF 持续降低。换气速率 ACH 就像价格，而通风效率 VE 就像性能与价格比。追求高换气速率意味着购买昂贵的产品，而关心通风效率则意味着购买物有所值的产品。一般通风和产品的性能取决于这两个因素。在置换通风组中，随着换气速率的增加，通风效率也随之增加。这两个因素都朝着有利的方向变化。当 ACH 从 12 增加到

14 时，通风效率几乎没有减少，并且换气速率成为唯一的有益因素，因此从 DV-12 到 DV-14 的改善并不明显。随着换气速率的增加，通风效率甚至减少，这可以解释污染物浓度的非线性变化和增加换气速率优势的局限性。

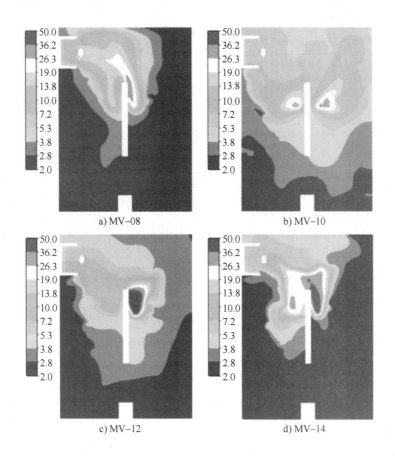

a) MV-08　　　　　　　　b) MV-10

c) MV-12　　　　　　　　d) MV-14

图 8.9　MV 组污染物在 $Z=1.25m$ 高度处浓度的分布云图（微信扫描二维码可看彩图）

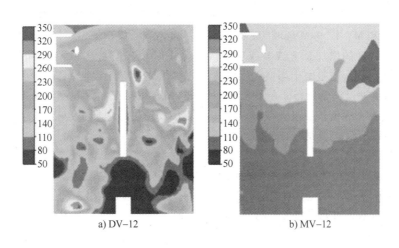

a) DV-12　　　　　　　　b) MV-12

图 8.10　在 $Z=1.25m$ 高度的空气龄云图（微信扫描二维码可看彩图）

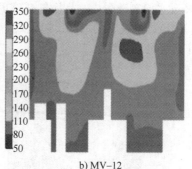

a) DV-12   b) MV-12

图 8.11　在 $Z=4.25m$ 高度的空气龄云图（微信扫描二维码可看彩图）

表 8.7　置换通风组结果

工况	ACH	VE	VMF
DV-08	8	1.13	6.6
DV-10	10	1.58	3.8
DV-12	12	1.99	2.5
DV-14	14	1.95	2.2

混合通风组的计算结果列在表 8.8 中。当换气速率增加时，通风效率首先迅速下降，然后趋于平稳。但是，体积平均质量分数的变化不如通风效率剧烈。在混合通风组中，换气速率的增加是有利的，但是通风效率的降低是不利的，并且综合效果取决于两个因素的相对强度。

表 8.8　混合通风组结果

工况	ACH	VE	VMF
MV-08	8	2.03	3.7
MV-10	10	1.23	4.9
MV-12	12	1.33	3.8
MV-14	14	1.29	3.3

比较 MV-10 和 MV-12 与 MV-08，减少 ACH 对 VE 不利，但是将 MV-14 与 MV-10 相比正好相反。一般来说，ACH 的增加总会或多或少地改善室内环境。但是从 MV-08 到 MV-10 可以看到 VMF 逐渐恶化的过程。这是由于当换气速率增大时在源位置附近形成局部旋涡所致。图 8.12 所示为污染源附近的速度矢量分布，在图 8.12a 所示的 MV-08 工况中未观察到涡流，但在图 8.12b 所示的 MV-12 情况下涡流很明显。在 MV-08 中，污染物通过通风橱迅速直接排出，但在其他情况下，其扩散范围更广。但是，在忽略 MV-08 的情况下，表 8.8 的结果显示，当 ACH 增加时，VMF 减少而 VE 保持稳定。

置换通风组中不同情况之间的相似性也表现为排风中污染物质量流率与回风中污染物质量流率的比率，如图 8.13 所示。该比率的变化趋势与通风效率的变化趋势几乎相同，这意味着通过通风柜排气更有效，可以提供更好的环境。

5. 通风柜性能

通风柜的性能代表其捕获、容纳和清除污染物（由内部产生并通过空气传播）的能力，并受到房间通风系统的影响。表 8.9 列出了置换通风和混合通风组的通风柜性能，同时给出呼吸区（Breathing Zone，BZ）的控制水平。后者表示呼吸区的平均污染物浓度，并在 ASHRAE 中有详细说明。因为通风柜的断面和回风口是污染物的唯一入口和出口，回风中的污染物质量流速（Mass Flow Rate of Pollutants in Return Air，MPR）表示泄漏到实验室中的污染物的数量。

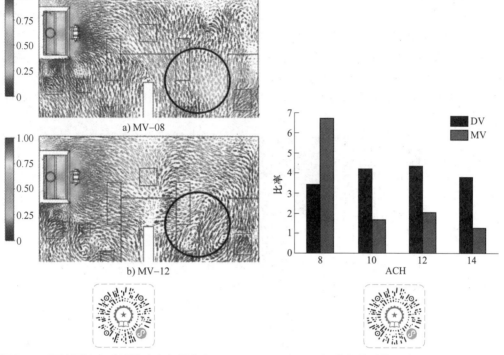

图 8.12　污染源地点附近的速度矢量分布
（微信扫描二维码可看彩图）

图 8.13　污染物的质量流率在排风口和回风口处的比值（微信扫描二维码可看彩图）

表 8.9　置换通风和混合通风组的通风柜性能

工况	呼吸区控制水平（×10⁻⁹）	污染物质量流速/（kg/s）	工况	呼吸区控制水平（×10⁻⁹）	污染物质量流速/（kg/s）
DV-08	0.1	2.12×10^{-11}	MV-08	148.9	2.01×10^{-9}
DV-10	45.6	6.93×10^{-14}	MV-10	9.1	3.60×10^{-10}
DV-12	459.5	1.45×10^{-13}	MV-12	38.3	3.05×10^{-9}
DV-14	54.6	1.71×10^{-13}	MV-14	4.5	1.68×10^{-9}

从表 8.9 中可以看出，置换通风组的质量流量空气比混合通风组的质量流量空气低几个数量级，这表明置换通风组的泄漏很小，房间通风对通风柜的性能影响可忽略不计。

随着换气速率的增加，混合通风组的空气质量流量保持相对稳定，置换通风组中质量流量空气的变化趋势也保持稳定。忽略 DV-08，两组均在 10 ACH 时泄漏量达到最低。

在表 8.9 中，可以看出置换通风和混合通风组中的呼吸区控制水平与质量流量空气呈现出不同的变化趋势，这表明呼吸区控制水平不仅取决于泄漏，还取决于气流模式。此外，置换通风和混合通风组中呼吸区控制水平的变化趋势也不清晰。与先前的研究类似，发现呼吸区控制级别非常复杂。

图 8.14 给出了 DV-10 通风柜中部垂直截面中污染物的体积分数和速度矢量分布。图 8.14b

所示的区域 1 位于 1.45～1.7m 之间的高度范围内，而区域 2 位于 0.95～1.45m 之间的范围内。从图 8.14a 中可以看出，污染物浓度在区域 1 中呈指数变化，但在区域 2 中保持相对稳定。这主要归因于气流模式和对流的影响。图 8.14b 中操作人员前面观察到沿对角线向上的速度矢量，它具有较小的 X 方向分量。因此，被污染的气流不会立即进入通风橱，而是沿着身体向上移动，直到遇到来自区域 1 的向下气流，这会导致区域 2 中污染物浓度的分布相对稳定。在通风柜的正面，来自区域 1 的向下的新鲜气流和来自区域 2 的向上的污染气流合并进入通风柜。由于对流起主要作用，上游气流的污染物不能渗透到下游，于是发生了浓度指数变化。在当前设置下，浓度指数变化的位置正好位于呼吸区周围。因此，在表 8.9 中观察到呼吸区控制水平的指数差异。当通风柜和人体的形状发生变化，则流场和位置将发生改变，这就解释了呼吸区控制级别会受到气流模式影响的原因。

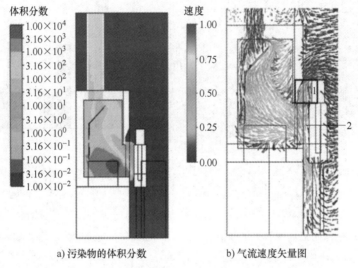

a) 污染物的体积分数　　　　b) 气流速度矢量图

图 8.14　在 Y = 7.35m 的气流参数分布（微信扫描二维码可看彩图）

研究结果表明：

1）化学实验室中的污染物浓度分布受到通风柜的强烈影响，这使得它们不同于传统的通风系统。通风柜防止了污染物的充分混合和扩散现象，使其集中在通风柜附近并被停滞在人员占用区域，但幸运的是，上游区域是干净的。

2）置换通风组污染物浓度分布相似，而混合通风组污染物浓度分布不相似。DV 组的气流模式与传统系统非常相似。新鲜空气充满房间下部，然后向上置换室内空气。但在 MV 组，由于通风柜的存在和扩散器分布的不均匀，水平方向的混合不如竖直方向充分。

3）房间通风性能取决于 ACH 和通风效率 VE。ACH 增加是有利的，VE 的减少是不利的，综合效果由相对强度决定。随着 ACH 的升高，DV 组 VE 增加，MV 组 VE 保持稳定。增加 ACH 的边际效率降低是由于 VE 的增长率下降，甚至出现 VE 的减小。

8.2　基于推拉式通风系统的住宅厨房污染物控制研究

8.2.1　研究背景

厨房是人们日常生活中最为重要的一个场所，同时也是住宅内重要的污染源。厨房中，燃气燃烧以及烹调过程中化学反应和物理反应所生成的油烟气体会产生污染。因此，研究住宅厨房的污染控制势在必行。

数值研究目的：通过数值模拟，计算厨房的稳态和准稳态流场，以确定厨房的 CO_2 浓度分布，并将数值结果与试验数据进行比较，判断模拟结果正确性，分析气流组织特征，解决我国夏季和冬季寒冷地区厨房的常规送排风系统（安装油烟机）不能实现良好的空气分配问题，研究提高厨房内空气质量的措施。

8.2.2　计算域确定

图 8.15 所示为在实际厨房几何形状的基础上建立的数值模型。图 8.16 所示的 1 号槽和 4 号槽长度为 0.31m，2 号槽和 3 号槽长度为 0.55m。4 个槽位宽度均为 0.03m。抽油烟机排气口尺寸为 0.18m×0.18m。抽油烟机排气口到灶台的垂直距离为 0.67m。窗户的尺寸是 0.5m×1m。室外空气通过窗户位置的防虫网和煤气灶周围的风幕供给。然后，通过抽油烟机将空气排出室外。厨房里有一个双燃气灶。但在试验中只使用了一个燃烧器。因此，模拟中定义一个燃烧器为污染物/热源，面积为 $0.02m^2$。模型中灶的

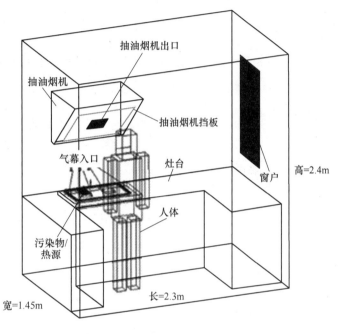

图 8.15　厨房物理模型示意图

高度为 0.8m，烹饪人员身高为 1.6m，与烹饪台保持 0.35m 的距离。图 8.16 为厨房内气流参数测点位置示意图，在人员位置附近（图 8.16a）和 1 号槽附近区域（图 8.16b）布置测点。

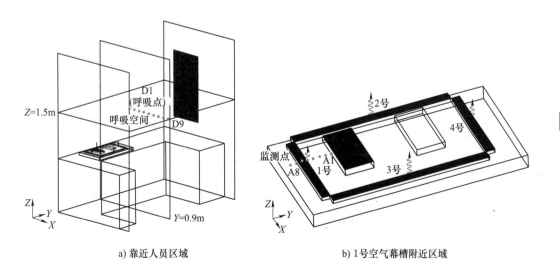

a) 靠近人员区域　　　　　　　　　b) 1号空气幕槽附近区域

图 8.16　测点位置示意图

8.2.3 控制方程（数学模型）

气流为不可压缩湍流流动，选择室内零方程（indoor zero equation）湍流模型进行三维室内空气流动模拟，该模型不仅可以满足计算精度的要求，而且可以有效地得到所需的结果。不可压缩流体的控制方程采用张量形式，描述如下：

连续性方程：

$$\nabla \cdot \boldsymbol{v} = 0 \tag{8.5}$$

动量方程：

$$\frac{\partial}{\partial t}(\rho \boldsymbol{v}) + \nabla \cdot (\rho \boldsymbol{v} \boldsymbol{v}) = -\nabla p + \nabla \cdot \boldsymbol{T} + \rho \boldsymbol{g} \tag{8.6}$$

其中，p 为静压；$\boldsymbol{T}$ 为应力张量；$\rho \boldsymbol{g}$ 为质量。

应力张量为

$$\boldsymbol{T} = \mu \left[(\nabla \boldsymbol{v} + \nabla \boldsymbol{v}^{\mathrm{T}}) - \frac{2}{3} \nabla \cdot \boldsymbol{v} \boldsymbol{I} \right] \tag{8.7}$$

式中，μ 为动力黏度；$\boldsymbol{I}$ 为单位张量。

能量方程：

$$\frac{\partial}{\partial t}(\rho h) + \nabla \cdot (\rho h \boldsymbol{v}) = \nabla \cdot \left[(k + k_{\mathrm{t}}) \nabla T \right] + S_{\mathrm{h}} \tag{8.8}$$

式中，k 为分子扩散率；k_{t} 为湍流传输引起的扩散率（$k_{\mathrm{t}} = c_p \mu_{\mathrm{t}} / Pr_{\mathrm{t}}$）；$S_{\mathrm{h}}$ 包括定义的体积热源。

物质传递方程：

$$\frac{\partial}{\partial t}(\rho Y_i) + \nabla \cdot (\rho \boldsymbol{v} Y_i) = -\nabla \cdot \boldsymbol{J}_i + S_i \tag{8.9}$$

式中，Y_i 为各物种的本地质量分数；S_i 为用户自定义来源的添加生成速率。在湍流中，$\boldsymbol{J}_i$ 表达式为

$$\boldsymbol{J}_i = -\left(\rho D_{i,m} + \frac{\mu_{\mathrm{t}}}{Sc_{\mathrm{t}}} \right) \nabla Y_i \tag{8.10}$$

其中，Sc_{t} 湍流施密特数，$Sc_{\mathrm{t}} = \mu_{\mathrm{t}} / (\rho D_{\mathrm{t}})$；$\mu_{\mathrm{t}}$ 为湍流黏度，$\mu_{\mathrm{t}} = 0.03874 \rho v L$，其中 v 为局部速度，ρ 为流体密度，L 为距离最近壁面的距离，0.03874 为经验常数。

采用有限体积法将上述微分方程进行离散方程。对流项、扩散项采用二阶迎风格式离散。采用 SIMPLE 方法求解。离散方程采用 Gauss-Seidel 迭代格式求解。收敛准则如下：速度在 x、y 和 z 方向上连续残差均达到 10^{-4}，能量方程残差达到 10^{-6}。

由于燃气灶附近的周围温度相当高，Boussinesq 近似不适用于厨房内部流场中密度差较大的浮力驱动流。研究应用不可压缩理想气体方程，得到空气密度随温度的变化规律。

8.2.4 网格划分及网格独立性分析

对于厨房模型，在排风口附近和人体周围应用局部精细化网格。与均匀结构网格相比，非均匀网格可以在保证计算精度的基础上有效地减少网格数。进行了网格独立测试厨房模型，分别进行了网格数为 154363、296457、381304、454581、949536、1074074 和 1720673 的数值模拟。如图 8.17 所示，当网格数等于或大于 454581 时，CO_2 浓度达到稳定。因此，在下面的模拟中选择了 454581 的网格数。

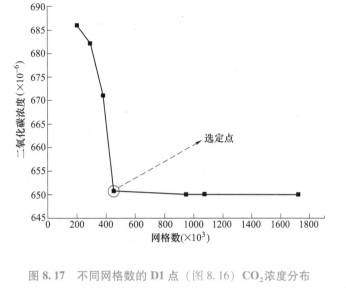

图 8.17　不同网格数的 D1 点（图 8.16）CO_2 浓度分布

8.2.5　边界条件、源项、计算步长的设置、设定

边界条件：见表 8.10，厨房环境被定义为固体壁面边界，传热系数为 $1.5W/(m^2 \cdot K)$。厨房门总是关闭的，被设置为固体墙面边界。所以窗户被定义为具有标准大气压的压力入口。抽油烟机和炉膛被定义为绝热边界。

源项：将烹饪人员视为静止模块，热生成速率为 104.67W，身高为 1.6m，体宽为 0.25m。

在研究中，根据火焰的特性，将热源温度设定为 1400K。污染物/热源的边界设置为速度入口，温度为 1400K，速度为 0.1m/s。通过测量发现，燃烧气体的混合物以 0.1m/s 的速度释放，这验证了热源设置的合理性。

为了证明这种热源边界条件设置的合理性，在当前边界条件下，对 S1（无空气幕）和 S2（有空气幕）场景进行了数值模拟，采用当前边界条件和 Lai 等人（2008 年）采用的 $50kW/m^2$ 热源条件进行对比，结果表明，它们之间的温度相对误差小于 3%。热源边界条件与稳态和非稳态污染源边界条件相似，如图 8.18 所示。

表 8.10　边界条件的参数设置

部分计算域	边界条件
门	墙
窗	压力入口
污染物/热源	速度入口
墙	墙
燃气灶台	块
抽油烟机	块
人体	块
排气口	速度出口

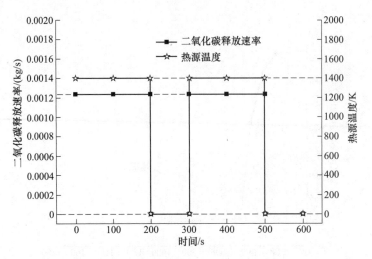

图 8.18 污染物/热源的边界条件变化

8.2.6 计算模型的正确性验证

表 8.11 给出了测试状态的工作条件。表 8.12 给出了测试仪器型号、参数范围及精度。在 E3 工况中，槽 1、2、3、4 的风速分别为 0.9m/s、0.7m/s、0.5m/s、0.9m/s。采用 KIMO AQ100 型探测器在 D1 点每 30s 连续监测 CO_2 的浓度。测试结果用于验证数值模型的正确性。

表 8.11 试验工作条件

工况	E1	E2	E3
	抽油烟机：关闭	抽油烟机：开启	抽油烟机：开启
工作条件	空气幕：关闭	空气幕：关闭	空气幕：开启
	没有烹调	炒土豆丝+小白菜	炒土豆丝+小白菜

表 8.12 测试仪器型号、参数范围及精度

参数	仪器	范围	单位	误差
速度	KIMO VT100	0.1~50	m/s	—
温度	k 型热电偶	0~400	℃	±0.2
相对湿度	KIMO HD100	0~100	%RH	±1.8
二氧化碳	KIMO AQ100	0~5000	×10⁻⁶	±50
压差	KIMO MP100	0~1000	Pa	±5

为了研究空气幕速度对厨房污染物浓度分布的影响，将数值模拟分为 9 种条件，见表 8.13，表示为 S1~S9。工况 S1 和 S2 分别对应于试验工况 E2 和 E3（见表 8.11）。工况 S3~S9 中的气幕速度范围为 0.3~5m/s(0.93~15.48m³/min)。

表 8.13 数值模拟的 9 个工况

工况	S1	S2	S3	S4	S5	S6	S7	S8	S9
速度/(m/s)	0	E3	0.3	0.6	0.9	1.2	2	3	5

为了定量比较湍流模型的精度，采用模拟数据和实测数据的归一化均方根误差（Normalized Root Mean Square Errors，NRMSE）作为评价指标。

$$\text{NRMSE} = \frac{\sqrt{\left(\sum_{i=1}^{n}(\phi_{\text{exp},\,i} - \phi_{\text{mod},\,i})^2\right)/n}}{(\phi_{\text{exp, max}} - \phi_{\text{exp, min}})} \tag{8.11}$$

式中，$\phi_{\text{exp},\,i}$ 是试验数据；$\phi_{\text{mod},\,i}$ 是相应的模拟结果。$\phi_{\text{exp, max}}$ 和 $\phi_{\text{exp, min}}$ 分别是试验结果的最大值和最小值。

表 8.14 说明了情况 S1 和情况 S2 中 D1 点处模拟和测量 CO_2 浓度之间的 NRMSE。可以看出，室内零方程和一方程模型的 NRMSE 显著低于 $k\text{-}\varepsilon$ 标准模型和 RNG $k\text{-}\varepsilon$ 模型。因此，室内零方程和一方程模型更适合于当前厨房污染物扩散的研究。然而，当比较情况 S1 和情况 S2 的室内零方程模型和一方程模型之间的 NRMSE 值时，发现使用室内零方程模型的模拟结果与情况 S1 的试验数据更为一致。因此，选择室内零方程模型作为研究厨房通风现象的湍流模型。

表 8.14　试验和数值模拟条件下的归一化均方根误差

工况	归一化均方根误差			
	室内零方程模型	$k\text{-}\varepsilon$ 标准模型	RNG $k\text{-}\varepsilon$ 模型	一方程模型
S1 工况	0.212	0.288	0.35	0.243
S2 工况	0.261	0.684	0.477	0.256

图 8.19 所示为没有空气幕 S1 工况下采样点的温度和污染物浓度分布对比。图 8.20 所示为有空气幕 S2 工况下采样点的温度和污染物浓度分布对比。通过比较室内零方程模型、$k\text{-}\varepsilon$ 标准模型、RNG $k\text{-}\varepsilon$ 模型和一方程模型的数值结果。零方程模型适用于模拟自然对流、强制对流、混合对流和位移通风的室内气流。采用空气幕装置，污染物得到了更好的控制。在 E2 和 S1 情况下 CO_2 的最高浓度（即无空气幕的试验和模拟案例）分别为 1056×10^{-6} 和 1060×10^{-6}。然而，当使用空气幕装置时，最高 CO_2 浓度降低到 745×10^{-6} 和 658×10^{-6}。总之，数值结果与试验结果吻合良好，验证了数值方法采用的边界条件、网格生成和湍流模型的准确性。

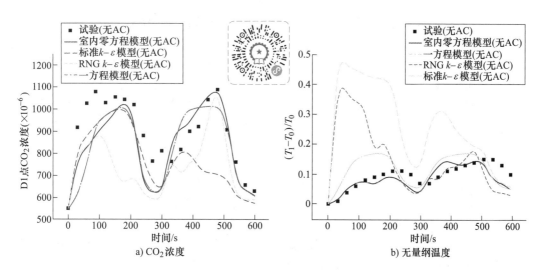

图 8.19　没有空气幕 S1 工况下 CO_2 浓度的测试结果和四种湍流模型结果对比（微信扫描二维码可看彩图）

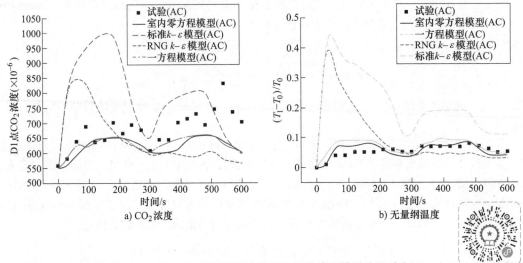

图 8.20　有空气幕 S2 工况下 CO_2 浓度的测试结果和四种湍流模型结果对比

（微信扫描二维码可看彩图）

AC—有空气幕工况

8.2.7　模拟工况设置

进行正交试验设计（Orthogonal Experiment Design，OED）主要考虑 6 个影响因素，在正交表中设计了气幕射流速度（A）、射流角度（B、C、D、E）和排气速度（F）。对于射流速度（0.1～0.9m/s）和射流角度（50°～90°），有 5 个因素，分为 5 个级别。对于排风速度，仅根据抽油烟机的实际工作条件设置了 3 个等级。基于准水平法选择正交表为 $L_{25}(5^6)$ 试验中不同排风位置抽油烟机的排气速度分别为 3.94m/s、4.74m/s 和 5.22m/s。

8.2.8　主要数值模拟结果及分析

1. 厨房污染物的扩散机理

图 8.21 给出 S1 和 S2 工况下 8 个采样点的 CO_2 浓度和温度结果。横坐标采用取样点与热源/污染源的距离。结果表明，与 S2 工况相比，S1 工况下 A1～A3 采样点（图 8.16）的污染物浓度和温度相对较小。但 S1 工况下的 A4～A8 采样点（图 8.16）污染物浓度和温度均大于 S2 工况。原因是在没有空气幕时，从源头排放的污染物会流到远离窗口的地方，因此，污染物浓度会随着离污染源距离的增加而衰减，如图 8.21a 所示。在烹饪区域周围应用空气幕，有一定比例的污染物会被空气幕阻挡，然后逐渐积累在空气幕控制区域内，而有少量污染物会透过空气幕渗透到控制区域外。因此，S2 工况下 A1～A3 采样点的污染物浓度大于 S1 工况，而 S2 工况下 A4～A8 采样点的污染物浓度小于 S1 工况。

图 8.22 和图 8.23 分别为没有空气幕 S1 工况的速度以及 CO_2 浓度分布云图。图 8.24 和图 8.25 分别为有空气幕 S2 工况的速度以及 CO_2 浓度分布云图。图 8.26 和图 8.27 给出了两种工况的温度分布。计算结果表明，在 S1 工况下，排气口污染物平均浓度、平均热流密度、人员呼吸区平均温度、呼吸区污染物平均浓度分别为 $1138×10^{-6}$、$30.7kW/m^2$、31℃ 和 $1003×10^{-6}$。S2 工况下对应值为 $1145×10^{-6}$、$33.4kW/m^2$、27.6℃ 和 $615×10^{-6}$。因此，利用空气幕不仅可以提高污染物和热量的排风性能，还可以降低人员附近的温度和污染物浓度。

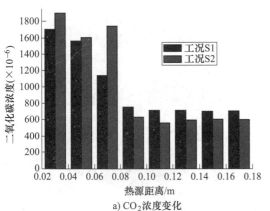

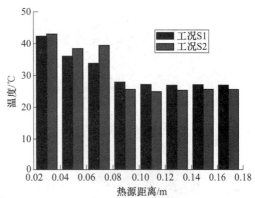

a) CO_2 浓度变化　　　　　　　　　　　b) 无量纲温度变化

图 8.21　S1 和 S2 工况下 8 个采样点的测量结果（微信扫描二维码可看彩图）

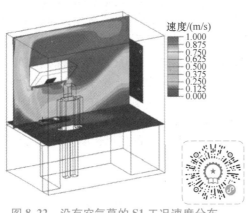

图 8.22　没有空气幕的 S1 工况速度分布
（微信扫描二维码可看彩图）

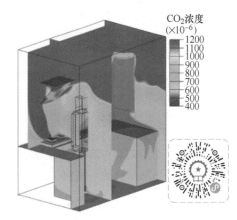

图 8.23　没有空气幕的 S1 工况 CO_2 浓度分布
（微信扫描二维码可看彩图）

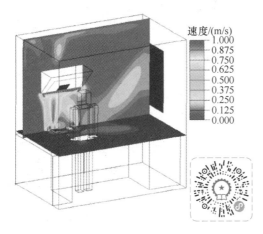

图 8.24　有空气幕的 S2 工况速度分布
（微信扫描二维码可看彩图）

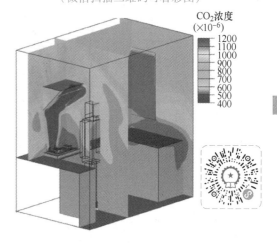

图 8.25　有空气幕的 S2 工况 CO_2 浓度分布
（微信扫描二维码可看彩图）

191

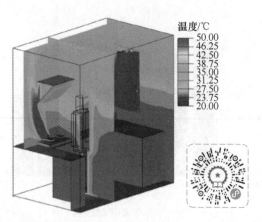 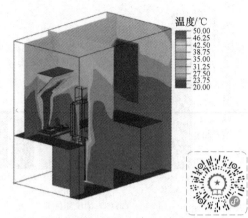

图 8.26　无空气幕的 S1 工况温度分布
（微信扫描二维码可看彩图）

图 8.27　有空气幕的 S2 工况温度分布
（微信扫描二维码可看彩图）

2. 空气幕风速对污染物控制的影响

抽油烟机排风与风幕送风相结合形成推拉式通风系统，空气幕风速（Air Curtain Velocity，ACV）对污染物的控制有很大影响。图 8.28 所示为人员活动区域 CO_2 浓度随空气幕速度变化的稳态分布。可以看出，随着空气幕速度的增加，各测点的 CO_2 浓度逐渐降低。当空气幕速度增加到 0.6m/s 时，污染物浓度达到最小值 588×10^{-6}。如果空气幕速度（简称 ACV）继续增加，测点 CO_2 浓度将达到最高值 1025×10^{-6}，甚至高于未安装空气幕装置时的水平。当 ACV 超过 2m/s 时，CO_2 浓度又开始下降。在图 8.28 中，当空气幕速度在 2~5m/s 范围内时，D3~D9 点的 CO_2 浓度大致相同。这是由于供气对污染物的稀释作用，使室内污染物分布更加均匀。送风量越大，稀释效果越明显。然而，风幕送风率的增加几乎伴随着风机的高能耗，高的送风速度会造成人员不适。因此，应根据抽油烟机的不同挡位设计最佳空气幕速度。

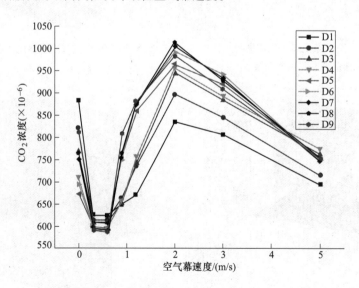

图 8.28　人员活动区域 CO_2 浓度随空气幕速度变化的稳态分布（微信扫描二维码可看彩图）

图 8.29 所示为不同工况下 D1 点的个人摄入比例值（Intake Fraction，IF）随时间的变化，

可以看出在前 300s 期间，当 ACV 小于 0.6m/s 时，IF 值与 ACV 成反比。当 ACV 大于 0.6m/s 时，随着空气幕速度的增加，IF 值逐渐增大；当 ACV 增加到 2m/s 时，个体吸入污染物质量占总释放质量的比例再次开始下降。将曲线 S1 与曲线 S7 和 S8 在 400s 前的周期进行比较，没有空气幕时的 IF 值甚至比空气幕速度为 2m/s 和 3m/s 时的 IF 值更低。产生这种现象的原因是窗户送入的空气可以把较少的污染物从烹饪区带到呼吸区。而在高 ACV 的情况下，更多的污染物会从空气幕与抽油烟机之间的封闭区域逸出。然而，随着厨房负压的逐渐增大，从窗户送出的可携污染物的送风量也随之增加，导致室内污染物的积累，污染物浓度增加，个体进气比例增加。当烹饪时间增加到 300s 时，曲线 S1 和 S3 的波动更加明显，这与烹饪周期相对应。S4~S9 工况的曲线随时间变化相对平坦且稳定。因此，当空气幕速度小于 0.6m/s（最佳速度）时，空气幕射流的抗扰能力变弱，个体吸入量随厨房烹饪方式的不同而发生较大变化。

通过数值模拟，在抽油烟机排烟量一定的情况下，空气幕存在最优和最不利的设计送风速度。排气速度为 5m/s 时，最优设计空气幕速度为 0.6m/s，最不利速度为 2m/s。因此，应根据抽油烟机的不同挡位设计最佳空气幕速度。但考虑到厨房的舒适性，设计的 ACV 不宜过大。

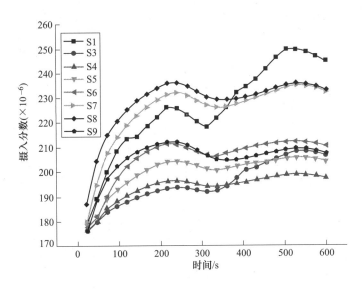

图 8.29　个人在 D1 点摄入比例随时间变化（微信扫描二维码可看彩图）

3. 空气幕速度（ACV）、气幕角度和排风速度（Exhaust Velocity，EV）对污染物控制的影响程度分析

利用正交表和数值模拟方法，进行了 ACV、空气幕角度和排气速度对工作区内 CO_2 浓度分布影响进行了研究。采用极差分析法（见表 8.15）得到了 6 个因素之间的主次关系。并对各因素的影响能力进行了分析。极差计算公式为

$$k_{ij} = \frac{1}{s}K_{ij} \tag{8.12}$$

$$R_j = \max\{k_{ij}\} - \min\{k_{ij}\} \tag{8.13}$$

这里 i 指的是各个层级；j 指各种因素；K_{ij} 为 i 级和 j 类因素的指数；k_{ij} 是 K_{ij} 的平均值；R_j 是 j 系数的极差。

表 8.15　极差分析的正交设计

编号	因素						结果
	气幕速度	角度1	角度2	角度3	角度4	排气速度	在 D1~D9 的平均 CO_2 浓度
	A	B(A1)	C(A2)	D(A3)	E(A4)	F	
1	0.1m/s	90°	90°	90°	90°	3.94m/s	636.0×10^{-6}
2	0.1m/s	80°	80°	80°	80°	4.74m/s	742.0×10^{-6}
3	0.1m/s	70°	70°	70°	70°	5.22m/s	743.6×10^{-6}
4	0.1m/s	60°	60°	60°	60°	5.22m/s	741.2×10^{-6}
5	0.1m/s	50°	50°	50°	50°	5.22m/s	746.7×10^{-6}
6	0.3m/s	90°	80°	70°	60°	5.22m/s	613.1×10^{-6}
7	0.3m/s	80°	70°	60°	50°	3.94m/s	631.8×10^{-6}
8	0.3m/s	70°	60°	50°	90°	4.74m/s	607.2×10^{-6}
9	0.3m/s	60°	50°	90°	80°	5.22m/s	600.0×10^{-6}
10	0.3m/s	50°	90°	80°	70°	5.22m/s	628.9×10^{-6}
11	0.5m/s	90°	70°	50°	80°	5.22m/s	594.9×10^{-6}
12	0.5m/s	80°	60°	90°	70°	5.22m/s	601.1×10^{-6}
13	0.5m/s	70°	50°	80°	60°	3.94m/s	661.2×10^{-6}
14	0.5m/s	60°	90°	70°	50°	4.74m/s	603.4×10^{-6}
15	0.5m/s	50°	80°	60°	90°	5.22m/s	595.3×10^{-6}
16	0.7m/s	90°	60°	80°	50°	5.22m/s	607.1×10^{-6}
17	0.7m/s	80°	50°	70°	90°	5.22m/s	608.0×10^{-6}
18	0.7m/s	70°	90°	60°	80°	5.22m/s	616.3×10^{-6}
19	0.7m/s	60°	70°	50°	70°	3.94m/s	726.9×10^{-6}
20	0.7m/s	50°	80°	90°	60°	4.74m/s	690.9×10^{-6}
21	0.9m/s	90°	50°	60°	70°	4.74m/s	729.0×10^{-6}
22	0.9m/s	80°	90°	50°	60°	5.22m/s	695.4×10^{-6}
23	0.9m/s	70°	80°	90°	50°	5.22m/s	689.1×10^{-6}
24	0.9m/s	60°	70°	80°	90°	5.22m/s	756.8×10^{-6}
25	0.9m/s	50°	60°	70°	80°	3.94m/s	793.3×10^{-6}
$K_{1j}(\times 10^{-6})$	3609.4	3180.1	3180.1	3217.1	3203.3	3449.2	—
$K_{2j}(\times 10^{-6})$	3081.0	3278.3	3330.4	3396.0	3346.6	3372.6	
$K_{3j}(\times 10^{-6})$	3056.0	3317.4	3453.9	3361.4	3429.4	9837.6	
$K_{4j}(\times 10^{-6})$	3249.2	3428.3	3350.0	3313.7	3401.9	—	
$K_{5j}(\times 10^{-6})$	3663.7	3455.1	3344.9	3371.1	3278.1		
$k_{1j}(\times 10^{-6})$	721.9	636.0	636.0*	643.4*	640.7*	689.8	
$k_{2j}(\times 10^{-6})$	616.2	655.7	666.1	679.2	669.3	674.5	
$k_{3j}(\times 10^{-6})$	611.2*	663.5	690.8	672.3	685.9	655.8*	
$k_{4j}(\times 10^{-6})$	649.8	685.7	670.0	662.7	680.4	—	
$k_{5j}(\times 10^{-6})$	732.7	691.0	669.0	674.2	655.6	—	
$R_j(\times 10^{-6})$	121.5	55.0	54.8	35.8	45.2	34.0	
$R'_j(\times 10^{-6})$	108.7	49.2	49.0	32.0	40.4	26.5	

注：角度 1~4 分别指槽 1~4 的空气幕角度。标 * 数据代表通过正交设计在每个因素中控制污染的最佳水平。

当每个因素的水平相同时，主要和次要关系由极差值确定。当级别数不相同时，直接比较 R 的值是不合适的。当两个因素具有相同的影响时，包含更多水平级别的因素极差应该更大。因此，只有在使用极差转换系数后，才能在不同极差之间进行比较。换算系数见表 8.16。

表 8.16　极差换算系数

等级	2	3	4	5	6	7	8	9	10
转换系数 d	0.71	0.52	0.45	0.40	0.37	0.35	0.34	0.32	0.31

极差转换公式为

$$R'_j = d\sqrt{n}\,R_j \tag{8.14}$$

式中，R'_j 为校正后的极差；d 为转换系数，见表 8.16；n 为级别数。

通过比较极差 R'_j，确定了各因素的主次关系。由表 8.15 可知，在给定因子范围内，各因素对污染控制的影响依次为：A>B>C>E>D>F。因此，在推拉系统的设计中，应将空气幕速度作为主要因素进行研究。各因素对 CO_2 浓度分布的影响如图 8.30~图 8.32 所示。从图 8.30 可以得到与图 8.28 相同的结论，在 0.3~0.9m/s 范围内应该存在一个最佳的空气幕速度。空气幕速度结果呈上凹分布的原因是当空气幕的射流速度增大时，通过窗口进入的气流扰动强度减小，空气幕的控制能力增大。当喷射速度在一定范围内增加时，可有效降低呼吸区的污染物浓度。然而，当射流速度不断增大时，排气口的额定流量有限，无法排出全部的污染空气。部分油烟会随着气流扩散进入人员呼吸区。

对于 A1、A2、A3 和 A4 因子，90°角是控制和去除污染物的最佳射流角。抽油烟机的 EV 也与平均 CO_2 浓度（Average CO_2 Concentration，ACC）呈负相关，因此排气速度的增加有利于污染物的排放。由以上范围分析可知，空气幕装置控制污染物的最佳组合

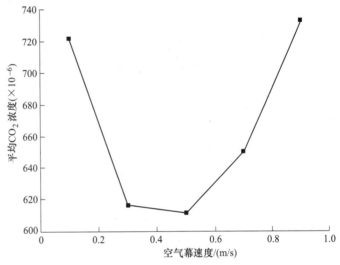

图 8.30　空气幕速度与平均 CO_2 浓度关系

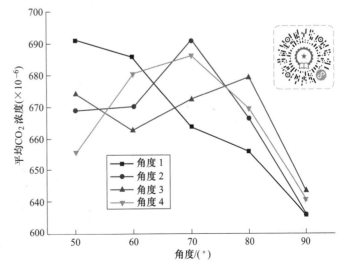

图 8.31　空气幕角度（A1，A2，A3，A4）与平均 CO_2 浓度关系
（微信扫描二维码可看彩图）

为：$A = 0.5\text{m/s}$，$B = 90°$，$C = 90°$，$D = 90°$，$E = 90°$ 和 $F = 5.22\text{m/s}$。由于这一组合在 25 个模拟案例中均未出现，因此采用最优组合条件作为数值计算的边界条件，模拟 ACC 结果为 593×10^{-6}，小于工况 11（见表 8.15）中最小值 594.9×10^{-6}。

研究表明，利用空气幕不仅可以提高厨房污染物和热量的排放性能，而且可以改善夏季的热环境和室内空气质量。通过试验数据与数值计算数据的对比，验证了污染物在厨房中的扩散机理。单独使用抽油烟机时，油烟仍然扩散的原因是气流组织有问题。在抽油烟机排气量一定的情况下，存在最佳和最不利的空气幕设计供气速度。当排气速度为 5m/s 时，最佳设计空气幕速度为 0.6m/s，最不利速度为 2m/s。因此，应根据抽油烟机的不同挡位设计最佳空气幕速度。然而，考

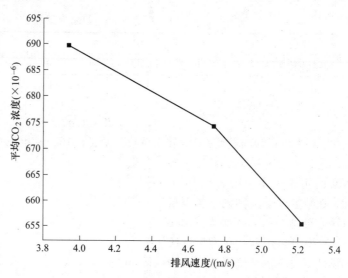

图 8.32　排风速度与平均 CO_2 浓度关系

虑到厨房内人员的舒适性，设计的空气幕速度不应太大。

通过正交试验和在给定的空气幕速度、空气幕角度和排风速度的数值模拟，各因素对污染控制的影响依次为：A>B>C>E>D>F。因此，在推拉式系统的设计中，应将空气幕速度作为主要因素进行研究。控制污染物的空气幕装置的最佳组合如下：$A = 0.5\text{m/s}$，$B = 90°$，$C = 90°$，$D = 90°$，$E = 90°$，$F = 5.22\text{m/s}$。

8.3　疫情期间临时建设医院病房排风对周围环境影响的研究

8.3.1　研究背景

2019 年末武汉爆发的新型冠状病毒疫情对现有的医疗系统造成了巨大压力，各地开始建设新型冠状病毒的集中治疗临时医院，如武汉新建火神山和雷神山两座临时医院专门收治新型冠状病毒确诊患者。临时医院从排风口排出的气体可能对临时医院新风口或者周围环境造成污染。

临时医院为了防止病毒扩散引起感染，在设计室内暖通方案时采取了负压病房空气系统，利用专门的排风系统向室外高空排出病房内受污染的空气，以免向医院内其他未污染区域扩散。虽然排风系统针对含病毒空气采取了很好的过滤措施，但是其通过排风口排放仍然存在一定的传染风险。有研究表明，当含病毒的空气被稀释到 10000 倍以上时，就不再具有传染性。因此，结合具体医院的实际情况，模拟室外含病毒空气的扩散机制，则可以定量评估临时医院排放出的含病毒空气的污染风险，为排放物的二次污染防控提供更加定量具体的参考和依据。

基于上述背景，研究提出了一个临时医院排风环境影响的快速数值模拟方法。结合火灾动力学模拟工具 FDS（Fire Dynamic Simulator，FDS）软件对临时医院建筑进行快速建模，采用基于云计算平台的分布式计算，实现有害空气流动的监测和可视化，从而为临时医院设计阶段的快

速分析提供了专门工具。

8.3.2 物理模型及计算域

由于临时医院建筑大多采用标准模块的箱式建筑，平面布置以"王"字形或"主"字形为主，图 8.33 所示是武汉火神山、雷神山临时医院施工照片。临时医院中间建筑为医护用房，两侧走廊为病房或医技用房。

a) 火神山临时医院

b) 雷神山临时医院

图 8.33　建设中的火神山、雷神山临时医院照片

测点布置：采用本研究提出的快速模拟方法，建立火神山医院的三维 FDS 模型如图 8.34 所示。在医院新风口附近设置了 13 个有害气体浓度监测点（图 8.35），用于评估病房排放的有害气体是否会对新风口附近区域造成污染。

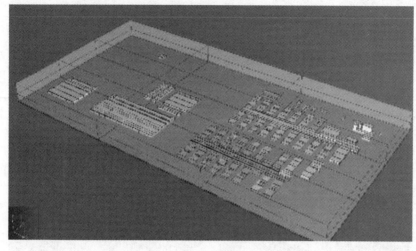

图 8.34　火神山医院三维 FDS 模型（微信扫描二维码可看彩图）

8.3.3　控制方程

病房气流为湍流流动，采用大涡模拟 LES 进行气流组织模拟，具体流动的控制方程和湍流模型见本书第 2 章。

FDS 是美国国家标准技术研究院开发的一款开源流体动力学计算软件。该软件最初是为了火灾模拟而开发，随着其功能的逐步丰富，目前也在空气污染模拟领域得到了应用。FDS 软件具有以下优点：① FDS 为开源软件，安装便捷，节省了软件购买和安装时间，便于广泛推广；②采用大涡模型（Large Eddy Simulation，LES）模拟污染物扩散过程，能够捕捉流场和污染物的瞬态特征，更

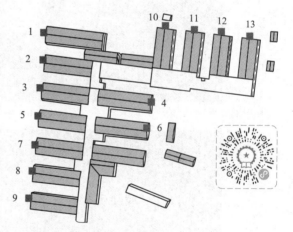

图 8.35　有害气体浓度监测点的平面位置
（微信扫描二维码可看彩图）

适于模拟污染物的扩散机理；③与一般的商用软件相比，FDS 软件能快速实现流域的网格划分，操作简便，满足临时医院设计阶段的快速分析需求。

8.3.4　网格独立性分析和网格划分

根据建筑的平面布置和屋面标高，将建筑物划分成若干个长方体组成的模块，用 FDS 的命令功能直接建模。与常规 CFD 软件的网格划分方式不同，FDS 采用矩形网格对计算域进行网格划分，并能实现对压力的快速求解。因而保证了计算的高效，可以在数十分钟内得到复杂环境的大涡模拟结果。对临时医院建筑进行分析时 FDS 允许不同计算域采用不同的网格密度。因此，对于医院建筑附近的计算域，推荐采用 0.5~1m 的网格，以提升精度。由于临时医院一般高度不超过 3 层，因此对排风口以上 10m 范围以外，推荐采用 2m 的网格，保证计算效率和精度的平衡。

8.3.5　边界条件、源项、计算步长的设置、设定

以武汉市雷神山医院为例介绍本文提出的快速模拟方法的具体实施情况。雷神山医院是武汉市为应对疫情而建设的一座典型临时医院，位于武汉市江夏区军运村，设计床位数为 1600 张。每个病房每小时换气 12 次，设计新风量为 $500\sim550\mathrm{m^3/h}$，排风量为 $650\sim700\mathrm{m^3/h}$。其初始设计的排风口标高为 6.5m。

边界条件：

在 FDS 中，输入口风速的剖面分布依据 Monin-Obukhov 相似理论得到，如下式：

$$u(z) = \frac{u_*}{\kappa}\left[\ln\left(\frac{z}{z_0}\right) - \psi_m\left(\frac{z}{L}\right)\right] \tag{8.15}$$

式中，u_* 为摩擦速度；κ 为 Von Kármán 常数，取 0.41；z_0 为地面粗糙度高度，由于临时医院一般建在城郊，因此建议取在 $0.1\sim0.5$；L 是 Obukhov 长度，其取值与大气的热稳定性相关，一般建议取为 350；z 为距地面高度；$u(z)$ 为距地 z 高度处的风速；$\psi_m\left(\frac{z}{L}\right)$ 为相似度方程项。

排风口建模包括以下 3 个内容：

1）排风口的空间位置：排气口的空间位置同样采用 FDS 的实体建模为排气口。

2）排气口的排风量：根据 FDS 提供的功能，"&SURF" 命令可以设定排气口的排气量（采用 "VOLUME_FLOW" 参数，单位 $\mathrm{m^3/s}$），这个数据可以根据排风口连通的空调系统的设计计通风量确定。本次肺炎疫情临时医院每个病房的设计排风量 V_R 是 $600\sim750\mathrm{m^3/h}$。一般 N 个病房共用一个排风口，则可以计算得到排风口的排风量为 $V_R N$。

3）排气口有害气体的追踪：为了跟踪排风口排出的有害气体在空气中的扩散，需要设定示踪气体（tracer gas），而后，可以通过追踪示踪气体的体积比或质量比，来追踪有害气体的分布。本次疫情临时医院一般一个病房安排 2 位病人，每位病人呼出的有害气体 V_P 约为 $0.3\mathrm{m^3/h}$ 则共用一个排风口的 N 个病房，病人呼出的有害气体的总量为 $2V_P N$。根据相关设计要求，排风口都会安装高效过滤装置。因此，排风口排出的空气中，有害气体的体积比例计算式为

$$R = 2\beta V_P / V_R \tag{8.16}$$

式中，β 为反映排风口过滤装置对病毒过滤能力的系数；R 可以通过 FDS 设定。

有害气体监测点：为了定量获取指定位置的有害气体浓度，可以采用 FDS 创建有害气体监测点。具体参数包括：①用 "QUANTITY" 参数，指定监测内容为示踪气体的比例；②用 "XYZ=" 命令，指定监测点在模型中的坐标。另外，也可以通过剖面、等值面等方式获取有害气体在空间的宏观分布。

源项：病人呼出的有害气体作为污染源。

8.3.6　计算模型正确性检验

选取了已有学者开展的两项工作进行对比验证，其中一项是污染物扩散风洞试验，另一项是采用商业 CFD 软件 Fluent6.1，对风洞试验进行的模拟计算。风洞试验是在尺寸为 $1\mathrm{m}\times0.5\mathrm{m}\times0.5\mathrm{m}$ 的风洞中，采用边长为 0.05m 的立方体来模拟建筑；立方体顶面中心位置为污染物排风口，污染物释放速率为 $12.5\mathrm{cm^3/s}$；监测点布置在建筑顶面沿着 x 轴的中线和建筑背风面沿着 z 轴的中线，如图 8.36 所示。

对比结果之前，首先需要统一风荷载的输入方式。风洞试验采用指数形式风剖面，而 FDS 采用的是对数形式风剖面。为了使验证模型的风荷载输入与风洞试验保持一致，先确定 FDS 对

数形式风剖面函数的其他参数，然后通过函数拟合方式确定地面粗糙度高度和摩擦速度。验证模型的风荷载输入与风洞试验的对比如图 8.37 所示。

采用无量纲浓度系数 K 来表征监测点的污染物浓度，K 可采用下式进行计算：

$$K = CU_{\text{ref}}H_b^2/Q \quad (8.17)$$

式中，C 为监测点的污染物浓度；U_{ref} 为建筑顶部风速；H_b 为建筑迎风面宽度；Q 为污染物释放速率。

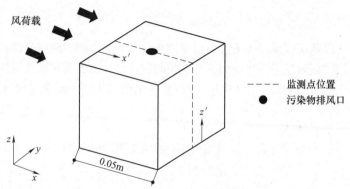

图 8.36 已有的污染物扩散风洞试验示意图

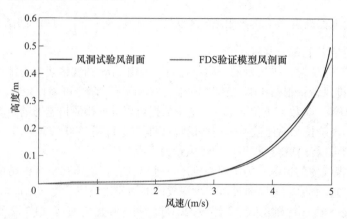

图 8.37 风洞试验和 FDS 验证模型的风剖面对比（微信扫描二维码可看彩图）

本研究模拟结果与风洞试验及商用软件模拟结果对比如图 8.38 所示。可以看出，本研究基于 FDS 的模拟结果与风洞试验结果吻合良好。与商业 CFD 软件模拟结果相比，本研究在建筑背风面污染物浓度的模拟精度有了显著提高。

8.3.7 计算工况设置

根据排风口距地面高度（标高）不同，原设计方案标高为 6.5m，优化方案为标高 9.0m。

8.3.8 主要模拟结果及分析

1. 火神山医院的排风口方案优化效果

提升排风口高度可以在一定程度上降低新风口附近的有害气体浓度。在大量参数分析后，将火神山临时医院的排风口标高从初始设计的 6.5m 提升到 9.0m，并对优化方案的最不利工况（西风工况）进一步模拟分析。图 8.39 展示了模拟得到的不同排风口高度下 1.5m 高（人员呼吸高度）处的有害气体浓度。可见将排风口高度提高后，有害气体浓度有了显著降低。根据设定的 13 个新风口（图 8.35）附近的监测点，可以定量对比不同设计方案新风口的有害气体浓度，从图 8.40 可以看出，将排风口高度提升至 9.0m 后，优化方案新风口附近的有害气体浓度较初始方案有了显著降低。因此，抬升排风口高度是控制有害气体对新风口污染的有效方法。基于

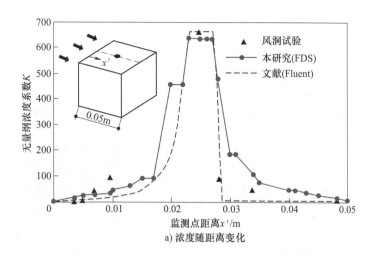

a) 浓度随距离变化

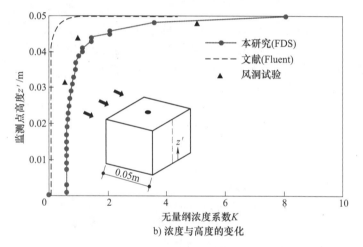

b) 浓度与高度的变化

图 8.38　本研究、风洞试验、商用软件的结果对比（微信扫描二维码可看彩图）

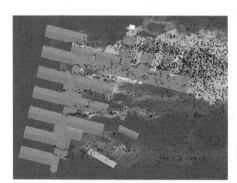

a) 排风口距地面高度为6.5m

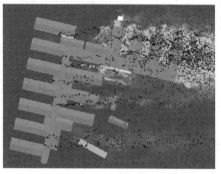

b) 排风口距地面高度为9.0m

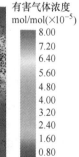

图 8.39　不同排风口标高工况的有害气体浓度分布图

（西向风，1.9m/s）（微信扫描二维码可看彩图）

图 8.40 不同排风口标高下监测点的有害气体浓度（西风，1.9m/s）（微信扫描二维码可看彩图）

上述分析结果，设计单位进一步对新风口、排风口的位置和高度进行了优化，最后将 1.9m/s 西风下的新风口附近的有害气体浓度控制在 25×10^{-6}，且在其他各风向、风速下，都可以保证新风口及院区外的有害气体浓度显著低于 100×10^{-6} 的限值要求（图 8.41、图 8.42），有效保障了火神山医院和周围环境的安全性，降低了二次污染风险。

由于本模拟研究未考虑排风口的过滤作用，在设置排风过滤器的情况下，其环境安全性会得到更进一步的提升。由于本方法具有很高的建模、计算效率和准确性，因此很好地满足了火神山医院建设阶段工期的紧迫要求。

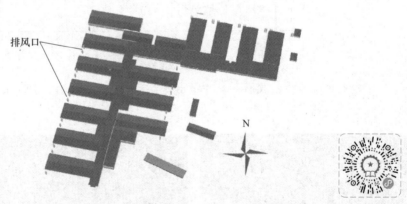

图 8.41 不同排风口高度下监测点的有害气体浓度（西风，1.9m/s）（微信扫描二维码可看彩图）

2. 雷神山医院的排风口方案优化效果

图 8.43 为模拟得到的不同排风口高度下 1.5m 高程处的有害气体相对浓度。可见将排风口高度提高后，有害气体的相对浓度有了显著降低。

FDS 通过 "Tracer" 功能和 "&ISOF" 命令，能生成有害气体在空中运动的示踪粒子轨迹和浓度等值面，如图 8.44 所示，便于用户直观考察有害气体在空气中的分布规律。黑色粒子即为有害气体的示踪粒子；红色曲面为有害气体的浓度等值面。

根据设定的 8 个新风口附近的监测点，可以定量对比不同设计方案新风口的有害气体相对浓度（以排气口的有害气体相对浓度为 100%），如图 8.45 所示。其结果可为工程设计提供参考。

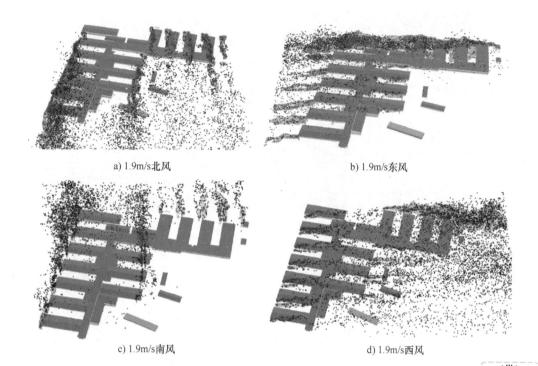

a) 1.9m/s北风　　　　　　　　　　　　　b) 1.9m/s东风

c) 1.9m/s南风　　　　　　　　　　　　　d) 1.9m/s西风

图 8.42　火神山医院最终设计方案不同风向下有害气体扩散模拟结果（微信扫描二维码可看彩图）

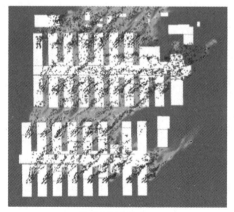
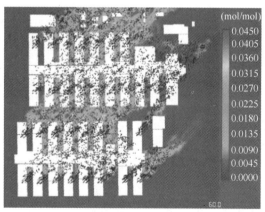

a) 排风口标高为6.5m　　　　　　　　　　b) 排风口标高为9.0m

图 8.43　不同排风口标高下有害气体相对浓度分布图（微信扫描二维码可看彩图）

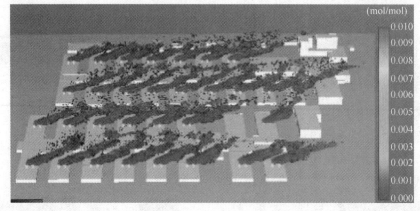

图 8.44　有害气体轨迹及浓度等值面（西南风，1.9m/s）（微信扫描二维码可看彩图）

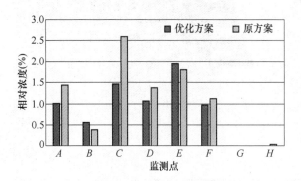

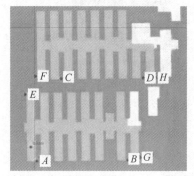

图 8.45　有害气体在监测点的相对浓度对比（微信扫描二维码可看彩图）

第 9 章
流场中存在移动物体工况的动网格数值模拟研究案例

9.1 公路弯曲隧道交通力对通风影响的数值模拟研究

9.1.1 研究背景

由于公路隧道通常是封闭的或部分封闭的，如果车辆排放的废气污染物没有得到及时稀释，公路隧道中的空气质量很容易恶化。因此，有效的公路隧道通风系统对于防止有害物质影响隧道使用者和保持隧道内良好的能见度具有重要作用。在短距离单向隧道中，由移动车辆引起的活塞效应，加上自然通风，通常足以将新鲜空气引入隧道并将污染空气推出隧道。然而，在较长的隧道中，采用机械通风系统，如射流风机、静电除尘器、排风机和排风竖井，以保持隧道内的气流使有害气体的浓度保持在安全范围内。

在公路隧道纵向通风系统中，气流流动应设计为与隧道内车辆运动方向相同；隧道内移动车辆产生的活塞效应可为隧道通风系统带来好处。在这种工况下，横截面的平均压力将随隧道中车辆的移动而变化。当车辆通过测量的横截面时，横截面的平均压力将急剧下降，如图 9.1 所示，压降 Δp 被描述为交通（通风）力。交通力是隧道通风设计的主要参数之一，其表达式为

$$\Delta p = \frac{\xi A_c}{A_t} \frac{\rho}{2} (v_c - v_t)^2 \tag{9.1}$$

式中，ξ 为车辆的有效阻力系数；A_c 和 A_t 为车辆的正面投影面积和隧道的横截面面积；v_c 和 v_t 为车辆的速度和隧道内的风速；ρ 为空气密度。

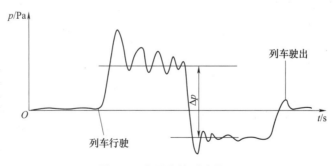

图 9.1　交通力的测试原理

由于地形限制，一些公路隧道必须在水平面上设计弯道，甚至在某些工况下弯曲半径很小。与本研究相关的两条已经建成的隧道的最小弯曲半径为 600m。显然有必要分析直隧道和弯隧道

通风之间的差异。

迄今为止进行的大多数研究都集中在直隧道中的通风系统上。很少有人在弯曲的隧道上做过通风研究。因此,研究运动车辆对弯曲隧道通风产生的活塞效应非常有必要。

案例主要目的是研究在不同半径的弯曲隧道中车辆移动导致的活塞效应。由于在试验研究和现场测量中很难获得详细信息,CFD 因成本相对较低被广泛用于研究弯曲隧道中的活塞效应,研究结果能为弯曲公路隧道中的通风系统设计提供参考。

9.1.2 计算区域确定

弯曲隧道采用纵向通风系统。由于随着隧道长度的增加,网格尺寸和计算时间显著增加,建立了一个长度为 200m 的模型弯曲隧道如图 9.2a 所示。隧道断面面积约 68.55m^2,水力直径 D_t = 8.57m,如图 9.3 所示。研究模拟了一辆尺寸为 10.668m×2.205m×3.010m 的大型车辆。之前的研究中发现,在半径为 600m 的弯曲隧道中,车辆在不同车道上行驶所引起的交通力差异非常小,因此这里仅考虑右侧(外)车道。通过改变隧道半径来研究汽车运动产生活塞效应的影响因素。

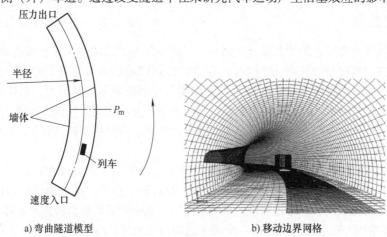

a) 弯曲隧道模型   b) 移动边界网格

图 9.2　隧道物理模型简化图

运动的车辆采用与车辆表面重合的移动边界表示,如图 9.2b 所示。使用动态网格方法模拟这些边界并获得关于流动的瞬时信息。

9.1.3 控制方程

弯曲隧道内气流按照非定常不可压缩考虑,流动控制方程如下:

1)连续性方程:

$$\frac{\partial u_i}{\partial x_i} = 0 \tag{9.2}$$

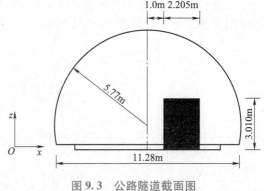

图 9.3　公路隧道截面图

2)动量方程:

$$\frac{\partial \rho u_i}{\partial t} + \frac{\partial \rho u_i u_j}{\partial x_j} = -\frac{\partial p}{\partial x_i} + \frac{\partial}{\partial x_j}\left[\mu\left(\frac{\partial u_i}{\partial x_j} + \frac{\partial u_j}{\partial x_i}\right)\right] + \frac{\partial(-\rho \overline{u_i' u_j'})}{\partial x_j} \tag{9.3}$$

采用标准 $k\text{-}\varepsilon$ 模型进行湍流模拟。

3）k 方程：

$$\frac{\partial k}{\partial t} + u_j \frac{\partial k}{\partial x_j} = \frac{1}{\rho}\frac{\partial}{\partial x_j}\left[\left(\mu + \frac{\mu_t}{\sigma_k}\right)\frac{\partial k}{\partial x_j}\right] + \frac{\mu_t}{\rho}\left(\frac{\partial u_i}{\partial x_j} + \frac{\partial u_j}{\partial x_i}\right)\frac{\partial u_i}{\partial x_j} - \varepsilon \tag{9.4}$$

4）ε 方程：

$$\frac{\partial \varepsilon}{\partial t} + u_j \frac{\partial \varepsilon}{\partial x_j} = \frac{1}{\rho}\frac{\partial}{\partial x_j}\left[\left(\mu + \frac{\mu_t}{\sigma_\varepsilon}\right)\frac{\partial \varepsilon}{\partial x_j}\right] + \frac{C_1\mu_t}{\rho}\frac{\varepsilon}{k}\left(\frac{\partial u_i}{\partial x_j} + \frac{\partial u_j}{\partial x_i}\right)\frac{\partial u_i}{\partial x_j} - C_2\frac{\varepsilon^2}{k} \tag{9.5}$$

采用 CFD 软件 Fluent 对弯曲隧道内车辆运动引起的非定常不可压缩流场进行了数值模拟。压力-速度耦合采用 PISO 算法，与 SIMPLE 算法相比，PISO 算法在每次解算器迭代中需要稍多的计算时间，但它可以显著减少瞬态仿真中收敛的迭代次数。此外，PISO 算法也被认为是一种适用于高度倾斜网格的方法。对流项采用二阶迎风差分方法，扩散项采用中心差分方法进行控制方程离散。

9.1.4　网格划分及网格独立性分析

考虑车辆周围的复杂流动，在车辆移动的车道区域需要对网格进行细化。在 $R = 400\text{m}$ 的弯曲隧道中，在细化区域采用几种不同的标准结构化网格，用于评估网格性能，见表 9.1。

表 9.1　不同网格描述

网格类型	纵向网格尺寸/mm	网格截面尺寸/mm	网格总数
A	0.2	0.2	482242
B	0.25	0.25	353233
C	0.3	0.3	237845

图 9.4 给出了不同网格尺寸下隧道中间横截面上的平均静压值。尽管数值存在一些差异，但这些工况结果表现出相似的行为。观察到网格 C 工况下的压降与其他两种工况下的压降略有不同。网格 B 是综合考虑压降计算精度和运算成本因素可接受的折中方案。所有工况模拟均采用网格 B。

9.1.5　边界条件、源项、计算步长的设置、设定

壁面：隧道的壁面上应用了无滑移边界条件。车辆表面通过使用滑移边界条件表示，其中施加车辆速度以考虑与时间相关的运动。

入口：在隧道入口处规定了均匀分布的速度边界条件，以产生隧道的设计通风速度。

出口：隧道出口采用压力出口边界条件。

采用非定常解决方案来模拟瞬态流动。使用一阶隐式公式求解，因此在确定时间步长时不

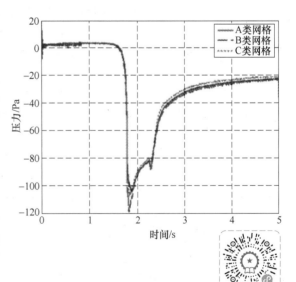

图 9.4　不同网格尺寸横截面静压数据
（微信扫描二维码可看彩图）

需要稳定性标准值。然而，计算时间步长仍然必须保持足够小，以避免动态网格升级时出现负体积，典型的时间步长为 0.0005s。整个仿真时间长达 5s。迭代次数也进行了调整，以确保残差在每个时间步都低于可接受的水平。通常每个时间步的迭代次数约为 25 次，收敛标准设置为 10^{-3}。

9.1.6　计算模型正确性验证

为了验证该研究中使用的计算模型的正确性，首先在直隧道中使用 PISO 算法及动网格进行模拟，并将模拟结果与试验结果进行对比。试验对象是一个长 389m、横截面面积 57.3m² 的真实直隧道，采用集装箱货车是因其在隧道中具有显著的活塞效应。表 9.2 给出了车辆有效阻力系数 ξ 的试验结果与计算结果的比较。可以看出，预测的交通力趋势与试验测试结果是一致的。有效阻力系数受车速影响较小，最大值出现在车速为 60km/h 时。整体上看，计算结果与试验结果吻合较好，但在 40km/h 的工况下相差 6.6%。因此，本研究考虑了车辆速度为 80km/h 的工况。

表 9.2　车辆有效阻力系数 ξ 的试验结果和计算结果的比较

案例	试验条件		试验结果	计算结果	误差（%）
	无车辆	车辆速度/（km/h）			
1	1	40	1.21，1.10，1.10（1.14）	1.22	6.6
2	1	60	1.31，1.33，1.31（1.32）	1.27	3.9
3	1	80	1.28，1.34，1.18（1.28）	1.25	2.4

9.1.7　计算工况设置

为了提高瞬态模拟的收敛速度，首先在不考虑车辆运动的工况下进行稳态模拟，然后将这些结果作为瞬态计算的初始条件。表 9.3 列出了模拟工况。

表 9.3　模拟工况

案例	隧道半径/m	车辆速度/（km/h）
1	400	80
2	600	80
3	800	80
4	1000	80
5	2000	80
6	直隧道	80

9.1.8　主要数值模拟结果及分析

1. 压力场

图 9.5 给出了不同隧道截面静压测量值，可以看出弯曲隧道测量横截面上的平均压力变化趋势与直线隧道中观察到的趋势相同。曲线隧道横截面的平均压力低于直线隧道横截面的平均压力。图 9.6 和图 9.7 分别给出第 4s 时不同隧道内静压和动压的纵向分布情况。从图 9.6 可以看出，车辆周围的静压明显低于隧道其余部分的静压，最低值出现在车辆前部，随后车辆尾部的压力略有下降然后恢复。曲线隧道中车辆周围的静压低于直线隧道中的静压，半径越小，压力降越大。上述静压的变化与测量横截面压力的变化一致。

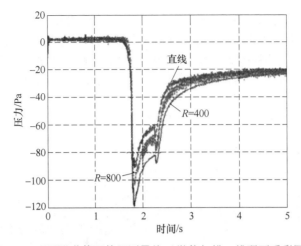

图 9.5   不同隧道截面静压测量值（微信扫描二维码可看彩图）

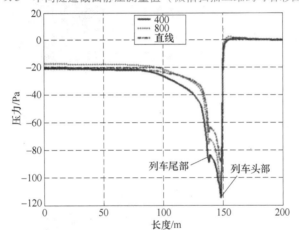

图 9.6   第 4s 时不同隧道内静压纵向分布（微信扫描二维码可看彩图）

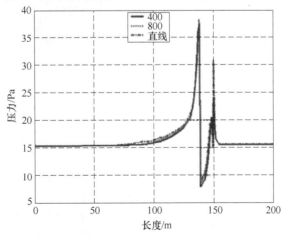

图 9.7   第 4s 时不同隧道内动压纵向分布（微信扫描二维码可看彩图）

众所周知，隧道内车辆周围的低压基本上是由边界层分离和气流阻滞共同作用造成的。通过车辆的气流会导致气流分离，并在车辆后面形成尾流，从而导致大的吸力。当吸力受到相对严重的气流阻碍时，会产生较低的静压和动压。静态压力和动态压力的这种行为可以在曲线隧道中从图9.6和图9.7中找到，这可能是弯曲隧道中弯曲壁面对空气吸力影响的结果。随着弯曲隧道半径的减小，车辆周围和后面的吸力明显受到有限空间的影响，这会导致较低的静压和较低的动压。

曲线隧道中车辆周围的静压低于直线隧道中的静压，弯曲半径越小，压降越大。

2. 速度场

图9.8和图9.9分别给出了不同隧道在距车尾部距离 L 为3.9m和28.9m处速度矢量图。可

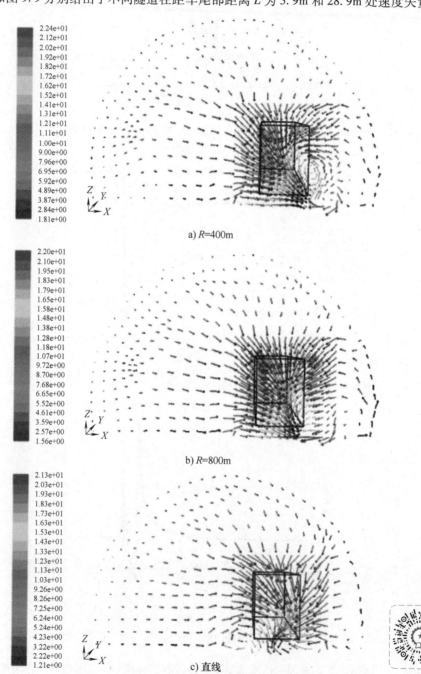

a) R=400m

b) R=800m

c) 直线

图 9.8　不同隧道在 L=3.9m 处速度矢量图（微信扫描二维码可看彩图）

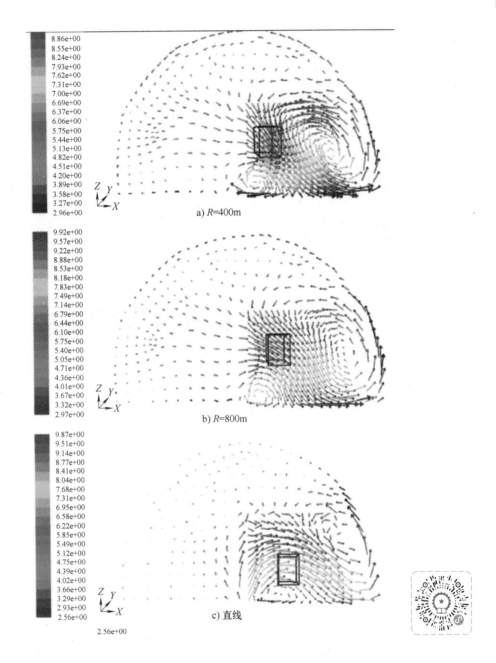

图 9.9　不同隧道在 $L=28.9\mathrm{m}$ 处速度矢量图（微信扫描二维码可看彩图）

以看出，$L=3.9\mathrm{m}$ 处可以观察到靠近右侧凹壁处的更大涡流，对于 $L=28.9\mathrm{m}$ 处的横截面，可以看到两个不同大小的涡流，一个靠近右侧凹壁，另一个靠近横截面的底部（图 9.9）。在弯曲的隧道中，靠近右壁的第一个涡流明显大于另一个涡流。在直隧道中发现相反的工况，靠近壁的涡流高于车辆高度。在 $R=400\mathrm{m}$ 的弯曲隧道中，车辆后面的尾流明显受到右侧凹壁的约束，而在弯曲隧道中它在左侧发展得很好，如图 9.10 所示。

图 9.10 给出了各种隧道平面图的速度等值线。可以看出两侧尾流的发展随着半径的增大越来越好，因为在更大半径的弯曲隧道和直隧道中，车辆离右壁面更近。

211

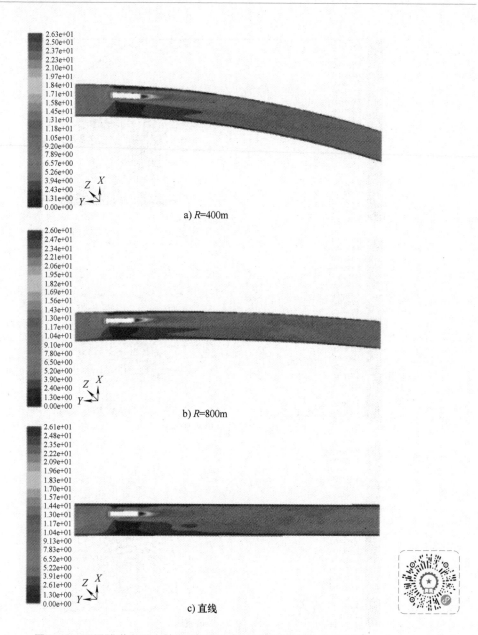

a) R=400m

b) R=800m

c) 直线

图9.10　不同隧道平面上的速度云图（微信扫描二维码可看彩图）

　　研究表明，随着隧道半径的减小，车辆行驶引起的通行力和有效阻力系数增大。当半径大于2000m时，弯曲隧道和直隧道之间的有效阻力系数的差异可以忽略不计。车辆周围横截面处的静压明显低于远离车辆处的静压，最低值出现在车辆前方。弯曲隧道中车辆周围的静压和动压分别低于直隧道中的静压和动压。

9.2　地铁隧道中列车速度和阻塞率对烟气扩散特性影响的模拟研究

9.2.1　研究背景

　　地铁已经成为现代社会必不可少的交通工具。然而，为了提高运输效率，地铁列车的行驶速度必须提高。当地铁列车通过狭窄的隧道时，车前的空气因压力增加而被向前推，车后的空气因压力下降而被向前吸入。这种现象称为活塞效应，伴随着车辆运动的气流称为活塞风。活塞风对隧道和车站的气流有显著影响。影响活塞风大小的因素有很多，其中最重要的因素是车速和隧道的阻塞率。

　　研究目标是建立一个包含一列三维全尺寸地铁列车、两个相邻车站和隧道（5 个不同尺寸的横截面）的计算模型。讨论了列车速度和列车阻塞率对烟雾扩散特性的影响。这项工作能为分析地铁系统在移动火灾工况下的通风控制和救援问题奠定了基础。根据《建筑消防安全工程导论》，在空气温度高于 100℃ 的环境中，人类只能忍受几分钟，当空气温度超过 65℃ 时，人类无法正常呼吸。因此，主要研究温度高于 65℃ 烟气的分布规律。

9.2.2　计算区域确定（依据物理模型）

　　采用的物理模型如图 9.11 所示，由一列 6 节编组的地铁列车和两个由 1.5km 长隧道连接的站台组成。其中每个站台的尺寸为 140m×10m×8m，列车长 117m。计算区域为两个站台加一个隧道的长度，无扩充区域，共计 1780m。火源设置在第一节车厢下方，火源随列车移动。火灾持续 4min，相当于停车后等待救援所需的时间。

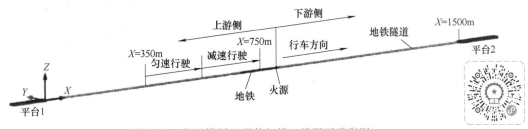

图 9.11　物理模型（微信扫描二维码可看彩图）

　　列车最初从站台 1 移动到站台 2 匀速运动。在此期间，列车速度是影响隧道活塞风的主要因素。地铁列车最常见的运行速度为 70km/h。相应地，在不同试验中，列车速度设置为 50km/h、60km/h、70km/h 或 80km/h。接下来，其中一节车厢发生火灾，列车开始减速制动，加速度为 −1.0m/s²。此时，隧道内的流场受到活塞效应和浮力效应的共同影响。假设列车受损无法到达站台 2，并被迫停在隧道中心（$X=750m$）。为了减少计算时间，将列车的原始位置设置为 $X=350m$，以确保气流的稳定性。计算区域从火源位置分开，位于列车运行方向的区域为下游侧，另一个方向为上游侧。

　　为了真实地模拟车辆的阻塞效应并真实地描述烟流特性，本研究中使用了由 6 节车厢组成的 1:1 三维地铁列车，如图 9.12 所示。模型列车长度为 117m，车体横断面的面积为 9.276m²。对某些部件（如转向架、挡板、机头、挡风玻璃和设备舱）进行了详细建模，这些部件对烟气流动有很大影响。

　　为了研究阻塞率对地铁隧道内烟气流动的影响，模拟了 5 种不同尺寸的隧道横截面，如图 9.13 所示，具体尺寸见表 9.4。隧道的原始横截面面积（Cross Section Area，CSA）为 21.7m²，这是实际使用隧道的面积，考虑其他横截面面积值，以 5% 的增量进行增加。因此，地铁隧道计算模型的列车阻塞率分别设置为 0.427、0.407、0.387、0.371 和 0.355。

9.2.3　控制方程

　　隧道内火灾烟气流动属于三维可不压缩非定常湍流流动，控制方程是基于 N-S 方程和 RNG

$k\text{-}\varepsilon$ 湍流模型，具体控制方程见本书第 2 章。

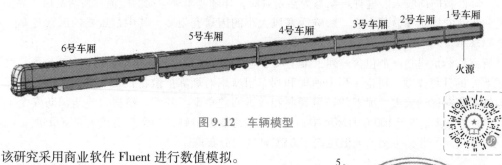

图 9.12　车辆模型

该研究采用商业软件 Fluent 进行数值模拟。采用动网格模型：研究选择了弹簧平滑（smoothing）和局部重划模型（remeshing）。火源模型采用体积热源（Volume Heat Source，VHS）模型。模拟的流场的特征长度较大，导致光学厚度大于 3。因此该研究选择 Rosseland 辐射模型来计算热辐射问题（如果光学厚度小于 1，只能使用 DTRM 或 DO 辐射模型进行计算）。

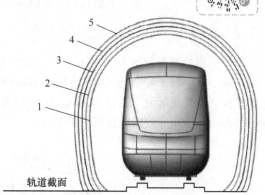

图 9.13　隧道横截面示意图（图中 1~5 对应的
工况信息见表 9.4）（微信扫描
二维码可看彩图）

9.2.4　网格划分及网格独立性分析

在整个研究过程中使用四面体网格。因为模型长度延伸长度接近 1.8km，为减少网格数量，根据稀疏与紧凑相结合的原则设置网格大小。在某些表面形状复杂的区域，如转向架、车头、空调机组、设备舱、车厢间连接处，以及火源附近温度梯度较大的区域，进行网格细化；远离车身网格的其他区域是在某些增长因子下构建，逐渐变大。尺寸范围为 0.04~0.1m，总体网格的数量约为 700 万。最高列车速度取 80km/h。网格划分示意图如图 9.14。

表 9.4　不同情景的隧道横截面尺寸

工况	横截面面积/m^2	阻塞率
1	21.7	0.427
2	22.8	0.407
3	23.9	0.387
4	25.0	0.371
5	26.1	0.355

由于网格的巨大规模以及所需的高计算速度和内存容量，普通计算机很难执行这些计算，需采用超级计算机来实现非常高的计算速度和巨大的内存容量。

9.2.5　边界条件、源项、计算步长的设置、设定

时间步长：由于采用动态网格技术模拟列车的运动，为了保证列车在运动过程中周围的网

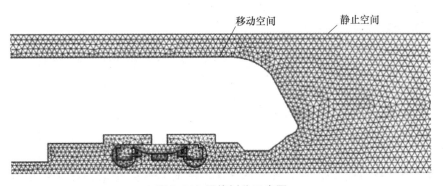

图 9.14　网格划分示意图

格质量，时间步长不能太大；否则，将发生网格扭曲，导致出现负体积。在该研究中，最小网格尺寸为 0.04m，最高列车速度为 80km/h。根据式（9.6），时间步长可计算为 0.001s。

$$\Delta t_{max} = \frac{1}{2} \times \frac{最小网格尺寸}{列车速度} \tag{9.6}$$

列车停止后，在不考虑网格变形的工况下，时间步长增加到 0.1s，以加快计算速度。此外，每个时间步的迭代次数为 30 次。列车运行的总时间约为 30s，停车过程持续 4min，计算耗时近30000 步。采用 180 个 CPU 进行并行计算，平均每天的计算大约需要 3000 步，需要将近 10 天才能完成整个过程模拟。

源项：参考欧洲 UPTUN 隧道项目的建议值，火灾尺寸设置为 8m×2m×1m。选择广泛使用的列车火源荷载值为 10.5MW。假设燃烧是充分的，并且 CO_2 是产生的唯一产物。烟雾释放率根据耗氧量原则设定，即每消耗 1kg O_2 释放出 $1.32×10^7$J 的热量。

根据对地铁火灾事故的不完全统计，大约 46% 的地铁列车火灾事故是由于设备故障造成的，如电气设备和制动器，它们大多位于列车底部。由于火源随列车移动，当第一节车厢发生火灾时，烟气对后车厢的影响最大。所以，火源的位置设置在 1 号车厢的底部，如图 9.12 所示。火势随列车移动。火灾持续 4min，相当于停止后等待救援所需的时间。

每个场景列车运行都有三个阶段：匀速运动阶段、减速阶段及停止阶段。对于均匀和减速阶段，使用用户定义函数（UDF）描述速度剖面，如图 9.15 所示。

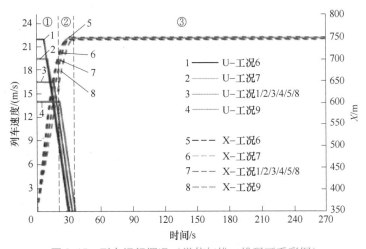

图 9.15　列车运行概况（微信扫描二维码可看彩图）

215

9.2.6 计算模型正确性验证

为了验证 CFD 模拟结果的准确性，在上海地铁 1 号线陕西南路站至常熟路站的全尺寸地铁隧道中进行了试验。隧道长度为 742m，非高峰时段的行车时间约为 4min。图 9.16a 显示了 20min 内隧道内表面上 3 个传感器的速度曲线。所有传感器均呈现周期性变化，时间间隔接近 4min。列车通过每个传感器后，隧道内仍有近 2m/s 的气流。

图 9.16b 比较了数值结果和试验结果。0~120s 的近 2m/s 的气流是由前一列列车的运动引起的，没有进行模拟；当速度在 120s 时达到 2m/s 后，速度的变化与试验数据更接近。可以得出结论，该数值模型适用于预测空气速度随时间的变化以及描述列车通过隧道的运动。

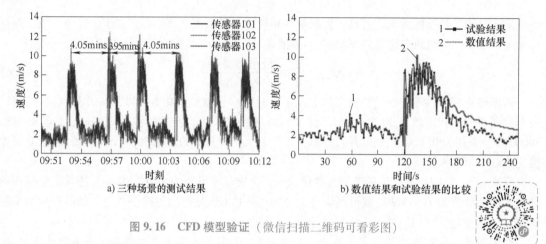

a) 三种场景的测试结果   b) 数值结果和试验结果的比较

图 9.16 CFD 模型验证（微信扫描二维码可看彩图）

9.2.7 计算工况设置

为了研究在地铁隧道中阻塞率对烟气流动的影响，建立了 5 种不同尺寸的隧道横截面，地铁隧道模型的阻塞率设置为 0.427、0.407、0.387、0.371 和 0.355。本文共模拟了 9 种火灾工况，见表 9.5。

表 9.5 模拟火灾场景

研究目标	火车速度/(km/h)		阻塞率
阻塞率的影响	工况 1	70	0.427
	工况 2	70	0.407
	工况 3	70	0.387
	工况 4	70	0.371
	工况 5	70	0.355
火车速度的影响	工况 6	50	0.427
	工况 7	60	0.427
	工况 8	70	0.427
	工况 9	80	0.427

9.2.8　主要数值模拟结果及分析

1. 阻塞率的影响

图 9.17 所示为不同阻塞率下列车周围温度分布情况。可以看出：阻塞率越小，活塞效应越不明显；1 号车厢前方的正压越小，下游排放的烟气越少，温度越低；随着阻塞率的降低，列车周围的速度降低，浮力效应逐渐增大，热阻效应日益突出从而抵抗活塞风向下游移动；随着阻塞率的增加，烟气前锋距离增加 4~8m。

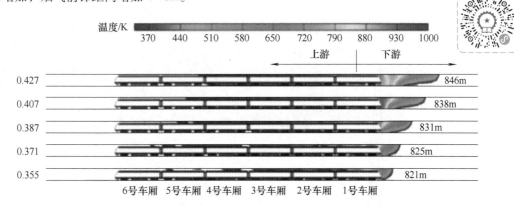

图 9.17　不同阻塞率下列车周围温度（微信扫描二维码可看彩图）

图 9.18 所示为不同阻塞率工况下在 $X=800m$ 位置处速度随时间的变化。可以看出：在活塞风的作用下，较大的阻塞率在时间段 1 和时间段 2 导致了较大的速度。而列车停止后，活塞效应逐渐减弱，浮力效应增加；随着阻塞率的减小，回流长度先增大后减小，当阻塞率小于 0.371 时，发现烟气提前向上游流动，因此，当列车停驶 163s 后，必须打开机械通风，将烟气吹向下游侧。

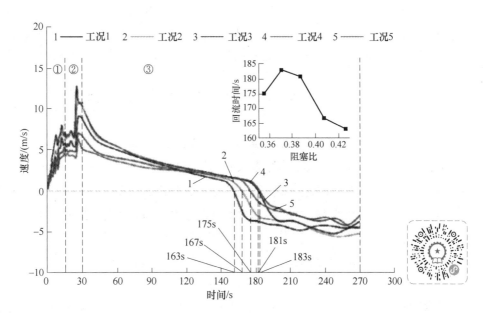

图 9.18　不同阻塞率工况下在 $X=800m$ 位置处速度随时间的变化（微信扫描二维码可看彩图）

图 9.19 所示为不同阻塞率下 1 号车厢顶部的温度随时间的变化。可以看出：对于不同的隧道阻塞率，1 号车厢的车顶温度在停车后呈现相同的模式，即先上升，然后急剧下降，然后再上升；减速过程中，较大的阻塞率会产生较大的活塞风，从而加速火源周围的对流换热速率；当地铁列车停驶 30s 时，活塞效应减弱，浮力效应主要影响烟气的传播。一旦活塞风无法阻止火灾所引起的通风压力增加，烟气就会开始回流。

比较图 9.18 和图 9.19，发现温度开始上升的时间早于速度降到 0 的时间，这是因为温度同时受到对流和辐射传热的影响。

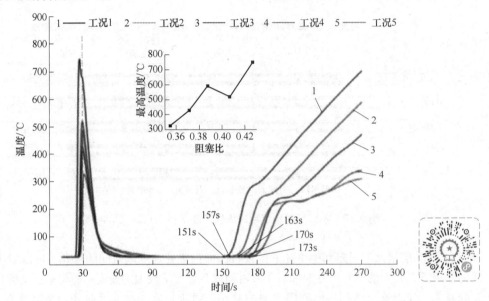

图 9.19 不同阻塞率下 1 号车厢顶部的温度随时间的变化（微信扫描二维码可看彩图）

2. 列车速度的影响

图 9.20 所示为不同速度下列车周围的温度。从图中可以发现：列车速度对烟气扩散距离的影响远小于阻塞率的影响。浮力效应对温度场的影响最大，而活塞效应对烟气运动的影响相对较小。制动停驶 4min 后，只有浮力效应影响烟气，且热释放率相同，将导致列车周围温度相同。

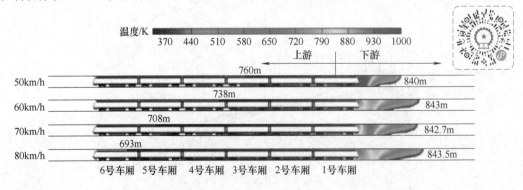

图 9.20 不同速度下列车周围的温度（微信扫描二维码可看彩图）

图 9.21 所示为工况 6~9 中不同列车速度下在 $X=800m$ 处速度随时间的变化。阻塞率和列车速度对隧道内空气流速的影响相反。阻塞率越小或列车速度越快，空气流速越高。列车速度越

高，活塞风越大，就越容易防止烟气流回上游侧。回流时间从 143s 延迟到 141s、148s 和 151s。换句话说，当列车速度足够高时，有更多的时间疏散乘客。

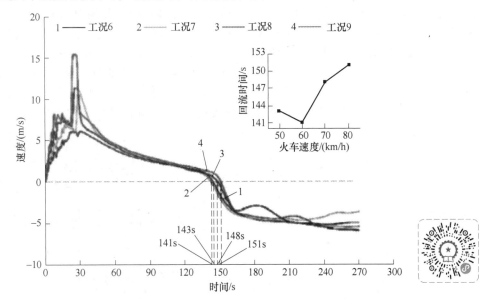

图 9.21　不同列车速度下 $X=800$m 处的流速随时间的变化（微信扫描二维码可看彩图）

表 9.6 中列出了工况 6~9 中不同列车速度的烟气前锋距离随时间的变化。列车运行 30s 时，烟气会随着列车速度的增加而扩散得更远。在 90s 时及以后时间内，列车速度为 60km/h 时，相比速度 50km/h、70km/h、80km/h 的工况，烟气前锋距离最小（即烟气前锋随速度变化呈现波动状态）。在 90s 时，烟气前锋呈现波动状态，这是由活塞效应和浮力效应的相互作用引起的，然后，烟气将主要由浮力效应驱动。结合之前到达的位置，烟气继续向下游扩散，这就是解释当速度超过 60km/h 时，90s 后烟气前锋随列车速度增加。在 30s 时，相邻列车的烟气前锋距离差小于 3m。换句话说，在减速过程中，列车速度对烟气运动影响不大。列车停车后，浮力效应是影响烟气的主要因素，烟气前锋呈现出相同的模式，但差异的程度存在一些区别。在 30s 时，随着列车速度的增加，烟气前锋的位置从 840m 增加到 843m、843m、844m。此外，两个相邻列车速度之间的范围为 3m 到 0 和 1m。通过对这三个值进行平均，可以得到平均值 1m。同样，计算其他四个时刻的差值平均值分别为 9m、17m、23m 和 28m。可以推断，随着时间的推移，列车速度对烟气运动的影响更为明显。

表 9.6　不同速度下的烟气前锋距离　　　　　　　　　　（单位：m）

列车速度/(km/h)	时间/s				
	30s	90s	150s	210s	270s
50	840	1137	1306	1428	1504
60	843	1132	1289	1393	1456
70	843	1147	1306	1413	1480
80	844	1040	1323	1428	1492

研究表明：对于不同的隧道内列车的阻塞率，当列车以相同的速度运行时，最高温度出现在

相同的位置。30s 时，与工况 1（列车速度 70km/h，阻塞率 0.427）相比，工况 2~5 的最高温度分别降低了 21%、34%、43% 和 55%。在 270s 时，与工况 1 相比，工况 2~5 的最高温度分别降低了 11%、23%、32% 和 37%。对于工况 1~5，烟气回流的时间分别为 163s、167s、181s、183s 和 175s。在不同的列车速度下，最高温度出现在同一隧道的不同位置。当列车速度为 50km/h 时，30s 时隧道内的温度对乘客来说仍然是可以承受的，其他工况下的最高温度比工况 6（列车速度 50km/h，阻塞率 0.427）高 6~10 倍。停车后，列车速度对地铁隧道内烟气特性影响不大。回流时间从 141s 延迟至 143s、148s 和 151s。列车速度对烟气运动距离的影响远小于阻塞率的影响。对于工况 1~5，在 30s 时高温烟气区域长度达到近 4~8m，第 6~9 种工况下仅为 0.3~3m。

第 10 章
狭长受限空间内火灾烟气流动及控制数值模拟研究案例

10.1 隧道空间内火灾烟气流动及控制的数值模拟研究

10.1.1 研究背景

近年来，随着交通行业基础设施快速发展建设，各种铁路（公路）隧道、地铁隧道以及城市交通隧道大量存在并发展迅速。隧道的结构复杂、内部空间相对封闭、火源热释放速率（也称为火灾荷载、火源功率、火灾功率）较大，一旦发生火灾事故，火灾所产生的热量和烟气很难及时排出，会造成较大的人员伤亡和财产损失。例如，1999 年发生的勃朗峰隧道（MontBlanc）火灾，造成 41 人死亡，烧毁 43 辆车，交通中断一年半以上。2014 年 3 月 1 日，晋济高速公路山西晋城段岩后隧道发生隧道火灾，事故共造成 40 人死亡、12 人受伤。隧道火灾事故带来的消防安全问题日益受到重视。隧道投资的费用较高，而且隧道数量逐年增多，隧道火灾事故将会造成严重的人员伤亡和经济损失。交通基础设施安全对于社会发展非常重要，所以隧道火灾的防治问题一直是火灾科学研究的一个热点，世界各国对于隧道火灾的研究都非常重视。

数值模拟研究目标：隧道火灾中烟气控制是保证人员安全疏散和消防救援的关键。目前，采用数值模拟手段进行火灾场景分析已经成为隧道火灾研究的一项重要手段。隧道纵向通风模式下的火灾烟气回流长度（back-layering length）是分析火灾的关键因素，根据回流长度可以确定临界风速，即隧道中能够阻止烟气发生回流的最小纵向风速。它是烟气控制的关键，与火源热释放速率大小、火源表面与隧道顶棚高度有密切的关系。利用数值模拟结果得到烟气回流长度和确定隧道的临界风速非常重要，它对于隧道火灾烟气控制方案的制定非常关键。

10.1.2 计算域确定

选取长 50m、宽 10.8m、高 7.8m 的带穹顶隧道。火源放置在计算域的中心。通过指定沿 x 和 z 方向的重力矢量来描述纵向隧道坡度，隧道坡度为 2.1%。

10.1.3 控制方程

隧道火灾烟气扩散视为不可压缩湍流流动。由于火灾烟气扩散的复杂性，利用大涡模拟（Large Eddy Simulation，LES）手段来计算临界纵向通风速度。具体流动控制方程见本书第 2 章。

当采用大涡模拟时，大尺度的涡流可以直接计算得到，因此只需要对随机小涡流建立湍流模型，采用 Smagorinsky 亚格子模型，定义动态黏度为

$$\mu_{ijk} = \rho_{ijk} \left(C_S \Delta \right)^2 |S| \tag{10.1}$$

式中，C_S为 Smagorinsky 常数，$\Delta = (\delta x \delta y \delta z)^{1/3}$。

$$|S| = 2\left(\frac{\partial u}{\partial x}\right)^2 + 2\left(\frac{\partial v}{\partial y}\right)^2 + 2\left(\frac{\partial w}{\partial z}\right)^2 + \left(\frac{\partial u}{\partial x} + \frac{\partial v}{\partial y}\right)^2 + \left(\frac{\partial u}{\partial z} + \frac{\partial w}{\partial x}\right)^2 + \left(\frac{\partial v}{\partial z} + \frac{\partial w}{\partial y}\right)^2 - \frac{2}{3}(\nabla \cdot \boldsymbol{u})^2$$

$$(10.2)$$

FDS（Fire Dynamics Simulator） 是美国国家标准研究所 （National Institute of Standards and Technology，NIST） 建筑火灾研究实验室 （Building and Fire Research Laboratory） 开发的模拟火灾中流体运动的计算流体动力学软件。该软件采用数值方法求解受火灾浮力驱动的低马赫数流动的 N-S 方程，重点计算火灾中的烟气和热传递过程，其核心算法为显式预估校正方案，由于 FDS 是开放的源码，在推广使用的同时，根据使用者反馈的信息持续不断地完善程序。因此，它在火灾科学领域得到了广泛应用。

时间和空间采用二阶精度进行离散，湍流采用 Smagorinsky 形式的大涡模拟。

FDS 采用混合物燃烧模型。该模型假设燃烧混合控制，燃料和氧气反应速度无限快。主要反应物和生成物的质量分数通过"状态关系"从混合物分数中得到，通过简单分析和测量的结合得到经验表达式。

FDS 采用辐射输运模型，即辐射热传递通过求解非扩散气体的辐射输运方程得到，在有些特殊情况下采用宽带模型。与对流输运方程一样，方程求解也采用有限体积法。

10.1.4 网格划分及网格独立性分析

图 10.1 给出了带穹顶隧道模型的模型及网格划分。由于 FDS 是基于直线性结构化网格来求解控制方程的，直接建模时，纵向断面采用结构化网格，如图 10.1a 所示，划分横断面网格要注意所建实体区域要为矩形。此外，需要在隧道弧形边缘处进行近似化处理以适应结构化网格要求，如图 10.1b 所示。图 10.1c 给出了 FDS 建模后的流动区域的计算模型。

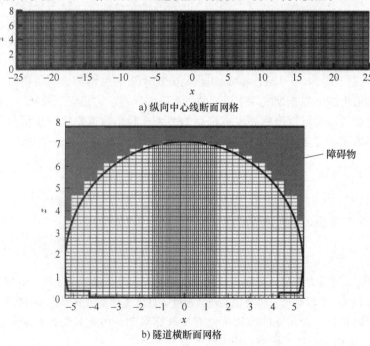

a) 纵向中心线断面网格

b) 隧道横断面网格

图 10.1　建立 FDS 的计算模型及网格

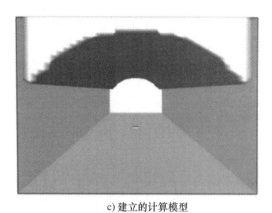

c) 建立的计算模型

图 10.1 建立 FDS 的计算模型及网格（续）

为了验证网格的独立性，采用 4 个网格系统，火源附近的网格尺寸分别约为 0.167m、0.125m、0.1m 和 0.083m。网格划分见表 10.1。

表 10.1 计算域网格划分

网格系统	网格数量				靠近火源区域的网格尺寸（沿 x 和 y 方向）/m	其他区域网格尺寸/m
	x	y	z	总计		
A	150	30	24	108000	0.167	0.333
B	200	40	32	256000	0.125	0.25
C	250	50	40	500000	0.1	0.2
D	300	60	48	864000	0.083	0.167

图 10.2 所示为不同网格系统所预测的边界附近烟气扩散速度矢量图。

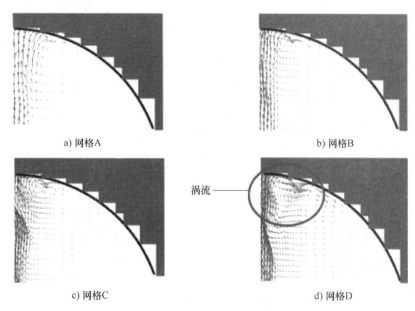

a) 网格A

b) 网格B

涡流

c) 网格C

d) 网格D

图 10.2 不同网格系统所预测的边界附近烟气扩散速度矢量图

图 10.3 所示为网格系统 D 计算过程中 CFL 随时间步长变化情况。四种网格系统的计算时间分别为 4.38h、15.15h、39.62h、84.06h。CFL 的计算公式为

$$\text{CFL} = \delta_t \cdot \max\left(\frac{u_{ijk}}{\delta_x}, \frac{v_{ijk}}{\delta_y}, \frac{w_{ijk}}{\delta_z}\right) < 1 \tag{10.3}$$

式中，δ_t 为时间步长；u_{ijk}、v_{ijk}、w_{ijk} 为 x、y、z 方向上的速度（m/s）；δ_x、δ_y、δ_z 为 x、y、z 方向上的最小网格尺寸（m）；max 为最大值函数。

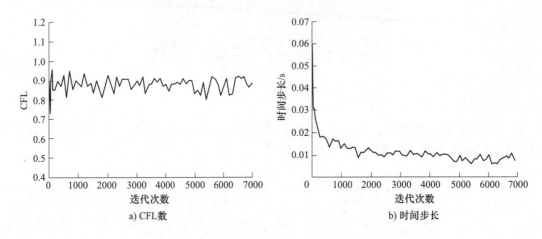

a) CFL数   b) 时间步长

图 10.3　网格 D 系统的收敛和时间步长（前 80s）

图 10.4 所示为四种网格系统计算过程中火源热释放速率（Heat Release Rate，HRR）随时间的变化情况。随着计算时间的增加，在较大网格系统中，所计算的火源热释放速率波动幅度会增大。

图 10.5 所示为四种网格系统在纵向通风速度为 0.9m/s 时预测的中心垂直平面上的烟气温度场。在越小的网格系统计算结果中，火羽流区的烟气温度更高。四种网格系统火羽流区烟气的计算温度分别为 450℃、600℃、700℃ 和 900℃。网格系统 A 和 B 的烟气温度计算结果明显偏低，网格系统 C 和 D 的烟气温度计算结果是较合理的。

图 10.6 所示为四种网格系统位于 −20m 处的烟气温度与测量值的比较。火源位置处坐标设置为 0，上游坐标值为负值。可以看出较粗网格系统中预测的温度曲线波动较大。烟气温度波动是由 HRR 的振荡引起的。较粗的网格系统计算烟气温度结果较高。网格系统 C 和 D 计算的烟气温度接近于测量值，而网格系统 A 和 B 有点高。然而，网格系统 D 预测温度曲线与测量值温度曲线重合。因此，选择网格系统 D 来模拟该隧道中的临界速度。

10.1.5　边界条件、源项、计算步长的设置、设定

隧道进口：赋速度边界条件；出口：设置为 "open"，自由压力边界。

火源：面热源，面积为 1m²，单位面积的功率依据火源热释放速率而定。火源 "REACTION（反应）" 类型设置为 "CRUDE OIL（原油）"，烟气颗粒浓度设置为 "SOOT_YIELD = 0.1"。

壁面条件：设置为绝热。

模拟时间为 600s，平均准稳态时间步长约为 0.02s、0.015s、0.01s 和 0.008s。主要是满足 CFL 数小于 1 的要求。

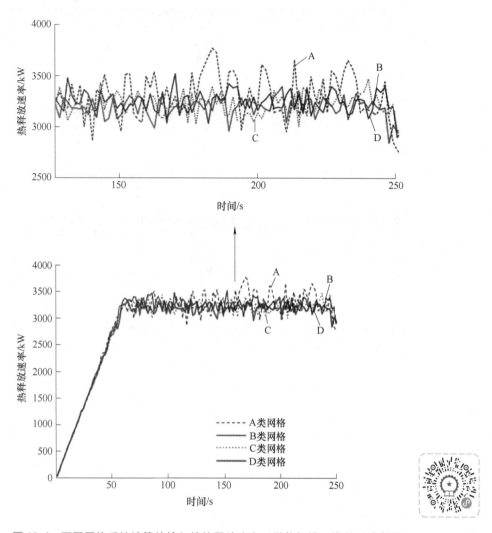

图 10.4　不同网格系统计算的输入的热释放速率（微信扫描二维码可看彩图）

10.1.6　计算模型正确性验证

图 10.6 显示了四种网格系统位于-20m 处的烟气温度与测量值的比较。观察图 10.6d，预测温度曲线与测量值温度曲线重合，说明计算模型设置合理。

10.1.7　计算工况设置及主要数值模拟结果及分析

1）选择该公路隧道内 5 种火灾工况，火源热释放速率 HRR 分别为 1.0MW、1.8MW、3.2MW、4.0MW 和 5.0MW。

2）临界风速确定。

模拟结果得到 5 种火灾工况下隧道中的临界风速。选择 1.8MW 火灾的典型模拟结果进行分析。图 10.7 所示为不同纵向通风速度工况下，火源热释放速率为 1.8MW 时烟气的回流情况。黑色区域表示烟气和烟气填充的区域。对于 1.8MW 的火源热释放速率，隧道的临界风速为 1.5m/s。速度小于 1.5m/s，烟气会流向火源上游，即存在回流长度。

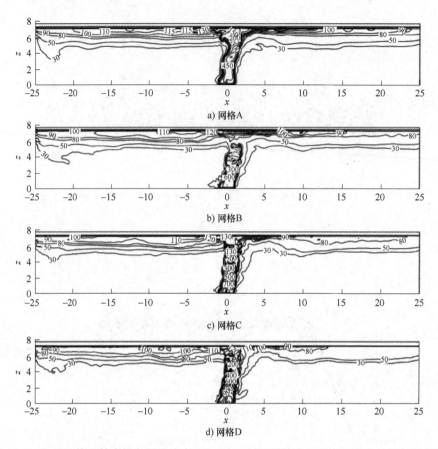

图 10.5　不同网格系统在纵向通风速度为 0.9m/s 时预测的中心垂直平面上的烟气温度场

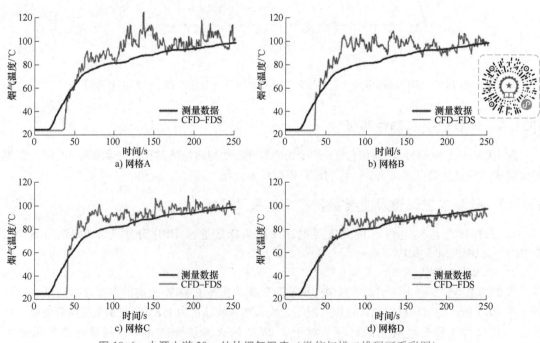

图 10.6　火源上游 20m 处的烟气温度（微信扫描二维码可看彩图）

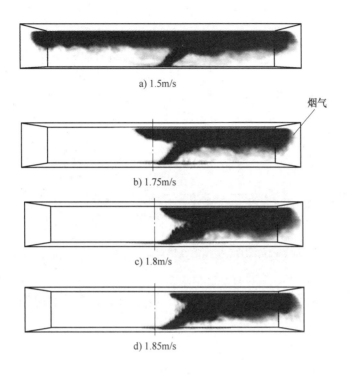

a) 1.5m/s

b) 1.75m/s

c) 1.8m/s

d) 1.85m/s

图 10.7　回流长度和临界风速

　　图 10.8 所示为数值模拟研究的无量纲临界风速结果与已发表文献的结果的对比。图 10.8a 包含了不同热释放速率范围的无量纲临界风速研究结果，图 10.8b 为低热释放速率条件的无量纲临界风速研究结果。该模型与其他模型之间的偏差是因为 HRR 的差异。热释放速率的对流部分随着火源尺寸（池火面积）的减小而增大。对于相对较大的火灾试验，使用总热释放速率进行关联所得到的模型，如果直接用于较小规模的火灾，会造成临界风速估值偏低。

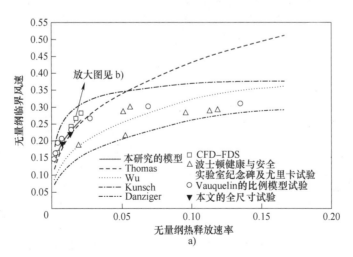

图 10.8　不同临界纵向通风风速模型的结果对比

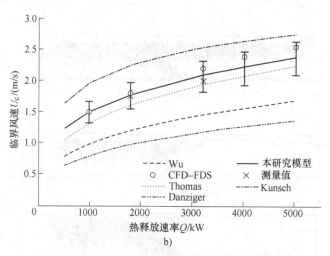

图 10.8　不同临界纵向通风风速模型的结果对比（续）（微信扫描二维码可看彩图）

10.2　外界环境风对带竖井自然通风隧道排烟效果的影响研究

10.2.1　研究背景

带竖井自然排烟系统和机械排烟系统是隧道最常采用的两种排烟系统。与机械排烟系统需要安装通风设备相比，自然排烟系统不需要设置通风设备，因而具有节能、节省空间等优点。所以在新建隧道尤其是浅埋隧道（shallow-buried tunnels）中越来越倾向于采用带竖井的自然排烟系统。该系统存在的问题是当竖井开口上方有强烈的气流时，将会影响竖井自然排烟的排烟效率。因此，需要利用 FDS 研究环境风对竖井自然排烟效率的影响。

10.2.2　计算区域确定

如图 10.9 所示为带竖井的自然通风隧道计算模型。模型尺寸为 $100\text{m}(L)\times10\text{m}(W)\times5\text{m}(H)$，竖井的尺寸为 $2\text{m}(L)\times2\text{m}(W)\times5\text{m}(H)$。火源位于隧道的中心处，采用 3MW 的火源，代表小汽车着火时的火源热释放速率。竖井位于火源右侧 25m 处。

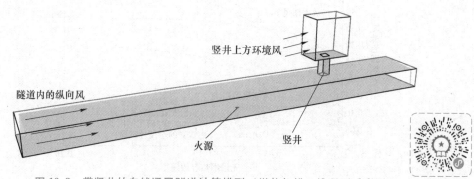

竖井上方环境风

隧道内的纵向风

火源　　竖井

图 10.9　带竖井的自然通风隧道计算模型（微信扫描二维码可看彩图）

根据出口边界设置的局部单向化原则，由于隧道的物理出口可能同时存在烟气的流出和外界空气的卷吸进入隧道现象，因此数值模拟中进行计算区域设置需要在物理模型出口进行扩展。在隧道的出口处扩展出 $1m(L)\times12m(W)\times5m(H)$ 的计算区域，在竖井出口处扩展 $10m(L)\times6m(W)\times10m(H)$ 的计算区域。研究表明，包含扩展区域的数值模拟结果与试验结果吻合更好。

10.2.3　控制模型

采用 FDS 软件，利用大涡模拟手段（具体数学模型见第 2 章）研究带竖井自然排烟过程受外界环境风的影响问题。FDS 中对流换热量 $\dot{q}_c''$ 由自然对流和强制对流关联式组合而成。

$$\dot{q}_c'' = h(T_g - T_w) \tag{10.4}$$

$$h = \max\left[C_1 \mid T_g - T_w \mid^{\frac{1}{3}}, \ \frac{k}{L_c}C_2Re^{\frac{4}{5}}Pr^{\frac{1}{3}} \right] \tag{10.5}$$

式中，h 是传热系数；T_w 和 T_g 分别为壁面温度和烟气温度；C_1 和 C_2 分别为自然通风系数和强制对流系数；L_c 是特征长度；k 为气体的导热系数。Re 的计算式为

$$Re = \frac{\rho u L_c}{\mu} \tag{10.6}$$

10.2.4　网格划分及网格独立性分析

根据 FDS 软件的技术指导文件，划分网格要跟火源特征直径 D^* 关联，计算式为

$$D^* = \left(\frac{\dot{Q}}{\rho_\infty c_p T_\infty \sqrt{g}} \right)^{\frac{2}{5}} \tag{10.7}$$

式中，$\dot{Q}$ 为火源热释放速率的对流部分；c_p 为比热容；ρ_∞ 和 T_∞ 分别为周围环境空气的密度和温度；g 为重力加速度。

研究表明当 $D^*/\delta x$ 在 $4\sim16$ 范围内模拟结果与试验结果吻合更好。当火源热释放速率为 3MW 时，最合适的网格尺寸范围为 $0.09\sim0.37m$。考虑到计算时间，最终选择网格尺寸为 $0.167m$，总网格数为 1455840 个。

10.2.5　边界条件、源项、计算步长的设置、设定

隧道的左端和竖井上方的扩展区域入口：设置为速度边界条件。

隧道的右端和竖井上方区域的其他侧面：设置为自由边界条件（open，相对压力为 0）。

为了模拟开放空间条件（扩充区域边界）同时考虑到烟气和环境空气的双向流动，不设定初始速度值，在计算区域的表面，FDS 采用狄利克雷边界（Dirichlet boundary），即第一类边界条件作为"open"开放边界的条件。边界上参数值与计算区域内相邻内节点的数值应保持一致。

环境温度设为 20℃，环境大气压为 101kPa。

隧道壁面材料设为混凝土，密度为 2200kg/m³，导热系数为 1.2W/(m·K)，比热容为 0.88kJ/(kg·K)。

10.2.6　计算工况设置

表 10.2 给出计算工况，热释放速率均为 3MW，分别改变纵向风速以及竖井开口处的环境风速来形成多种研究工况。

表 10.2 计算工况设置

序号	热释放速率/MW	隧道纵向风速/(m/s)	竖井开口处环境风/(m/s)
1	3	0	0
2	3	1	0
3	3	2	0
4	3	3	0
5	3	0	1
6	3	1	1
7	3	2	1
8	3	3	1
9	3	0	2
10	3	1	2
11	3	2	2
12	3	3	2
13	3	0	3
14	3	1	3
15	3	2	3
16	3	3	3

每一个工况都经过 300s 模拟。一般来说，每种工况下达到稳定状态所需的时间在 50~100s 之间。当 Re 超过 4000 时，通常达到湍流状态。

10.2.7 主要数值模拟结果及分析

1. 环境风速为 0

图 10.10 和图 10.11 所示为隧道内外分别具有不同 V_{in}（$V_{out}=0$）且烟气运动稳定情况下隧道烟气扩散和温度的分布情况。

2. 环境风速为 1m/s

图 10.12 和图 10.13 所示为隧道内外分别具有不同 V_{in}（$V_{out}=1m/s$）且烟气运动稳定情况下隧道烟气扩散和温度的分布情况。

3. 环境风速为 2m/s

图 10.14 和图 10.15 所示为隧道内外分别具有不同 V_{in}（$V_{out}=2m/s$）且烟气运动稳定情况下隧道烟气扩散和温度的分布情况。

4. 环境风为 3m/s

图 10.16 和图 10.17 所示为隧道内外分别具有不同 V_{in}（$V_{out}=3m/s$）且烟气运动稳定情况下隧道烟气扩散和温度的分布情况。

研究表明，隧道自然通风竖井上方的环境风对竖井排烟有两种相反的作用。一方面，环境风的方向垂直于从竖井垂直流出的烟气，因此环境风和排出烟气之间的这种冲突将改变烟气羽流运动的角度，并限制烟气的排出；另一方面，环境风会在竖井上方产生负压，这有利于加速竖井的排烟，这两种效应会存在相互竞争。强风环境下竖井排出的烟气质量流量明显降低，因为强烈环境风会限制竖井中烟气上升。

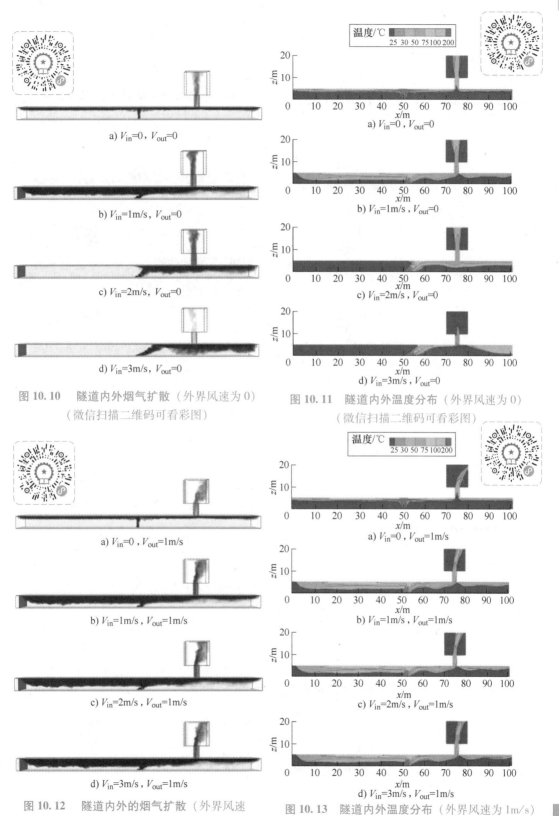

图 10.10　隧道内外烟气扩散（外界风速为 0）
（微信扫描二维码可看彩图）

图 10.11　隧道内外温度分布（外界风速为 0）
（微信扫描二维码可看彩图）

图 10.12　隧道内外的烟气扩散（外界风速
为 1m/s）（微信扫描二维码可看彩图）

图 10.13　隧道内外温度分布（外界风速为 1m/s）
（微信扫描二维码可看彩图）

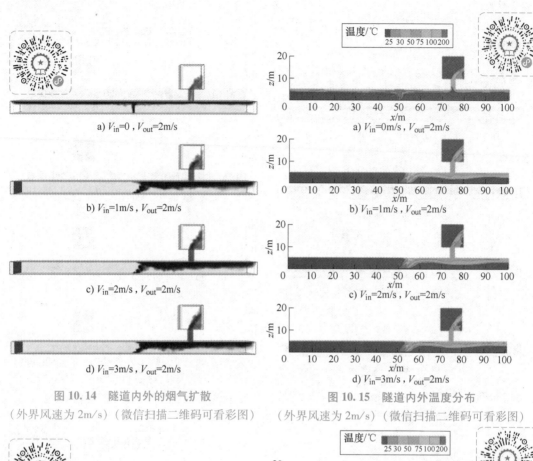

a) $V_{in}=0$, $V_{out}=2m/s$

a) $V_{in}=0m/s$, $V_{out}=2m/s$

b) $V_{in}=1m/s$, $V_{out}=2m/s$

b) $V_{in}=1m/s$, $V_{out}=2m/s$

c) $V_{in}=2m/s$, $V_{out}=2m/s$

c) $V_{in}=2m/s$, $V_{out}=2m/s$

d) $V_{in}=3m/s$, $V_{out}=2m/s$

d) $V_{in}=3m/s$, $V_{out}=2m/s$

图 10.14　隧道内外的烟气扩散
（外界风速为 2m/s）（微信扫描二维码可看彩图）

图 10.15　隧道内外温度分布
（外界风速为 2m/s）（微信扫描二维码可看彩图）

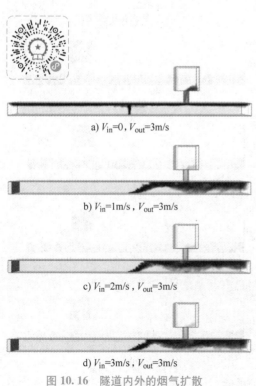

a) $V_{in}=0$, $V_{out}=3m/s$

b) $V_{in}=1m/s$, $V_{out}=3m/s$

c) $V_{in}=2m/s$, $V_{out}=3m/s$

d) $V_{in}=3m/s$, $V_{out}=3m/s$

图 10.16　隧道内外的烟气扩散
（外界风速为 3m/s）（微信扫描二维码可看彩图）

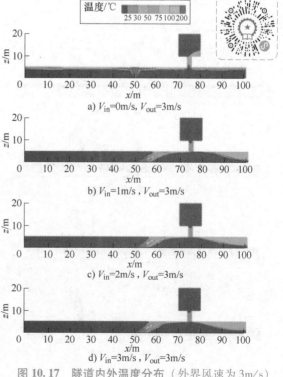

a) $V_{in}=0m/s$, $V_{out}=3m/s$

b) $V_{in}=1m/s$, $V_{out}=3m/s$

c) $V_{in}=2m/s$, $V_{out}=3m/s$

d) $V_{in}=3m/s$, $V_{out}=3m/s$

图 10.17　隧道内外温度分布（外界风速为 3m/s）
（微信扫描二维码可看彩图）

10.3　环境风对城市街谷火灾产生浮力羽流影响的大涡模拟研究

10.3.1　研究背景

城市商业区街谷中发生火灾的消防安全处置受到社会的强烈关注。当火灾发生在街谷中时，由于街道两侧存在较高的建筑物立面，通常会导致烟气形成循环流动而且外界的横向风速对烟气蔓延产生影响。图 10.18 为街谷环境示意图。街谷内通风驱动的空气循环流和浮力驱动的火羽流存在一个复杂的相互作用，导致街谷内火灾烟气扩散情况复杂而难以控制。

数值目标：探究火灾释放的烟气是否能通过自身的浮力从街谷上部排出以及该条件下空气流动特征。虽然浮力有助于火灾烟羽流从街谷上部排出，但在街谷中，横向风倾向于形成循环流抑制浮力产生的烟羽流从街谷顶部排出。

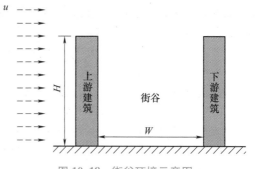

10.3.2　计算域确定

图 10.19 所示为一个 24m 宽，40m 长，40m 高的区域的 FDS 模型。图 10.19a 中，街谷两侧建筑宽 3m、长 40m、高 18m。分别在区域两边创建一个理想化街道峡谷，宽 18m、高 18m，长宽比（W/H）为 1。街谷高度方向计算域扩展到 40m，主要是考虑外界风的影响，计算域顶部边界条件不受街谷中的气流变化影响。

图 10.18　街谷环境示意图

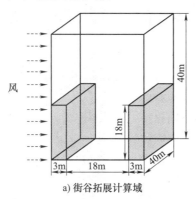

a) 街谷拓展计算域

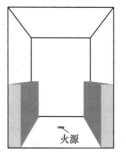

b) 带火源的街谷模型

图 10.19　街谷火灾计算模型

10.3.3　控制方程

LES 模型被广泛应用于研究烟气的传输和扩散。热扩散过程中多组分混合物的基本守恒，动量和能量方程见本书的第 2 章。

对于动量方程的数值解，在没有任何外力的情况下，将方程围绕随流体运动的闭环进行积分，以确定涡量的来源，在边界层和剪切层中也一样。动量方程扩散系数的表达式：

$$\frac{\mathrm{d}\Gamma}{\mathrm{d}t} = \oint \frac{1}{\rho_\infty} \left(1 - \frac{\rho_\infty}{\rho}\right) \nabla \cdot \tilde{\boldsymbol{p}} \mathrm{d}x + \oint \frac{\rho - \rho_\infty}{\rho} g \cdot \mathrm{d}x + \oint (\nabla \cdot \boldsymbol{\tau}_{ij}) \cdot \mathrm{d}x \tag{10.8}$$

右边的第一项表示斜压扭矩，第二项是浮力诱导涡量，第三项表示黏性或亚网格尺度混合所产生的涡量，如出现在边界层和切变层中。

LES 中常用的亚格子模型（Sub-Grid Model，SGM）最初是由 Smagorinsky 开发的。通过平衡能量的产生和耗散，假设小尺度处于平衡状态，得到了涡旋黏度。采用改进的滤波动力学 SGM 为 LES 仿真建立湍流模型。考虑了黏度、导热系数和材料扩散率的亚网格尺度运动。FDS 软件中定义湍流黏度为：

$$\mu_{\mathrm{LES}} = \rho \, (C_s \Delta)^2 \, |S|^{1/2} \tag{10.9}$$

$$|S| = 2\left(\frac{\partial u}{\partial x}\right)^2 + 2\left(\frac{\partial v}{\partial y}\right)^2 + 2\left(\frac{\partial w}{\partial z}\right)^2 + \left(\frac{\partial u}{\partial x} + \frac{\partial v}{\partial y}\right)^2 + \left(\frac{\partial u}{\partial z} + \frac{\partial w}{\partial x}\right)^2 + \left(\frac{\partial v}{\partial z} + \frac{\partial w}{\partial y}\right)^2 - \frac{2}{3}(\nabla \cdot \boldsymbol{u})^2 \tag{10.10}$$

$|S|$ 项由在网格中心平均的二阶空间差分组成。流体的导热系数和材料扩散系数与黏度有关。用普朗特数 Pr（表征动量扩散和热扩散之比）、施密特数 Sc（表征动量扩散和质量扩散之比）分别表示热量传递和质量传递的影响。相关导热系数 k_{LES} 和质扩散系数 $(\rho D)_{\mathrm{LES}}$ 的表达式如下：

$$k_{\mathrm{LES}} = \frac{c_p \mu_{\mathrm{LES}}}{Pr} \, ; \, (\rho D)_{\mathrm{LES}} = \frac{\mu_{\mathrm{LES}}}{Sc} \tag{10.11}$$

根据火灾室内湍流统计，C_s 为 0.14 或 0.18，Pr 为 0.2 或 0.5。结果表明，在两种不同的 C_s 下，对弱浮力羽流的预测是相似的。然而，对于强浮力羽流，使用 0.18 的 C_s 对平均速度和温度以及湍流统计量的预测要比使用 $C_s = 0.14$ 的好得多。对于模拟火灾，将 Pr 设置为 0.2 更为合理。模拟过程中 C_s、Pr 和 Sc 分别取值 0.2、0.2 和 0.5。

10.3.4 网格划分及网格独立性分析

在大涡模拟中，网格的大小也是要考虑的重要因素，考虑网格的大小和计算时间的平衡。较小的网格尺寸能够给出流动的详细信息，但需要更多的计算资源和较长的计算时间。然而，大涡模拟的基础是随着网格精度的增加而增加。本文模拟，采用的是一个较小的均匀网格系统。在 x、y 和 z 方向的网格数分别为 96×160×160（共 2457600 网格），采用均匀网格且尺寸为 0.25m，如图 10.20 所示。

10.3.5 边界条件、源项、计算步长的设置、设定

边界条件：设置一个统一从区域左侧吹入的速度边界。顶部和其他 3 个区域边界设置为自然开口边界，这些开口不给定初始速度值。通过 $Re = uH/v$ 定义雷诺数，

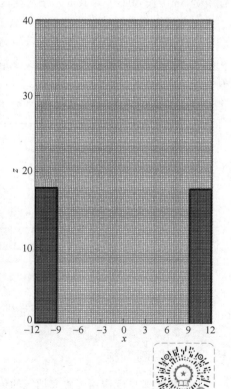

图 10.20 FDS 的大涡模拟计算网格
（微信扫描二维码可看彩图）

空气动力黏度在风速 0.5~5m/s 时的变动范围为 $0.6×10^6$~$6×10^6$。

源项：采用油池火为浮力源，设置在街道峡谷的中心，火源热释放速率（HRR）在 FDS 中设置为面火源，单位面积热释放速率为 $1000kW/m^2$。模拟过程中，火源热释放速率分别表示一个燃烧的汽车或巴士，火源热释放速率分别设置为 5MW 和 20MW。

计算步长：初始时间步长在 FDS 是自动设置的，通过网格单元及流动的特征速度的大小，确定初始时间步长的默认值是 $\dfrac{5(\delta x \delta y \delta z)^{1/3}}{\sqrt{gH}}$，$\delta x$、$\delta y$、$\delta z$ 指在 x、y、z 方向的最小网格尺寸，H 是计算区域的高度，g 是重力加速度，CFL 准则在上述设置过程中被用来判定计算的收敛性。该准则在计算对流运输占主导地位的扩散时是更重要的。在 FDS 中估计的速度在每个时间步长被测试用来确保满足 CFL 准则，具体表达式见式（10.3）。

在计算过程中，时间步长是变化的，并受对流和扩散速度的约束，以确保在每一时间步长满足 CFL 条件。时间步长最终会成为一个准稳态值。所有的风流工况下，在街谷中生成初始空气流动需要 300s。然后，随着浮力生成的羽流火灾开始发生。计算模拟浮力驱动流和原始风流之间的相互作用。所有模拟总长时间为 1200s，此时流场早已处于准稳定区域。模拟过程中的 CFL 数和时间步长如图 10.21 所示。初始 300s 阶段在无浮力的情况下，时间步长为 0.0625s 保持流场稳

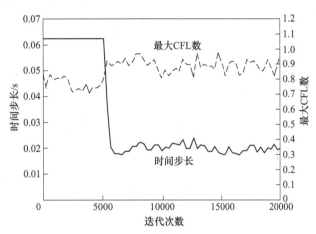

图 10.21　时间步长和计算收敛情况

定。当火源浮力开始 300s 后，时间步长减小在平均准稳态值为 0.02s 处振荡，在迭代过程中，CFL 数值在 0.12~0.98 范围内变化，满足 CFL 的收敛准则。

10.3.6　计算模型正确性验证

为了验证 FDS 模拟街谷火灾的计算模型的有效性，通过风洞试验在统一入口边界风速条件下，用 FDS 预测结果。在风洞试验中，街谷模型宽 0.06m、高 0.06m，水平恒定外部风流量 6.8m/s。试验数据和 FDS 预测的比较，U 为平均水平方向速度，作为一个高度 z 的函数在街谷中间处，垂直速度平均值 W 为 x 的函数，如图 10.22 所示。结果表明，FDS 预测值与试验值吻合良好。

10.3.7　计算工况设置

上游入口风速：$u=0$、1.0m/s、2.0m/s、2.5m/s、2.8m/s、3.0m/s、3.5m/s、5.0m/s。

火源热释放速率：5MW（汽车着火）和 20MW（巴士着火）。

10.3.8　主要数值模拟结果及分析

图 10.23 所示为外界风速为 0 或非常小的风速（例如，1m/s）的街谷烟气蔓延情况。风速为 0 工况下，火羽流垂直向上，从周围吸入新鲜空气，羽流的轴对称半径增大。在风速非常低的条件下，浮力羽流受"推"力的影响只发生偏斜。然而，羽流未接触街谷两侧建筑物的墙壁，所有的烟气都可以通过浮力从街道峡谷顶部排出。

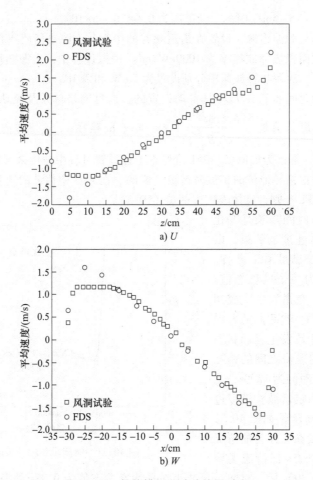

a) U

b) W

图 10.22　数值模拟和试验结果对比

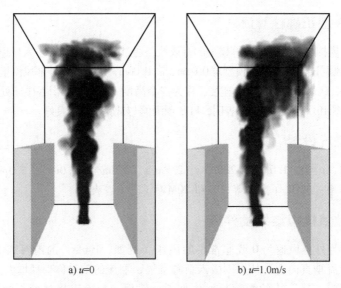

a) $u=0$　　　　　　　b) $u=1.0\text{m/s}$

图 10.23　低风速环境街谷火灾烟气蔓延情况

图 10.24 所示为 2.0m/s、2.5m/s 风速下街谷烟气扩散情况。随着横向风速的增加，部分烟气聚集在街谷的上游侧并接触街谷上游建筑的立面，就像一个"鼻子"。聚集的有害烟气将对建筑上部的人群产生危害，然而，羽流并不触及在下游方向的建筑外立面墙。

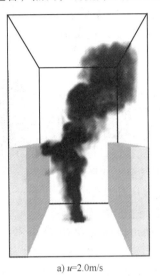 

a) u=2.0m/s　　　　　　　　　　　b) u=2.5m/s

图 10.24　2.0m/s、2.5m/s 风速下街谷烟气扩散情况

图 10.25 所示为中风速条件（3.5m/s 和 5m/s）街谷烟气扩散情况。在这种情况下，浮力羽流在街谷迎风方向明显地直接撞击到上游迎风建筑的墙面。随着风速的增加，"鼻"的水平长度增加。这种情况的另一个重要特征是污染物沿背风面建筑物有部分烟气重新填充整个街谷。该情况非常危险，因为重新卷吸有害有毒的烟气将会影响街谷中的行人安全，并对两侧面向街谷中有开口的建筑内人员产生危害。在浮力驱动下有污染物的羽流沿着下游建筑立面重回到街谷中的外界风速，被称为"临界再循环风速"。

a) u=3.5m/s　　　　　　　　　　　b) u=5.0m/s

图 10.25　中风速条件街谷烟气扩散情况

图 10.26 所示为强风速（8m/s）情况下街谷烟气扩散情况。在这种情况下，几乎所有上升的烟羽流会重新回到街谷中，很少能从街谷的下游建筑上方排出。烟气将大多聚集在街谷中，少量烟气会在浮力作用下自然排出街谷。街谷中的火羽流在此条件下，甚至直接贴在上游建筑的墙面，下游迎风建筑物表面（包括墙体和窗户）将会直接受热甚至被热羽流损坏。

不同外界风速下街谷内的烟气温度分布如图 10.27 所示。从图中可清晰地辨别出四类火羽流的扩散模式。有浮力时，污染物（火灾烟气）在自身的浮力作用下可以从街道峡谷顶部排出。但外界横向风流会形成街谷内循环流，抵消浮力并将上升到街谷顶部的烟气重新卷吸回街道的地面并与周围环境空气掺混。

u=8.0m/s

图 10.26 强风速情况下街谷烟气扩散情况

应当注意，在图 10.27 中，重回到街谷中的烟气温度比环境温度只高出 1~2℃。但同时，烟气浓度值似乎变大。从计算结果可以看出，火灾发生在街谷内会产生大量有害烟气，这应该是比运行车辆的发动机排放的尾气更加危险。烟羽流最初可以通过它自身的强浮力排出街谷，但如果受到强烈横向风流的影响，烟气难以通过自身浮力排出，最后烟气会在街谷内积累达到较高浓度水平，对人员安全造成威胁。

图 10.28 所示为街谷出现再卷吸的外界风速临界值与火源热释放速率的关系。可以看出，对应于 5MW 或 20MW 的火灾，临界再卷吸风速分别为 3.0m/s 和 3.9m/s，根据气象学中定义的风力等级，这两种风速仅分为 2 级和 3 级。这类级别风速在城市地区很常见。因此，可以看出，如果汽车或巴士在街谷中意外着火，那么很容易发生火灾羽流的再卷吸现象。街谷火灾烟气扩散是一个值得关注的问题，它直接与街谷中人员安全相关。

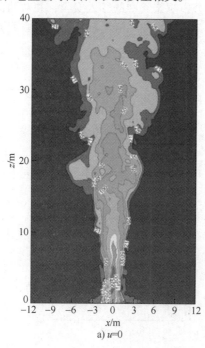

a) u=0

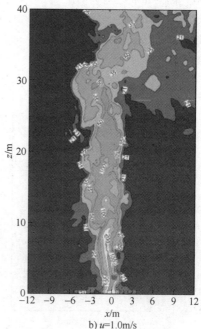

b) u=1.0m/s

图 10.27 不同外界风速下街谷内的烟气温度分布（微信扫描二维码可看彩图）

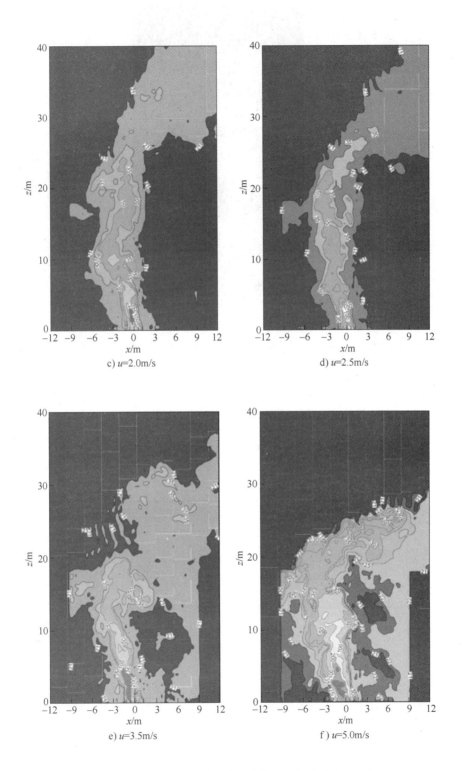

c) u=2.0m/s

d) u=2.5m/s

e) u=3.5m/s

f) u=5.0m/s

图 10.27　不同外界风速下街谷内的烟气温度分布（续）

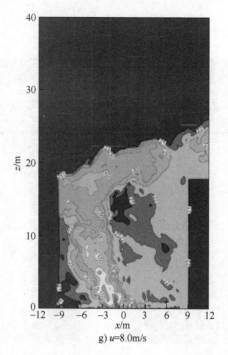

g) u=8.0m/s

图 10.27 不同外界风速下街谷内的烟气温度分布（续）（微信扫描二维码可看彩图）

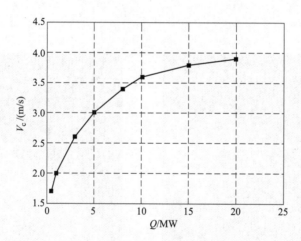

图 10.28 出现再卷吸的外界风速临界值与火源热释放速率的关系

参 考 文 献

[1] PATANKAR S V. 传热与流体流动的数值计算 [M]. 张政，译. 北京：科学出版社，1984.

[2] JOHN D A. 计算流体力学基础及其应用 [M]. 吴颂平，刘赵淼，译. 北京：机械工业出版社，2007.

[3] 陶文铨. 数值传热学 [M]. 2 版. 西安：西安交通大学出版社，2001.

[4] 宇波. 流动与传热数值计算：若干问题的研究与探讨 [M]. 北京：科学出版社，2015.

[5] 王汉青. 暖通空调流体流动数值计算方法与应用 [M]. 北京：科学出版社，2013.

[6] 李炎锋. 大型地铁换乘站火灾安全技术 [M]. 北京：科学出版社，2015.

[7] 唐家鹏. Fluent 14.0 超级学习手册 [M]. 北京：人民邮电出版社，2013.

[8] 田军，晁军. 建筑通风 [M]. 北京：知识产权出版社有限责任公司，2018.

[9] 王海彦，刘永刚. ANSYS Fluent 流体数值计算方法与实例 [M]. 北京：中国铁道出版社，2015.

[10] VERSTEEG H K, MALALASEKERA W. An Introduction to computational fluid dynamics [M]. Beijing：World Publishing Corporation，2010.

[11] 张正科，朱自强，庄逢甘. 多部件组合体分块网格生成技术及应用 [J]. 空气动力学学报，1998，16（3）：311-317.

[12] 刘方，翁庙城，龙天渝. CFD 基础及应用 [M]. 重庆：重庆大学出版社，2015.

[13] JAMES S H. Computational fluid dynamics：advances in research and applications [M]. New York：Nova Science Publishers，Inc.，2021.

[14] ROYCHOWDHURY D G. Computational fluid dynamics for incompressible flows [M]. Boca Raton：CRC Press，2020.

[15] KIM K Y, SAMAD A, BENINI E. Design optimization of fluid Machinery：applying computational fluid dynamics and numerical optimization [M]. Singapore：John Wiley & Sons Singapore Pte. Ltd.，2019.

[16] 李鹏飞，徐敏义，王飞飞. 精通 CFD 工程仿真与案例实战 [M]. 北京：人民邮电出版社，2011.

[17] 何川. CFD 基础及应用 [M]. 重庆：重庆大学出版社，2015.

[18] 朱红钧. FLUENT 15.0 流场分析实战指南 [M]. 北京：人民邮电出版社，2015.

[19] 胡坤，李振北. ANSYS ICEM CFD 工程实例详解 [M]. 北京：人民邮电出版社，2014.

[20] VIJAY K G. Applied computational fluid dynamics [M]. Boca Raton：CRC Press，2014.

[21] 隋洪涛，李鹏飞，马世虎，等. 精通 CFD 动网格工程仿真与案例实战 [M]. 北京：人民邮电出版社，2013.

[22] 王福军. 计算流体动力学分析：CFD 软件原理及应用 [M]. 北京：清华大学出版社，2004.

[23] YI JIANG, ALEXANDER DONALD, JENKINS HUW, et al. Natural ventilation in buildings：measurement in a wind tunnel and numerical simulation with large-eddy simulation [J]. Journal of Wind Engineering and Industrial Aerodynamics，2003，91（3），331-353.

[24] ZHANG X L, WEERASURIY A U, TSE K T. CFD simulation of natural ventilation of a generic building in various incident wind directions：comparison of turbulence modelling, evaluation methods, and ventilation mechanisms [J]. Energy & Buildings，2020，229，110516.

[25] KONG J, NIU J L, LEI C W. A CFD based approach for determining the optimum inclination angle of a roof-top solar chimney for building ventilation [J]. Solar Energy，2020，198，555-569.

[26] GAN G H. Impact of computational domain on the prediction of buoyancy-driven ventilation cooling [J]. Building and Environment，2010，45（5），1173-1183.

[27] JING H W, CHEN Z D, LI A G. Experimental study of the prediction of the ventilation flow rate through solar

chimney with large gap-to-height ratios ［J］. Building and Environment, 2015, 89, 150–159.

［28］ RYAN, D, BUREK S A M. Experimental study of the influence of collector height on the steady state perform-ance of a passive solar air heater ［J］. Solar Energy, 2010, 84 (9), 1676-1684.

［29］ GUO S P, TIAN Y C, FAN D H, et al. A novel operating strategy to avoid dew condensation for displacement ventilation and chilled ceiling system ［J］. Applied Thermal Engineering, 2020, 176, 115344.

［30］ XU Y, YANG X D, YANG C Q, et al. Contaminant dispersion with personal displacement ventilation, Part I: Base case study ［J］. Building and Environment, 2009, 44 (10), 2121-2128,

［31］ MA X J, LI X T, SHAO X L, et al. An algorithm to predict the transient moisture distribution for wall con-densation under a steady flow field ［J］. Building and Environment, 2013, 67, 56-68.

［32］ LIU W D, LIU D, GAO N P. CFD study on gaseous pollutant transmission characteristics under different ven-tilation strategies in a typical chemical laboratory ［J］. Building and Environment, 2017, 126, 238-251.

［33］ ZHOU B, CHEN F, DONG Z B, et al. Study on pollution control in residential kitchen based on the push-pull ventilation system ［J］. Building and Environment, 2016, 107, 99-112.

［34］ WANG F, WANG M N, HE S, et al. Computational study of effects of traffic force on the ventilation in high-way curved tunnels ［J］. Tunnelling and Underground Space Technology, 2011, 26 (3), 481-489.

［35］ ZHANG N, LU Z J, ZHOU D. Influence of train speed and blockage ratio on the smoke characteristics in a subway tunnel ［J］. Tunnelling and Underground Space Technology, 2018, 74, 33-40.

［36］ HU L H, HUO R, CHOW W K. Studies on buoyancy-driven back-layering flow in tunnel fires ［J］. Experimental Thermal and Fluid Science, 2008, 32 (8), 1468-1483.

［37］ FAN C G, JIN Z F, ZHANG J Q, et al. Effects of ambient wind on thermal smoke exhaust from a shaft in tunnels with natural ventilation ［J］. Applied Thermal Engineering, 2017, 117, 254-262.

［38］ MCGRATTAN K, MCDERMOTT R, HOSTIKKA S, et al. Fire dynamics simulator user's guide ［R］. Gaithesburg: National Institute of Standards and Technology, 2013.

［39］ HU L H, HUO R, YANG D. Large eddy simulation of fire-induced buoyancy driven plume dispersion in an urban street canyon under perpendicular wind flow ［J］. Journal of Hazardous Materials, 2009, 166 (1), 394-406.

［40］ 顾栋炼, 张银安, 刘华斌, 等. 新冠肺炎疫情临时医院排风的环境影响快速模拟方法 ［J］. 工程力学, 2020, 37 (12): 243-249.

［41］ 顾栋炼, 徐永嘉, 廖文杰, 等. 火神山医院病房有害气体的高空排放设计和分析 ［J］. 城市与减灾, 2020 (2): 33-38.

［42］ WANG Q, HANG J, FAN Y F, et al. Urban plume characteristics under various wind speed, heat flux, and stratification conditions ［J］. Atmospheric Environment, 2020, 239, 117774.

［43］ 王子云, 谢朝军, 唐上明, 等. 城市隧道双洞口污染物扩散模拟分析 ［J］. 铁道工程学报, 2010, 27 (12): 69-72.